如果

你能想象

勇敢地想象一下 2100 年的世界

《纽约时报》畅销书《平行宇宙》的作者加来道雄,在其《物理学的未来》中通过对 300 多位在实验室中已经创造了未来世界的顶级科学家的采访,给我们呈现了新世纪绝妙的、令人激动而兴奋的愿景。其结果是权威地、科学地、准确地描述了在财富、医学、计算机、人工智能、纳米技术、新能源生产和航天技术等领域将来的革命性发展。

到了 2100 年,我们将很可能借助微小的大脑传感器控制计算机,像魔术师那样用心灵的力量移动物体。人工智能将分散在环境的各处,网络驱动的隐形眼镜将允许我们访问全球信息库,或者在眨眼的一瞬间想起我们想要的任何影像。

那时,汽车将使用 GPS 自动行驶;而且,如果发现了室温超导体,交通工具将在空气垫上自如飞行,在强大的磁场上几乎没有摩擦力地快速滑行,宣告磁力时代的到来。

科学家们将使用分子医学培育各种人体器官,治愈遗传疾病。数百万个微小的 DNA 传感器和在血液细胞中巡游的纳米机器人,将默无声息地扫描我们体内发现疾病症状的最早信号,而且基因研究的快速发展将使我们能够延缓甚至逆转衰老过程,极大地延长人类的寿命。

在太空中,使用激光推进器的全新式针头大小的宇宙飞船将取代现在昂贵的化学火箭,也许就能够访问离我们较近的恒星。纳米技术的发展可能产生传说中的太空升降机,只要按下按钮,就能够把人类送入距离地球大气层数百英里的太空。

然而,这些惊人的启示只是冰山一角。加来道雄博士讨论了具有情感的机器人、反物质火箭、X 光透视以及创造新生命体的能力。

他还考虑到了世界经济的发展问题,谈到了几个关键问题:谁将是未来的赢家和输家? 谁将有工作? 哪些国家将繁荣昌盛?

科学可以这样看丛书

物理学的未来

科学怎样决定人类的命运和改变
2100 年我们的生活

〔美〕加来道雄（Michio Kaku）　著

伍义生　杨立盟　译

重庆出版集团　重庆出版社

Physics of the Future by Michio Kaku

Copyright © 2011 by Michio Kaku

Chinese Translation Copyright © 2012 by Chongqing Publishing & Media Co., Ltd.

This edition is published by arrangement with Andrew Nurnberg Associates
International Ltd.

版贸核渝字(2011)第 165 号

图书在版编目(CIP)数据

物理学的未来/(美)加来道雄(Michio Kaku)著;伍义生,杨立盟
译.—重庆:重庆出版社,2012.5(2024.5重印)
（科学可以这样看丛书/冯建华主编）
ISBN 978-7-229-05052-8

Ⅰ.①物… Ⅱ.①加… ②伍… ③杨… Ⅲ.物理学—普及读
物 Ⅳ.①04-49

中国版本图书馆CIP数据核字(2012)第 057412 号

物理学的未来

WULIXUE DE WEILAI

〔美〕加来道雄(Michio Kaku) 著 伍义生 杨立盟 译

责任编辑:连 果
审 校:冯建华
责任校对:何建云
封面设计:博引传媒·何华成

重庆出版集团
重庆出版社 出版

重庆市南岸区南滨路162号1幢 邮编:400061 http://www.cqph.com
重庆出版集团艺术设计有限公司制版
重庆市国丰印务有限责任公司印刷
重庆出版集团图书发行有限公司发行
全国新华书店经销

开本:720mm×1 000mm 1/16 印张:22.25 字数:300千
2012年5月第1版 2024年5月第1版第16次印刷
ISBN 978-7-229-05052-8
定价:53.80元

如有印装质量问题,请向本集团图书发行有限公司调换:023-61520678

Praise for Michio Kaku
对加来道雄的赞语

"如醉如痴……读者读完后感到眼花缭乱、兴奋不已,以一种前所未有的方式看待世界。"

——《华盛顿邮报图书世界》(*Washington post book world*)

"加来道雄以其清晰而诙谐的风格、通俗地解释最高深理论的技巧,以及对未来学见多识广的知识和倾注的热情,撰写了最流行的高等物理学的巨著之一。"

——《华尔街日报》(*Wall Street Journal*)

"敢于想不可思议的事情,这是多么了不起的激动人心之作。"

——《纽约时报书评》(*New York Times book review*)

"(这是)一位博学的、引人注目的权威人士科学研究的令人刮目相看的潜力的洞察。"

——《芝加哥论坛报》(*Chicago Tribune*)

"(这是)容易接受的、令人愉快的、振奋人心的。"

——《新科学家杂志》(*New Scientist*)

"以令人激动的方式呈现出的迷人信息……动人心弦……非常出色!"

——《费城询问者报》(*Philadelphia Inquirer*)

"(这是)一次令人鼓舞的体验。"

——《基督教科学箴言报》(*Christian Science Monitor*)

"加来道雄清楚而生动地谈到了大量的材料。"

——《洛杉矶时报书评》(*Los Angeles times book review*)

加来道雄博士
纽约城市大学
理论物理教授

他的
其他著作：
《平行宇宙》(*Parallel Worlds*)，中文版本社已出版
《不可能的物理学》(*Physics of the Impossible*)
《超空间》(*Hyperspace*)
《幻想》(*Visions*)
《爱因斯坦的宇宙》(*Einstein's Cosmos*)
《超越爱因斯坦》(*Beyond Einstein*)

To
my loving wife, Shizue,
and my daughters, Michelle and Alyson

献给我
心爱的妻子静枝
和我的女儿米歇尔、艾丽丝

目录

未来的帝国将是智力的帝国。

——温斯顿·丘吉尔（Winston Churchill）

引言　预测下一个 100 年

当我还是一个孩子的时候，曾经经历过两件事，正是这两件事把我塑造成了今天的我，并使我获得了两种感情，而这两种情感又帮助我确立了我的整个生活。

第一件事发生在我 8 岁的时候，我记得那天所有的老师都在低声议论一条新发布的新闻——某个伟大的科学家刚刚去世了。那天晚上，报纸刊登了一张这个科学家办公室的照片，在他的书桌上放着没有完成的手稿，大字标题写着：我们时代最伟大的科学家没有完成他最伟大的杰作。我问自己，是什么样的困难让如此伟大的科学家不能完成这部杰作呢？这个著作又有多么复杂和多么重要呢？对于我来说，这一点最终成为了比任何神秘谋杀案都更加让我痴迷、比任何探险故事都更加让我感兴趣的问题。我必须知道那部未完成的手稿里到底写了些什么。

后来，我知道了这位科学家的名字就是阿尔伯特·爱因斯坦，那部未完成的手稿本应成为他的另一个巅峰成就，他准备在这部书中创造出一个"万物的理论"（theory of everything），并将其归纳为一个方程式，虽然这个方程式的长度恐怕超不过 1 英寸（2.54 厘米）宽，但是它却能够解开宇宙的秘密，或许能让他"读懂上帝的心"。

孩提时代的第二件大事，就是观看每周六上午播出的电视连续剧《飞侠哥顿》（Flash Gordon），扮演"飞侠"的是巴斯特·克拉比（Buster Crabbe）。在每周节目播出的时候，我都看得很投入，我的鼻子都快贴到电视屏幕上了。我像着了魔一样进入到一个到处是外星人、星际飞船、射线枪战、水下城市和怪兽的神秘世界里。我已经深陷其中而不能自拔。这就是我最初了解的未来世界。从那时起，每当我幻想未来世界的时候，就会像儿时那样感到无比的神奇。

但是，在看了这个系列的每个故事之后，我开始认识到尽管"飞侠"（Flash）得到大家的赞美，实际上这个节目之所以能够获得巨大的成功却要归功于科学家扎尔科夫博士（Dr. Zarkov）。是他发明了火箭船、看不见的盾、城市天空的能源等，没有科学家就没有未来的世界。缤纷灿烂的场景虽然能够赢得社会的青睐，但是电视剧里那些未来世界中的神奇创造和发明却都是许多不知名的科学家研究成果的副产品。

后来，在我高中的时候，我决定跟随这些伟大科学家的足迹，将我学到的知识付诸实践。我想成为这个我知道将会改变世界的大革命的一部分。我决定建一个原子击破器。我要我的母亲允许我在她的车库里建一个 230 万电子伏特的粒子加速器。她有些吃惊，但还是同意我去做。然后，我去威斯丁豪斯（Westinghouse）和瓦里安（Varian）协会，得到了 400 磅（181.44 千克）的变压器钢和 22 英里（35.41 公里）长的铜线，在我母亲的车库里装配了一个电子感应加速器。

以前，我曾建过一个具有强大磁场的云室，用来拍摄反物质的踪迹。但是仅仅拍摄反物质是不够的，我现在的目标是要产生一束反物质。原子击破器的磁场线圈成功地产生了巨大的 10 000 高斯的磁场（大约为地球磁场的 20 000 倍，在原理上用手就足以劈开一个铁锤）。这个机器吸收了 6 千瓦的能量，消耗了我家房子可能提供的全部电力。当我开动这个机器时，我常常把房屋中所有的保险丝都烧掉。（我可怜的母亲一定会想，我怎么就不能有个爱踢足球的儿子呢。）

所以说，在我一生的生活中有两种激情在激励着我：渴望通过一个单一而一致的理论去理解宇宙，渴望看到将来。最终，我认识到这两种激情是相互补充的，理解未来的关键是要掌握自然的基本规律，然后将这些规律应用到新的发明、设计和治疗方法上，而这些新的发明、设计和治疗方法将重新确定遥远将来我们的文明。

我发现，有很多人试图预测未来，很多是有用的，有深刻的见解。然而，这些预言主要来自历史学家、社会学家和科幻作家，所谓的"未来学家"都是一些根本不具备第一手科学知识的门外汉，但是他们却在预言科学世界的未来。而科学家，即实际在实验室中创造未来的内行人，因为他们过于忙于找到科学上的突破口，因此没有时间为公众撰写有关未来的书籍。

这就是这本书的与众不同之处。我希望这本书能以一个内行人的视角讲述那些等待着我们的不可思议的发现，为人们提供一幅2100年世界最真实和最权威的景象。

当然，完全准确地预测将来是不可能的。我认为，最好的方式就是钻进处于科学研究前沿、正为创造未来而辛勤工作的科学家们的大脑里。他们是创造设备、潜心发明和研究治疗方法，使人类文明发生变革的人。这本书就是他们的故事。我曾有机会与这些伟大的革命家在前排位置就座，曾经为了制作电视和广播节目采访过300多位世界顶尖的科学家、思想家和梦想家。我曾带着电视节目摄制小组进入他们的实验室，拍摄有关将要改变我们未来的令人不可思议的设备的原型机。我有幸为BBC电视节目、发现频道、科学频道主持了大量科学专辑，描绘了这些敢于创造未来的梦想家的非凡发明和发现。由于我从事的超弦理论的研究工作是自由的，又具有了解那些将会改变本世纪面貌的前沿科学研究成果之便，我感到我有一个在科学上最值得完成的工作，这就是使我童年的梦想变成现实。

但是这本书不同于我以前写过的书。在《超越爱因斯坦》、《超空间》、《平行宇宙》这些书中，我讨论的是在我的研究领域——理论物理学界刮起的最新的、革命的风暴，它们正在打开理解宇宙的新途径。在《不可能的物理学》中，我讨论了物理学中最新的发现，这些发现甚至可以让科幻小说中最离奇的虚构计划变成现实。

这本书与我的另一本书《幻想》最接近，在那本书中我讨论了在未来几十年里科学将会怎样演变。我感到非常欣慰，《幻想》中的很多预言今天都按确定的时间表实现了。我的书之所以精确，在很大程度上取决于我为写这本书采访过的很多科学家的智慧和远见。

但是，现在的这本书将以更广阔的视野预测将来，讨论未来100年里可能会日趋成熟的技术,这些技术将最终决定人类的命运。我们怎样应对挑战,怎样抓住下一个100年的机会,将决定人类发展的最终轨迹。

预测下一个世纪

预测今后几年已经是一个艰巨的任务,更不要说预测一个世纪后的将来。然而,这就是我们面对的挑战,我们相信我们梦想的技术终有一天会改变人类的命运。

1863年,伟大的小说家儒勒·凡尔纳(Jules Verne)完成了一部名叫《20世纪的巴黎》(*Paris in the Twentieth Century*)的预言小说,这大概是他一生中最雄心勃勃的一个写作项目。在这部小说里,他应用他巨大天才的全部力量预测即将到来的20世纪。不幸的是,这部手稿在时间的流逝中丢失了,一直到他的曾孙偶然发现它躺在一个保险柜里,被小心翼翼地锁了几乎130年。他的曾孙立刻意识到他发现了一个宝藏,于是设法在1994年将其出版,使它成为了一本畅销书。

回到1863年,国王和君主还统治着古老的帝国,穷困的农民在田地里从事着非常艰苦的劳作。美国被毁灭性的内战消耗殆尽,国家几乎被撕裂。蒸汽动力刚刚开始为世界带来一场革命性的变化。但是,凡尔纳预测在1960年巴黎会有玻璃摩天大楼、空调、电视、电梯、高速列车、汽油动力汽车、传真机,甚至还有某种与当今的互联网相像的东西。凡尔纳以离奇的精确性描绘了现代巴黎的生活。

这不是侥幸成功,因为就在几年之后他又做出了另一个大胆的预测。在1865年,他写了《从地球到月球》(*From the Earth to the Moon*),在这本书中他预测了100多年后在1969年将我们的宇航员送往月球的详细情况。他精确地预测了太空舱的尺寸,误差只有百分之几。他预测的发射场在美国的佛罗里达州,离实际发射飞船的卡纳维拉尔(Canaveral)角不远。他还预测了这次使命中宇航员的数目、航行持续的时间、宇航员经受的失重考验和最后溅落在海上的情景。(唯一主要的错误是燃料,他用的是火药而不是火箭燃料将宇航员送往月球。但是,液体燃料火箭却是在那之后大约70年才发明出来的。)

儒勒·凡尔纳怎么能够如此精确地预测100年后发生的事情呢?他的

传记作者们都发现了这样一个事实:尽管凡尔纳本人不是科学家,但是他经常寻找科学家,和他们讨论有关他们对未来的看法。凡尔纳收集了大量反映他那个时代伟大科学发现的资料。凡尔纳比别人更加清楚地认识到科学是撼动文明基石的发动机,科学以难以预料的奇迹推动着人类文明进入新的世纪。凡尔纳之所以拥有先见之明和深远的洞察力,是因为他抓住了科学这个推动社会变革的动力。

另一位在技术方面的伟大预言者是列奥纳多·达·芬奇(Leonardo da Vinci),一位绘画家、思想家和幻想家。在15世纪后期,他画出了将来有一天会充满天空的机器,他的那些草图都十分的美丽和精确:降落伞、直升机、滑翔机,甚至飞机。引人注目的是,他的很多发明是会飞的。(然而,他的飞行器还需要一个要素——至少1个马力的发动机,一种又过了400年才会有的东西。)

同样令人吃惊的是达·芬奇绘制了一个机械加法器的蓝图,比这个机器真正出现早了大约150年。1967年,人们对他的一部放错了地方的手稿进行了重新分析,从而揭示出了他有一个13位数字轮的加法器的设想。如果转动一个曲柄,内部的齿轮就按次序转动,进行算数计算。(直到1968年人们才成功地造出了这个机器,并且工作得很好。)

此外,在20世纪50年代又发现了达·芬奇的另一部手稿,其中含有一个勇士机器人的草图:戴着德国-意大利盔甲,能够坐立,手臂、脖子、下巴能动。这个勇士机器人随后也建造成功了。

像儒勒·凡尔纳一样,达·芬奇通过咨询他那个时代的一些具有前瞻性思维的人深刻地洞察了未来。他是处在创新前沿的小圈子中的人之一。此外,达·芬奇总是不断地试验、建造和构建模型,这是任何想把思想变为现实的人所必须具有的重要品质。

既然凡尔纳和达·芬奇具有预见未来的伟大洞察力,我们就要问一个问题:我们有可能预见2100年的世界吗?本书将以凡尔纳和达·芬奇为榜样,密切考察世界上一流科学家的工作,这些科学家正在建造将要改变我们未来的技术的原型。这本书不是一部幻想作品,不是好莱坞剧作家头脑发热后想象的副产品,而是以当今全世界主要实验室正在进行的科学研究为坚实基础的。

所有这些技术原型业已存在。正如威廉·吉布森(William Gibson)——《神经漫游者》(Neuromance)的作者,电脑空间(cyberspace)一词的创造者——曾经说过的:"将来已经在这里,只是尚未全面普及。"

预测 2100 年的世界是一个艰巨的任务,因为在我们这个时代里,科学正发生着深刻的巨变,新发现层出不穷且速度越来越快。我们过去几十年累积的知识比整个人类历史累积的知识还要多。到 2100 年这些科学知识还要翻很多倍。

要领会预测未来 100 年的艰巨性,最好的方法也许是回想一下 1900 年的世界,想想我们祖父母们当时的生活。

新闻记者马克·沙利文(Mark Sullivan)要我们想象一下某个人正在读一份 1900 年的报纸的情景:

在 1900 年 1 月 1 日的美国报纸上,我们找不到"无线电"这个词,因为 20 年后它才会出现;没有"电影",这也是未来的东西;没有"汽车司机",因为汽车刚刚出现,被叫做"无马客车……"更没有"飞行员"这个词……农夫还没有听说过拖拉机,没有联邦储蓄系统的银行家。商人还没有听说过连锁店或"自助服务";没有哪个海员使用过燃油发动机……在乡村道路上跑的还是牛拉的篷车队……马车和骡车还是最普遍的运输工具……在宽阔栗树的树荫下铁匠在打铁。

要理解预测下一个 100 年的困难,我们不得不了解 1900 年的人预测 2000 年世界的困难。1893 年,作为芝加哥世界哥伦比亚(Columbian)博览会的一部分,74 位名人应邀对下一个 100 年的生活进行了预测。后来的事实证明,他们都有一个共同的问题——全部低估了科学发展的速度。例如,很多人正确地预测到了有一天跨洋商业飞行器将诞生,但是他们想到的是飞行气球。参议员约翰·J. 英格尔斯(John J. Ingalls)说:"到那时,一个市民想要得到一个能驾驶的气球就像想得到一辆轻便马车或一双靴子一样平常。"他们也都没有预见到汽车的到来。美国邮政部长约翰·沃纳梅克(John Wanamaker)说,即使在 100 年后的将来,美国的邮件仍将通过公共马车和马背邮递。

这种低估科学和创新的问题甚至扩大到了专利局。1899 年,美国专利局局长查尔斯·H. 迪尔(Charles H. Duell)说:"每一件能够发明的东西都已经发明出来了。"

有时，专家们对发生在眼皮子底下自己研究领域里的事情也同样估计不足。1927 年还是无声电影时代，华纳兄弟公司奠基人之一哈里·M. 华纳（Harry M. Warner）曾经说过一句话："究竟是谁想听电影里的演员说话呢？"

1943 年，IBM 公司的主席托马斯·沃森（Thomas Watson）也说过："我认为整个世界市场可能只需要 5 台计算机。"

这种对科学发现能力的低估甚至扩大到了声名显赫的《纽约时报》。〔1903 年，就在赖特（Wright）兄弟在北卡罗来纳州的基蒂霍克（Kitty Hawk）成功试飞他们的飞机的前一周，《纽约时报》声称研制飞行器是浪费时间。1920 年，《纽约时报》批评火箭专家罗伯特·戈达德（Robert Goddard），断言他的工作毫无意义，因为火箭不能在真空中运动。49 年后，"阿波罗 11 号"的宇航员在月球上着陆，《纽约时报》为了挽回信誉收回了自己的断言："现在已经确切地知道火箭可以在真空中运行。《纽约时报》为它犯下的错误道歉。"〕

我们由此得到了一个教训：同未来打赌，断言什么事情是不可能的将会非常危险。

在预测未来的时候，除了少数例外之外，我们总是低估了技术前进的步伐。事实一次次告诫我们，历史是由乐观者而不是悲观者写成的。正如德怀特·艾森豪威尔（Dwight Eisenhower）总统曾经说的："悲观主义决不会赢得战争。"

我们甚至可以看到科幻作家低估了科学发现的步伐。我们回过头看看 20 世纪 60 年代的老电视系列片《星际迷航》（Star Trek），你会注意到，这些影片中的"23 世纪的技术"现在就已经有了。回到当时，电视观众看到手机、手提式计算机、会讲话的机器、会听写的打字机时，无不感到非常的惊讶，而这些技术今天都已经成为现实。很快，我们将会拥有各种形式的万能翻译器，在我们谈话的同时在不同语言之间迅速地进行翻译。还会有"远距诊断仪"，可以远距离诊断疾病。〔除了曲速引擎飞行器（Warp Drive Engines）及运输机，这些 23 世纪的很多科学技术现在已经存在了。〕

既然人们在预测将来时犯了许多明显低估未来的错误，我们怎么能够为我们的预测提供一个坚实的基础呢？

未物来理 理解自然的规律

今天我们不再生活在科学的黑暗时代,那时的人们认为闪电和瘟疫是神在发怒。我们有了凡尔纳和达·芬奇时代所不曾拥有的巨大进步:对自然规律的透彻了解。

任何预测总是有缺陷的,但是有一个方法可以使得我们的预测更加具有权威性,那就是抓住自然界中驱动整个宇宙的4种基本的力。每当我们理解和描述了其中的一种力,它就会改变人类的历史。

第一种要解释的力是重力。艾萨克·牛顿(Isaac Newton)给了我们力学,它能够解释在力的作用下物体的运动,而不是靠神灵和玄学。这有助于为工业革命铺平道路和引进蒸汽动力,特别是机车。

第二种要理解的力是电磁力,它照亮了我们的城市,为我们的电器供给电能。当托马斯·爱迪生(Thomas Edison)、迈克尔·法拉第(Michael Faraday)、詹姆斯·克拉克·麦克斯韦(James Clerk Maxwell)和其他人致力于解释电磁现象时,就触发了电的革命,创造了很多的科学奇迹。我们看到,每当停电时社会就突然退回到100年前的过去。

第三种和第四种要理解的力是两种核力:弱核力和强核力。当爱因斯坦写下 $E = mc^2$ 和当20世纪30年代原子被分裂时,科学家开始懂得是这些力照亮了天空。这揭示出了星星背后的秘密。这不仅仅释放了原子武器的可怕力量,也使我们充满了希望,总有一天我们能够在地球上利用这种能量。

今天我们已经非常好地理解了这4种力。第一种力现在用爱因斯坦的广义相对论描述。其他3种力用量子理论来描述,它使我们解开了亚原子世界的秘密。

量子理论还给了我们晶体管、激光和数字革命,推动了现代社会的发展。同样,科学家可以利用量子理论解开DNA分子的秘密。生物技术革命的惊人速度是计算机技术的直接结果,因为DNA(脱氧核糖核酸)的排序都是由机器、机器人和计算机完成的。

其结果是,我们能够更好地看到在未来这个世纪里科学和技术的发展方向。总会有完全未曾预料到的、让我们目瞪口呆的新的惊奇出现。但是现代物理学、化学和生物学的基础已经基本奠定了,至少在可以预见的未来这些基本知识不会发生重大的改变。其结果,我们在这本书中所做的预测不是胡猜乱想,而是对今天已有的原型技术最终将会成熟到什么程度的合理的估计。

结论是:我们有若干理由相信,我们可以看到 2100 年世界的轮廓:

1. 这本书是根据对 300 多位处于科学发现前沿的顶尖科学家的采访写成的。
2. 这本书中提到的每一项科学发展是与已知的科学定律一致的。
3. 4 种力和自然界的基本规律已经基本知晓;预计这些规律不会有新的重大变化。
4. 这本书中提到的所有技术原型已经存在。
5. 这本书是由"内行人"写的,他亲眼看到科学研究前沿中的技术。

我们曾经世世代代都是自然界活动的被动观察者,我们只能惊奇而恐惧地凝视着彗星、闪电、火山喷发和瘟疫,认为这些现象都超出了我们的理解能力。对古代的人来说,自然力是不得不惧怕和崇拜的永久的秘密,因此他们创造了神话中的神,以使周围的世界变得有意义。古代的人希望通过向这些神祈祷,让神同情他们并满足他们的心愿。

今天,我们变成了自然界这个舞台上的导演,能够到处调整自然的规律。到了 2100 年,我们将会变成自然的主人。

未来物理 2100:变成神话中的神

今天,如果我们能够用某种方式访问我们古代的祖先,向他们展示现代的科学和技术,我们就会被看成是魔术师。我们可以用科学的魔术向他们展示能在云彩中翱翔的喷气式飞机,能够探测月球和行星的火箭,能够看透人体的磁共振成像扫描仪,能够与地球上任何人联系的手机。如果我们向他们演示在膝上型便携式电脑(heavy laptop computer)上可以跨过各个大陆瞬间发送移动的图像和信息,他们会认为这是巫术。

但这只是开始,科学不会停止不前。在我们周围,科学正以指数方式爆炸性地发展。如果你计算一下发表科学论文的数量,你将发现这个数量大约每过10年就会翻一番。创新和发现正在改变整个经济、政治和社会面貌,推翻所有陈旧的宝贵信仰和偏见。

现在,我们来勇敢地想象一下2100年的世界。

到2100年,我们自己注定会成为我们曾经崇拜和惧怕的神。但我们的工具不是魔杖和迷幻药,而是计算机科学、纳米技术、人工智能、生物技术,最重要的是量子理论,它是已有技术的基础。

到2100年,我们将能够像神话中的神那样,用我们的心力操纵物体。计算机能够默默地识别我们的想法和实现我们的愿望。我们将仅仅通过我们的心力就可以移动物体,这是一种只有神才具有的遥控能力。由于生物技术的威力,我们将能创建完美的身体和延长我们的生命跨度。我们还能创建在地球表面从未行走过的新的生命形式。利用纳米技术的力量,我们将能够把一个物体转变成任何别的东西,看起来好像是从虚无中创造出某种东西一样。我们将不是乘坐在闷热的轿车中,而是驾驶着悬浮在空中的无燃料汽车轻松地疾驶。我们将能够发明一种利用星星的无限能量的发动机。我们也将开始发送星球飞船去探测附近的星球。

尽管这些像神一样的能力似乎是不可思议的先进,然而甚至就在我们现在谈话的时候就已经播下了所有这些技术的种子。是现代科学而不是圣歌和咒语将赋予我们这种能力。

我是一个量子物理学家,我每天都同控制亚原子粒子的方程式博弈,而宇宙正是由这些亚原子粒子创造的。我生活在一个由11维超空间(hyperspace)、黑洞和通达多元宇宙之门构成的世界里。但是,用来描述星球爆炸和大爆炸的量子理论方程,也能用来解读我们的未来的大致轮廓。

但是,所有这些技术的改变会把我们引向何处呢?在这漫长的科学和技术的旅程中哪里才是最终的目的地呢?

所有这些巨变的顶点是行星文明,物理学家将它称做Ⅰ类文明。这大概是历史上最伟大的转变,急速地抛开过去的各种文明。新闻报道的大字标题都会以不同方式反映出这个行星文明诞生时所带来的巨痛。商业、贸易、文化、语言、娱乐、休闲活动甚至战争,全都会因为这个行星文明的出现而改变。通过计算这个行星的能量输出(energy output),我们可以估计我们将在100年内达到Ⅰ类状态。除非我们屈从于混乱和愚蠢的力量,否则向这个行星文明的转变是不可避免的,这是历史和技术巨大而无情的力量必将产生的最终结果。

未物来理 为什么有时预测不能变成现实

但是,人们对信息时代所做的若干预测却是完全不真实的。例如,很多未来学家预测"无纸办公室",即计算机将使纸变成废物。然而,实际发生的事情却完全相反,只要看一看任何一个办公室,你就会发现现在用纸的数量比过去任何时候都多。

还有人预测会出现"无人的城市"。未来学家预测,通过互联网召开电信会议将会使面对面的生意洽谈不再必要,因此人们也不再需要跑来跑去。实际上,城市本身几乎会变为一座空城、变成鬼城,因为人们都在家里而不是在办公室里工作。

同样,我们也会看到"网络旅游"的出现,人们会整天躺在沙发上,通过计算机上的互联网漫游世界和欣赏景色。我们也会看到"网络购物者",他们让鼠标代替他们走路;购物商场将会破产。"网络学生"将会在线学习所有的课程,而暗地里却大玩视频游戏和喝啤酒。大学将因为不再有人感兴趣而关闭。

我们再来看一下"可视电话"。在1964年世界博览会期间,美国电话电报公司(AT&T)花了1亿美元去完善一种可以连接电话系统的电视屏幕,你在打电话时可以看到对方,对方也可以看到你。这个想法从未实现;AT&T仅销售了100台这样的电视屏幕,每一台约合100万美元。这是一个代价昂贵的失败。

最后,有人认为传统的媒体和娱乐的消失即将到来。有些未来学家声称,因特网是世界的主宰,它将会吞噬剧场、电影、收音机、电视,所有这些都将成为只能在博物馆中看到的东西。

实际发生的事情却相反。城市生活的一个永久性特色——交通堵塞比以往任何时候都糟。去外国旅游的人数打破了纪录,使旅游成为这个行星上发展最快的行业之一。尽管处于经济困难时期,购物者仍然像潮水一般涌向商店。虽然网络学校不断增多,大学招生的数量仍然不断创下新高。可以肯定的是,有更多的人决定在家里工作,或与他们的同事通过远程电信会议交谈,但是城市根本没有空置,而是变成蔓生的超大城市。今天,尽管在因特网上进行视频对话很容易,但是绝大多数的人并不愿意上镜头,更情愿面对面地交谈。当然,因特网改变了整个媒体的面貌,因为媒体巨人们正想方设法在因特网上赚取利润,但是这并没有消除电视、无线电广播和剧场的作用。百老汇的灯光仍然像以前一样闪烁。

未来 物理 洞穴人原理

为什么这些预测不能成为现实呢? 我猜测大部分人拒绝这些高级的联系方式是因为我所说的洞穴人原理(Cave Man Principle)或洞穴女人原理(Cave Woman Principle)。遗传和化石证据说明,看起来很像我们的现代人是10多万年前从非洲起源的,但是我们没有证据说明,从那时开始我们的大脑和个性已经有了很大的变化。如果你拿出一个那个时期的人,在解剖学上他和我们是相同的;如果你给他洗个澡、再刮刮胡子,让他穿上三件套西装,然后把他放在华尔街上,他和任何其他人在外表上并没有任何差别。我们的需要、梦想、个性和愿望也大同小异,在10万年中恐怕也没有多大变化,我们仍然像我们的洞穴祖先那样思考问题。

要点是:每当现代技术和我们原始祖先的愿望发生冲突时,总是这些原始的愿望占上风。这就是洞穴人原理。例如,洞穴人总是要求提供"被杀死猎物的证据",仅仅吹嘘一个大猎物跑掉了是不够的。一个到手的有血有肉的猎物始终比跑掉的猎物要实惠得多。同样,当我们处理文件时,我们总想保存一份硬拷贝(hard copy,电脑打印稿)。我们本能地不信任飘浮在我们计算机屏幕上的那些电子,因此我们会把电子邮件和报告统统打印出来,甚至在毫无必要时也这样做。这就是为什么无纸办公室一直没有出现的原因。

同样,我们的祖先喜欢面对面地会见。这有助于加强我们与其他人的联系,了解他们内心的情感。这就是为什么无人城市也没有出现的原因。例如,一位老板可能想要仔细地品评他的雇员,通过在线网络很难做到这一点,但是以面对面的方式老板就能够读到这个人的身体语言,获得有价值的未发觉的信息。通过近距离观察一个人,我们就能感受到彼此之间的关系,就能够理解他微妙的身体语言,发现他的头脑中正在想些什么。这是因为我们的类人猿祖先,在他们能讲话之前的几千年中都是使用身体语言传达他们的思想和感情。

这就是为什么网络观光游览始终未能代替实地旅游的原因。看一张泰姬陵(Taj Mahal)的图片是一回事,亲自实地去看它则是另一回事。同样,听一张你喜欢的音乐家的 CD 唱片与在充满生气的音乐厅实际看到这个音乐家的感觉是不一样的,在现场你会突然感到情绪的冲动,被周围各种吹奏声、喧闹声、嘈杂声所感染。这意味着尽管我们能够下载我们喜欢的剧目和明星的真实图片,却不会像在舞台上实际看节目和亲自看演员表演一样。粉丝们为了得到一张他们喜爱的明星签名的图片和音乐会的门票,哪怕要走很远的路也心甘情愿,尽管他们可以从因特网上免费下载这些图片。

这就解释了为什么因特网会把电视和收音机一扫而光的预测不能成为现实的原因。当电影和收音机出现的时候,人们以为真人演出的剧场就要寿终正寝了;而当电视出现时,人们又预测电影和收音机将会退出历史舞台。然而,我们现在却仍然生活在所有这些媒体之中。它带给我们一个教训:一种新媒体决不会消灭旧有的媒体,而是与其共存。这些媒体的混合和相互之间的关系是不断变化的,任何一位能够精确预测将来这些媒体会怎样结合的人,很可能变得非常富有。

其中的理由是,我们古代的祖先总是希望亲自看到某件事物或事情,而不依赖道听途说。依靠实际的身体体验而不是谣言,对他们在森林中幸存下去是至关重要的。甚至从现在开始的 100 年后,我们仍然会有真人演出的剧场,人们仍然会追逐明星,这是我们远古时代的祖先们留下的悠久遗产。

此外,我们的祖先是打猎的人,我们是他们的后代。因此,我们喜欢看别人,甚至坐在电视机前几个小时无休止地观看我们同类的滑稽表演,但是当我们感到别人在看我们的时候就会立即感到紧张。事实上,科学家已经计算出,当陌生人盯着我们看大约 4 秒钟,我们就会感到紧张。大约 10 秒钟后,我们甚至会生气,对盯着我们看的人产生敌视。这就是为什么原来的可视电话会昙花一现。此外,如果每次上网前都不得不梳理一下头发,谁愿意呢?(今天,在几十年缓慢而痛苦的改进之后,电视会议才最终流行。)

今天,在线学习已经成为现实,但是大学里仍然挤满了学生。与教授一对一的当面请教,教授就可以给予学生因人而异的关照,回答每个人不同的问题,这比在线课程自然要优越得多。在申请工作时,大学学位也比在线毕业证书的分量重得多。

因此,在高技术(High Tech)和高接触(High Touch)之间仍然继续存在着竞争,即坐在椅子上看电视与走出去接触我们周围的事物之间的竞争。在这个竞争中,我们两者都需要。这就是为什么在这个网络空间和虚拟现实的时代,我们仍然有真人演出的剧院、摇滚音乐会,纸张和实地旅游。但是,如果有人拿出一张我们喜爱的歌星的免费照片和一张他的音乐会的门票,我们都会毫不犹豫地选择门票。

因此,这就是洞穴人原理(Cave Man Principle):我们情愿两者兼得,但是如果要我们选择,我们会选择高接触,像我们的洞穴人祖先那样。

但是,这一原理还有一个必然的结果。回到20世纪60年代科学家创立因特网的时候,人们普遍相信的是它将演化为教育、科学和进步的论坛。结果呢,它很快就退化成今天这样一个为所欲为的"狂野西部",让人们感到恐惧。实际上,这是可以预料到的。洞穴人原理的必然结果就是,如果你想预测将来人们之间的社会关系,只要想一想10万年前我们祖先的社会关系并将其放大10亿倍即可。这就意味着我们必须对传闻、社交网络和娱乐活动加以安全防护。在部落中快速传播信息的基本方法是传言,特别是有关部落头领和扮演各种角色的人物的传言。置身传言圈子之外的人往往无法生存,他们的基因也就无法遗传下来。今天,一种由明星驱动的文化正方兴未艾,我们在杂货店的收银台旁仍然能够看到传闻热的现象——书架上摆满了各种有关明星传闻的杂志。唯一不同的是,部落闲谈的规模被大众媒体极度放大了,并且在几分之一秒的时间里就能够绕地球很多次。

社会网络站点(Web sides)的突然增殖,使年纪轻轻、娃娃脸的企业家几乎一夜之间变成了亿万富翁,这一现象让许多分析家始料不及,但这同样也是这个原理的例子。在人类进化的历史上,维持大规模社交网络的人总能够依靠它得到对生存至关重要的资源、建议和帮助。

最后,娱乐业将会爆炸式地增长。有时候我们不想承认它,但是我们文化的一个主要部分却是建立在娱乐之上的。我们的祖先打猎归来之后,总会让自己放松和自娱自乐。这不仅对加强团结很重要,对建立个人在部落中的地位也很重要。毫无疑问,娱乐的基本形态——跳舞和唱歌,在动物界也是至关重要的,这是向异性展示健康体魄的方式。当雄鸟唱着美丽、悦耳的歌曲、展示其奇异的交配舞姿时，它的主要目的就是向异性证明它是健康的、身体是健全的，没有寄生虫，并且拥有值得传给后代的基因。

艺术创作不仅是为了娱乐，我们的大脑处理大部分信息的方式都是通过各种象征性的符号完成的，因此艺术创作对大脑的发育也起着重要的作用。

因此，除非我们从遗传上改变我们的基本个性，否则我们就可以预言：娱乐、小报杂谈和社交网络在将来只会增加，不会减少。

[未来物理] 科学是一把双刃剑

我曾经看过一部电影，它永远改变了我对将来的态度。这部电影名叫《惑星历险》(*Forbidden Planet*，又译《禁忌星球》或《被遗忘的行星》)，是根据莎士比亚的戏剧《暴风雨》(*The Tempest*)拍摄的。在这部电影中宇航员遇见了远古文明，值得称赞的是，这种文明早于我们数百万年前兴盛。他们当时已经取得了技术上的终极目标：无须任何装置就能产生无限的能量，也就是说，他们靠心力就能获得做任何事情的能量。他们的思想像自来水一样流入巨大的热核发电厂，这个工厂深深地埋在他们那个行星的内部，将他们的每一个要求变成现实。换句话说，他们拥有上帝的能力。

我们也将拥有类似的能力，但是却不需要等上几百万年。我们只需要等一个世纪。我们已经可以在今天的技术中看到它的种子。但是，因为这种神力最终淹没了这个远古文明，所以《惑星历险》又是一个有关道德的故事。

当然，科学是一把双刃剑；它解决多少问题也会制造出多少问题，但总是在一个更高的水平上。在今天的世界上有两个相互竞争的倾向：一个是创造地球文明，它是相互容忍的、科学的和繁荣的；但是另一个则制造混乱和无知，旨在破坏我们的社会结构。我们现在同样有宗教主义者、原教旨主义者和我们祖先留下的非理性感情，但不同的是我们也有了原子武器、化学武器和生物武器。

将来，我们将从被动的自然现象的观察者变成大自然的导演，变成大自然的主人，最终成为自然的保护者。因此，让我们希望我们能够智慧地和镇定地挥舞这把科学宝剑，驯服我们遥远过去的荒蛮。

现在,让我们开始遐想穿越下一个100年的科学创新和发现之旅,这些都是正在把这一切变成现实的科学家们告诉我们的。我们将领略计算机、无线电通讯、生物技术、人工智能和纳米技术的快速发展。毫无疑问,这些发展将完全改变人类文明的未来。

科学是这样
决定人类的命运
和改变 2100 年
我们的日常生活

世界无边，人的认识有限。

——亚瑟·叔本华(Arthur Schopenhauer)

悲观主义者决不会发现星球的秘密，不能航行到未知的大陆，也不能为人类的灵魂打开一个新的天堂。

——海伦·凯勒(Helen Keller)

1. 计算机的未来 智力胜过物质

大约 20 年前，我坐在马克·维瑟(Mark Weiser)在硅谷的办公室中，听他解释他对未来的看法，这一切仍历历在目。他用手做着手势，激动地告诉我一个将会改变世界的新革命将要发生了。维瑟(Weiser)是计算机精英的一分子，在施乐公司的帕洛·阿尔托研究中心(Xerox PARC)工作〔帕洛·阿尔托研究中心(Palo Alto Research Center)，它首先倡导了个人计算机、激光打印机、有图形使用界面的窗口类型的结构〕，但他是一个喜欢独立的人，一个挑战传统智慧的提倡打破旧习的人，也是一个疯狂的摇滚乐的成员。

回到那个时候(大约一代人的寿命之前)，个人计算机还是一件新的事物，刚刚开始进入人们的生活，那个时候人们开始慢慢热衷于购买大的、笨重的台式计算机，以便进行电子数据表的分析和做一些文字处理。因特网对像我这样的科学家仍然在很大程度上是一个陌生的王国，它以一种神秘的语言为同行的科学家建立方程式。放在桌上的这个盒子,冷冰冰地严厉地注视着你,对于它会不会使人类的文明丧失个性曾有着激烈的争论。甚至政治分析家威廉·F.巴克利(William F. Buckley)也不得不捍卫文字处理,因为一些知识分子咒骂它,甚至拒绝碰计算机,把它叫做无教养的工具。

就是在这个争论的时代,维瑟首先提出了"到处都有计算"的说法。他了解了很久以前的个人计算机,预测计算机的芯片有一天会变得如此之便宜,以致在我们周围的环境中到处都有芯片——在我们的衣服里、家具里、墙上,甚至我们的身上。并且,这些芯片将与因特网连接,共享数据,使我们的生活更愉快,监测我们的愿望。

对于那个时代,维瑟的梦想是太古怪了,甚至是荒谬的。大多数的个人计算机还很贵,甚至还没有连接到因特网上。因此几十亿个小芯片有一天会像自来水一样便宜的想法被认为是精神病。

那时候我问他,为什么他这么肯定会有这场革命。他冷静地回答说,计算机的能力是呈指数增长的,还看不见何时能终止。他的意思是说这只是个时间问题。(很遗憾,他没有活到他所说的革命变为现实,他在1999年死于癌症。)

维瑟所预言的梦想背后的驱动源泉是某种被称做摩尔(Moore)的定律,一个驱动计算机工业50多年发展的大拇指定律,像钟表一样设定了现代文明发展的步伐。摩尔定律(Moore's law)只是说计算机的能力每18个月翻一番。这是英特尔(Intel)公司奠基人之一,戈登·摩尔(Gordon Moore)在1965年首先说的。这个简单的定律帮助实现了世界经济的革命,产生了惊人的新财富,不可逆转地改变了我们的生活方式。当你绘制计算机芯片的下落的价格和它们的速度、处理能力和存储能力的快速进展时,你会得出一条回到50年前的引人注目的直线。(这是画在对数曲线上的。事实上,如果你延伸这条线,将真空管技术和手摇的加法器包括进去,这条线就会延伸到100年前的过去。)

指数式增长(exponential growth)通常难以领会,因为我们大脑的思维是线性的。它是逐渐变化的,因此有时根本经受不了改变。但是,经过几十年时间,它完全改变了我们周围的一切。

根据摩尔定律,每一个圣诞节你的新的计算机游戏的功能几乎为去年圣诞节时的2倍(按照晶体管的数量)。此外,当这一年过去以后,这个增加的功能又成为纪念碑。例如,当你收到用邮件发来的生日贺卡时,它通常会对你唱"生日快乐"。最显著的是,这个芯片的计算能力比1945年所有盟军的计算能力更大。也许希特勒、丘吉尔或罗斯福否决了获得这样的芯片。但是我们用这些芯片做什么呢? 在生日之后,我们把贺卡和芯片扔掉了。今天,你的手机的计算功能比1969年美国宇航局(NASA)的所有计算能力都大,那时它将两名宇航员送到了月球上。视频游戏消耗大量计算机的功能模拟三维图像,需要计算机的功能比上一个10年的大型主机还要大。今天的索尼(Sony)游戏站造价300美元,它的能力相当于1997年造价100万美元的军事超级计算机。

当我们分析回到1949年那时的人们是怎样看待计算机的将来的,我们就会看出计算机能力呈线性增长和指数增长之间的差别,那时《大众力学》(*Popular Mechanics*)预测计算机的能力将会呈线形增长,随时间呈2倍或3倍增长。它写道:"今天的计数器,如埃尼阿克(ENIAC)装备了18 000个真空管,重30吨,而将来的计数器也许只有1 000个真空管,重1.5吨。"

(大自然母亲赞赏指数幂。一个单一的病毒能够劫持一个人体细胞,迫使它产生几百个它的复制品。每一代增长100倍,只需要5代,一个病毒就能产生100亿个病毒。毫不奇怪,一个病毒仅在大约一周的时间就能感染有着万亿个健康细胞的人体。)

不仅是计算机能力的数量增长,这个能力传递的方式也在迅速改变,对经济有着巨大的意义。每过10年我们就能看到这种进展。

- 20世纪50年代:真空管计算机像巨人一样安装在整个房间里,导线、线圈和钢铁像丛林一样布满了房间。只有军事上才有钱买得起这些怪物。
- 20世纪60年代:晶体管代替了真空管计算机,大型计算机逐渐进入商业市场。
- 20世纪70年代:含有几百个晶体管的集成电路板产生了小型机,尺寸像大办公桌那样大。
- 20世纪80年代:含有几千万个晶体管的芯片使个人计算机能装在公文包中。
- 20世纪90年代:因特网将几万台计算机连接到一个单一的、全球的计算机网络中。
- 21世纪头10年:无处不在的计算将芯片从计算机中释放出来,

让芯片分布到周围的环境中。

因此,老的范例(台式计算机或笔记本电脑内的单个芯片连接到计算机上)被新的范例代替(几千个芯片分散在每一件人造物品的内部,如家具、用具、图片、墙壁、汽车和衣服,彼此都能对话和连接到因特网上)。

当这些芯片插入器具之后,这些器具就奇迹般地改变了。当芯片插入打字机以后,它们就成了文字处理器。插入电话后就成了手机。插入照相机后就成了数字相机。弹子球游戏机就成了视频游戏机。留声机成了iPods。飞机成了无人驾驶机。每一次,工业都被彻底改革了,并获得了新生。最终,几乎我们周围的一切都变成智能的了。芯片将变得如此之便宜,其造价低于塑料袋,并将会代替条码。不能使它的产品智能化的公司将被其他能够智能化的公司排挤到市场之外。

当然,我们将仍会被计算机监视器所环绕,但这些监视器将类似墙纸、图片框或家庭照片,而不是计算机。想一想今天装饰我们房间的所有图片和照片;想一想每一件都是活生生的、移动的和连接到因特网上的。当我们走到外面时,我们看到图片在动,因为移动图片的价格和静止图片的一样低。

计算机的命运,像其他的众多技术,如电、纸、自来水一样变得看不见了,消失在我们生活的结构中,到处都是,无处不在,无声地、无缝地执行我们的愿望。

今天,当我们走进一个房间时,我们会机械似的找电灯的开关,因为我们认为墙壁是电气化的。将来,我们进房间要做的第一件事是找因特网的入口,因为我们认为房间是智能的。正如小说家马克斯·弗里希(Max Frisch)曾经说过:"技术是如何安排我们不得不经历的世界的关键。"

摩尔定律也让我们能够预测最近的未来计算机的演变。在未来的10年,芯片将与超级敏感的传感器结合,使我们能够检测疾病、事故和紧急事件,在失去控制之前提醒我们。在一定程度上,它们能识别人的声音、面孔和用通常的语言谈话。它们将能够创建我们今天只能梦想的整个虚拟世界。大约在2020年,芯片的价格将跌落到大约一分钱一片,相当于废纸的价格。那时将有几百万芯片分布在我们的周围,默默地执行我们的命令。

最终,"计算机"(computer)这个单词本身将从英语语言中消失。

为了讨论科学和技术将来的进步,我把每一章分成三个时期:近期(今天—2030 年)，中期(2030—2070)和远期(2070—2100)。这个时间期限仅仅是大致的，但它们表示了这本书所描述的各种倾向的时间框架。

到 2100 年，计算机能力的迅速发展将给予我们曾经崇拜的神话中神那样的能力，使我们靠纯粹的思想就能控制周围的世界。像神话中挥挥手或点点头就能移动物体和改造生命的神一样，我们也能靠我们的心力控制周围的世界。我们将持续地与分布在环境中、能默默执行我们命令的芯片保持心力的接触。

我记得电影《星际迷航》中有一段情节很有趣，"进取"号(Enterprise)星际飞船的船员飞过希腊神居住的行星。站在他们前面的是高大的阿波罗神，这个巨大的身影用神一样的技艺迷惑和淹没了船员。23 世纪的科学无法战胜几千年前古希腊时代统治天堂的神。但是一旦船员们从初始遇到希腊神的震惊中恢复过来，他们很快认识到阿波罗神一定有一个能量的来源，阿波罗一定是在智力上与执行他的命令的中心计算机和能量工厂接触的。一旦船员们找出和破坏了能量供给，阿波罗就化为普通的凡人了。

这只是一个好莱坞的故事。然而，通过扩充现在实验室做的具有根本性的发现，科学家能够预想到有一天也可能利用心灵感应术控制计算机，让它供给我们这位阿波罗神的能量。

远期(今天—2030)

未来物理 因特网眼镜和隐形镜片

今天我们可以通过计算机和手机与因特网通信。但是在将来，因特网将无处不在——在墙壁的屏幕上、在家具里、在广告牌上，甚至在我们的眼镜上和隐形镜片里。我们眨一下眼就上线了。

有几种方法可以把因特网放在镜片上。图像可以通过我们眼镜的透镜直接从我们的眼镜反射进入我们的视网膜。也可以像小的珠宝商的透镜那样贴在眼睛的眉框上。在凝视眼镜时就看到了因特网，就好像看电影屏幕一样。可以通过无线连接用握在手里的控制计算机的设备管理它。也可以简单地在空中移动手指控制图像,因为当我们挥舞手指时,计算机能够识别手指的位置。

例如,从 1991 年开始,华盛顿大学的科学家研究如何完善虚拟的视网膜显示(VRD),在这个虚拟的视网膜上红色、绿色和蓝色激光直接照在视网膜上。视野 120 度,分辨率 1 600 × 1 200 像索,虚拟视网膜显示可以产生灿烂的、活生生的图像,堪与在剧场看到的移动图像相比。图像可以利用头盔、护目镜或眼镜产生。

回到 20 世纪 90 年代,我有一个机会试戴这些因特网眼镜。它是麻省理工学院(MIT)媒体实验室(Media Lab)的科学家早期的产品。看上去像一对普通的眼镜,只是在镜片的右手角贴了一个长约 1/2 英寸(1.27 厘米)圆柱形的透镜。我可以没有任何困难地透过眼镜看东西。但是如果我拍一下眼镜,这时一个小透镜落到我的眼前。凝视这个透镜,我可以清楚地辨认出整个计算机屏幕,看上去仅比标准的个人电脑的屏幕小一点。我十分惊奇怎么这么清楚,几乎就像屏幕盯着我的脸一样。然后,我握着一个手机大小的设备,有一个按钮在上面。按这个按钮就可以控制屏幕上的光标,甚至可以输入指令。

在 2010 年,我主持科学频道专题栏目,我旅行去佐治亚州的本宁堡(Fort Benning),核实美军最近的"作战用的因特网",叫做"陆地勇士"。我戴上特殊的盔甲,在它的侧面贴有小的屏幕。我用手指轻轻碰一下我眼睛上的屏幕,突然我看到了令人吃惊的图像:整个战场都标上了友军和敌军的位置。引人注目的是,"战争的烟雾"散开了,全球定位系统(GPS)传感器清楚地确定了所有军队、坦克和建筑物的位置。按一下按钮,图像就很快改变了,我可以用因特网来处置战场,还有有关天气、友军和敌军部署、战略和战术的信息为我所用。

更加高级的是,将芯片和液晶显示(LCD)插入塑料,就可能直接通过隐形眼镜看到因特网。巴巴克·A.帕维兹(Babak A. Parviz)和他在西雅图华盛顿大学的团队已为因特网隐形眼镜奠定了基础,设计了原型,也许最终将改变我们连接因特网的方式。

他预见,这个技术的一个直接应用也许会帮助糖尿病患者调节葡萄糖的水平。透镜将显示他们体内状况的直接结果。但这只是开始。最终,帕维兹预想有一天我们将能够从因特网下载任何电影、歌曲、环球网站点或信息到我们的隐形眼镜中。在我们的透镜中将有一个完整的娱乐系统,在我们躺下休息时欣赏喜欢的电影。通过我们的透镜也可用它直接与办公室的计算机相连。我们可以在舒适的沙滩与办公室进行远程电信会议,只要眨眨眼睛。

插入某种模式识别软件到因特网眼镜上,也可以识别物体,甚至某人的脸。有些软件程序已经能识别预先编制程序的脸,精度在百分之九十。与你讲话的人,不仅他的名字还有他的传记都可以在讲话当中闪现在你眼前。在会议上,当你遇见一个认识的人又想不起他的名字时,就可以避免尴尬。在鸡尾酒宴会上,当宴会上有很多陌生人,有些人很重要,但你不知道他们是谁的时候,这种功能也能起重要作用。在将来,你能够识别陌生人,甚至在你和他们讲话时知道他们的背景。〔这有些像在《终结者》(*The Terminator*)里的机器人所看到的世界。〕

教育系统也可能因此改变。在将来,参加期末考试的学生将能够通过他们的隐形眼镜默默地扫描因特网搜索问题的答案,对于经常依靠死记硬背的老师这会造成一个明显的问题。这意味着教育应强调思维和推理能力,而不应强调死记硬背。

也可以在你的眼镜镜框上装一个小的视频相机,可以对周围拍照,然后直接把图像播放到因特网上。周围世界的人可以分享你的经历,好像他们也经历了一样。无论你看到什么,成千上万的人也能看到。父母将知道儿女在做什么。情人在分开时可以分享感受。参加音乐会的人可以把他们的激动传给全世界的歌迷。检查员将能访问远离的工厂,然后播送活生生的图像到老板的隐形眼镜上。(或妻子去商店购物,而丈夫提出建议要买什么。)

帕维兹(Parviz)已经能够将计算机芯片缩小到可以放到隐形透镜的聚合物薄膜上。他成功地将一个发光二极管(LED)放进隐形透镜,现在正在研制的隐形透镜含有 8×8 排列的发光二极管。他的隐形透镜可以靠无线连接来控制。他声称:"这些构件将最终包含几百个发光二极管,这些发光二极管将在眼前形成图像,如单词、图表和照片。很多硬件是半透明的,因此戴上它可以到处行走,不会碰到障碍或失去目标和方向。"他的目标是若干年后制造一个含有 3 600 像素的隐形透镜,每个厚度不超过 10 微米(0.01 毫米)。

因特网隐形透镜的一个优点是使用的能源很小,仅有百万分之几瓦,在能量要求上很有效,不会耗尽电池。另一个优点是眼睛和眼神经在某种意义上是人脑的直接延伸,因此我们能够直接进入大脑,而无须植入电极。眼睛和眼神经传送信息的速度超过高速因特网连接。因此,因特网隐形透镜也许是最有效的、最迅速的连接大脑的方式。

通过隐形透镜将一个图片照射到眼睛中仅比因特网眼镜复杂一些。一个发光二极管可以产生光的一个点,或一个像素,但是必须加一个显微透镜才能直接聚焦到视网膜上。最后出现的图像飘浮在离你大约 2 英尺(61 厘米)的地方。帕维兹认为一个更高级的设计是使用微型激光发射一个超清晰的图像直接到视网膜上。采用芯片工业雕刻微小的晶体管的同样的技术,可以蚀刻同样尺寸的微小激光器,制造世界上最小的激光器。利用这种技术在原则上可以制造直径为大约 100 个原子的激光器。像晶体管一样,可以令人信服地在手指甲盖大小的芯片上塞满几百万个激光器。

未物 来理 无人驾驶汽车

在最近的将来,有可能在开着汽车的同时,靠隐形透镜在环球网上安全地冲浪。上下班再也不会是一件痛苦的家务杂事了,因为汽车自己会开。无驾驶员的汽车已经能够使用 GPS 将它们的位置定位在几英尺的范围内,驾驶距离可以超过几百英里。五角大楼国防部高级研究规划局(DARPA)发起一个竞赛,叫做 DARPA 大挑战,邀请实验室提交无人驾驶汽车参加跨越莫哈韦(Mojave)沙漠的比赛,奖金为 100 万美元。五角大楼国防部高级研究规划局继续它的长期的传统,资助危险的,但是具有远见性的技术。

(五角大楼项目的一些例子包括因特网,它原来的设计是想在核战期间和之后联系科学家和政府官员,还包括 GPS 系统,它原来的设计是为洲际弹道导弹导航。但因特网和 GPS 在冷战之后都失去原有的作用,交给了大众。)

在 2004 年,此竞赛面临一个尴尬的局面,没有一辆无人驾驶的汽车能够越过高低不平的旷野,没有一辆无人驾驶的汽车跨过终点线。但是下一年,5 辆汽车完成了一条更加艰险的路线。它们跑过的道路包括 100 个急转弯,3 个狭窄的隧道和每一边都是悬崖峭壁的道路。

有些批评家说,机器人汽车也许能够在沙漠中行驶,但决不能在城市中间行驶。因此在 2007 年,五角大楼国防部高级研究规划局发起了一个更有雄心的竞赛,"城市挑战"(the Urban Challenge),在这项计划里,机器人汽车要完成一条令人折磨的 60 英里(96.56 公里)的路线,要在 6 小时内跑完模拟的城市地区。汽车必须服从所有的交通规则,避开沿线的其他机器人汽车,通过 4 车道的交叉路口。6 个队成功地完成了"城市挑战",前三名得到的奖金分别为 200 万美元、100 万美元和 50 万美元。

　　五角大楼的目标是到 2015 年完成美国三分之一的地面部队的自治。这是一项拯救生命的技术,因为近年来,美国的最大伤亡来自路边炸弹。在将来,很多美国的军车将根本没有驾驶员。但是对于消费者来说,按一下按钮自己就能行驶的汽车,意味着驾驶员可以工作、放松、欣赏风景、看电影或浏览因特网。

　　有一次,为了主持电视"发现频道"专题节目,我有机会亲自驾驶一辆这种汽车。它是一辆北卡罗来纳州立大学工程师修改的流线型的跑车,让它能完全自治。它的计算机有 8 台个人电脑的功率。钻进汽车对我来说有些困难,因为里面空间很窄。汽车内部到处都是完善的电气构件,堆在座位上和仪表盘上。当我握住方向盘时,我注意到它有一个特殊的橡胶电缆连接到一个小马达上。一台计算机通过控制这个马达可以转动方向盘。

　　在我发动、脚踏加速器、将车开到高速公路之后,我将开关拨到计算机控制位置。我的手离开方向盘,车就自动驾驶了。我对这部车有充分的信心,车的计算机通过方向盘上的橡胶电缆不断进行小的调整,开始的时候,看到方向盘和加速器的踏板自己在动,感到有些奇怪。就好像有一个看不见的魔鬼似的驾驶员在操作,但过了一会我就习惯了。事实上,在车上能放松,车自己能以超人的精确和技能行驶,后来成了一种快乐。我可以坐在后面,欣赏车的驾驶。

　　无人驾驶汽车的核心是 GPS 系统,它允许计算机确定它的位置,精度在几英尺的范围内。(有时,工程师告诉我,GPS 可以确定车的位置在几英寸范围内。)环绕地球轨道的 32 个 GPS 卫星发射特殊的无线电波,被汽车中的 GPS 接收器接收。每一个卫星的信号有些扭曲,因为它们环绕的轨道略有不同。这个扭曲叫做多普勒(Doppler)偏移。(例如,卫星向你移动时无线电波被压缩,离开你移动时无线电波伸展。)分析 3 个或 4 个卫星发出的无线电信号频率的偏离,车上的计算机就能精确地确定我的位置。

　　在车的挡泥板上还有雷达,因此可以感知障碍。这在将来是至关紧要的,因为每辆车在它检测到即将发生事故时都要自动采取紧急措施。今天,在美国每年有4万人死于汽车事故。在将来,"汽车事故"(car accident)这个单词也许会渐渐从英语语言中消失。

交通堵塞也会成为过去的事情。中央计算机通过与每一辆无人驾驶汽车的通信能够追踪道路上每一辆的移动。然后,它可以容易发现高速路上的交通堵塞和瓶颈。在圣迭戈(San Diego)北部州际15号公路进行的一项试验,芯片放在道路上,因此中央计算机能够控制道路上的汽车。在交通堵塞的情况下,中央计算机将强制驾驶员让交通自由通行。

将来的汽车也能感知其他的危险。成千上万的人,由于驾驶员犯困,特别是在夜间或在漫长单调的旅行中,而在汽车事故中死亡或受伤。今天计算机能够聚焦在你的眼睛上,识别你变得昏昏欲睡的迹象。然后计算机的程序使它发出一个声音,把你叫醒。如果这样做失败了,计算机将接管汽车。计算机也能识别汽车上过量酒精的存在,减少每年发生的成千上万与喝酒有关的灾祸。

智能汽车的转换将不会立刻发生。首先,军事部门将配置这些车辆,在进行过程中制定操作指南。然后,机器人汽车将进入市场,首先出现在漫长的、乏味的州际间高速公路上。下一步,它们将出现在市郊和大城市,但是驾驶员将总是有能力在紧急情况下接管计算机。最终,我们会想,没有它们我们将怎样生活呀。

四壁墙幕

计算机不仅能够减轻上下班来回路上的紧张和减少车祸,它们也能够帮助我们与朋友和熟人联系。在过去,曾有人抱怨计算机革命使人失去人性,使我们孤独。实际上,它允许我们按指数幂扩大我们朋友和熟人的圈子。当我们孤独或需要陪伴时,你只需要在你的墙幕(wall screen)上布置一场桥牌游戏,和世界上其他孤独的人一起玩。当你需要帮助计划一个假期、组织一次旅行、发现一次约会,你也可以通过墙幕来完成它。

在将来,一个友好的面孔可能会首先出现在你墙上的屏幕上(你可以改变这个面孔使它适合你的口味)。你可以要它为你计划一次休假。它已经知道你的喜好,并将查看因特网,给你一份最可能选择的清单,价格还最好。

　　家庭聚会也可以通过墙幕举行。卧室的 4 个墙壁都有屏幕,这样你就被你远方的亲戚的图像所环绕。在将来,也许一位亲戚不能出席一次重要的集会。代替的办法是,一家人聚集在墙幕周围,庆祝重新团聚,一部分是真实的,一部分是虚拟的。或者,通过你的隐形透镜你可以看到所有你心爱的人的图像,就好像他们真的在这里,尽管他们是在几千英里之外。(一些评论员曾评论说,因特网原来被五角大楼构思为是"男性的",也就是说,它是与在战时控制敌人有关的。但是现在,因特网主要是"女性的",是为了扩大人际范围和与别人接触的。)

　　电信会议将会被远程显示所代替,完全的三维图像和人的声音将出现在你的眼镜或隐形透镜里。比如,在开会时每个人将坐在桌子周围,而有些参加者将仅出现在你的透镜中。没有透镜,你会看到桌子周围的座位有一些是空的。有了透镜,你将看到坐在他们座位上的每个人的图像,就好像他们就在这里。(这意味着所有的参会者被类似的桌子周围的特殊相机录像,然后通过因特网发送过来。)

　　在电影《星际迷航》中,观众惊讶地看到在空中出现的人的三维图像。但是,利用计算机技术,在将来我们可以在隐现透镜、眼镜或墙幕上看到这些三维图像(3-D images)。

　　开始时,对着空房间说话可能会感到很奇怪。但要记住,在电话开始出现时,有人批评它,说是人们对着无实体的声音说话。这个批评是对的,但是今天人们不在乎对无实体的声音说话,因为它极大地增加了我们接触的范围和丰富了我们的生活。

　　这也会改变你的爱情生活。如果你感到寂寞孤独,你的墙幕将知道你过去的偏好和约会中你想要的人的身体情况和社会的特点,然后扫描因特网找到可能的搭配。并且,因为人们有时在他们的简介中说谎,作为一种安全措施,你的墙幕将自动扫描每一个人的历史以发觉在他的传记中的不实之言。

未来物理 柔软的电子纸

　　纯平电视的价格曾经超过 10 000 美元,仅仅在 10 年当中就降低了 50

倍。在将来,覆盖整个墙壁的纯平屏幕的价格也会显著下降。这些墙幕将是柔软的和超薄的,使用有机发光二极管(OLED)。这些有机发光二极管类似普通的发光二极管,不同的是它们是基于有机构件,可以布置在聚合物中,使它们成为柔软的。柔软屏幕上的每个像素连接到控制光的颜色和强度的晶体管上。

亚利桑那州立大学柔软显示中心(Flexible Display Center)的科学家与惠普(Hewlett-Packard)和美军为完善这项技术已经一起工作。市场力将驱动这些墙幕的价格不断下降,最终达到普通墙纸的价格。因此在将来,在装饰墙纸时也可同时装上墙幕。当我们希望改变墙纸的模式时,我们只须按一下按钮。重新装饰就是这样简单。

这个柔软屏幕技术也可能会使我们如何与手提计算机的互相作用发生变化。我们不需要拖着沉重的笔记本电脑(heavy laptop computer)。笔记本电脑可能就是一张简单的有机发光二极管(OLED)薄片,可以叠起来放在钱包里。一个手机也可以含有一个能够拉开的柔软屏幕。然后,无须在手机的小键盘上紧张地输入,你可以把软屏幕拉开,想要多大有多大。

这项技术也使得个人计算机的屏幕可能是完全透明的。在最近的将来,我们可以盯着窗外,然后挥挥手,突然窗户就变成计算机屏幕,或成为任何想要的图像了。我们可以看到窗外几千英里以外的地方。

今天,我们可以把潦草书写的纸揉碎,然后扔掉。在将来,也许会有"揉碎的计算机",它们没有自己的特殊身份。我们把它们揉碎,扔掉它们。今天,我们围绕计算机布置桌子和家具,它支配我们的办公室。在将来,台式计算机也许会消失,当我们从一个地方到另一个地方,从一间屋子到另一间屋子,从办公室到家,文件会随我们而走。这将给我们无缝连接的信息,任何时间、任何地点。今天,我们在飞机上可以看到几百位旅行者带着手提电脑,一旦到了旅馆,他们不得不和因特网相连;一旦回到家,不得不下载文件到台式电脑上。在将来,你决不需要到处拖着计算机,因为无论你在什么地方,墙、图画、家具都能连接到因特网上,甚至在火车或汽车里。〔"云计算"(Cloud computing),在这里你不需要为计算机付费,只需为计算时间付费,计算计费的装置就像水表、电表这些公共事业的早期例子那样。〕

未物 虚拟世界
来理

计算机无处不在的目标是将计算机引入世界:让芯片无处不在。虚拟世界的目的则相反:将我们放到计算机世界中。虚拟现实是首先由军事部门在20世纪60年代引进的,是一种利用模拟训练驾驶员和战士的方法。驾驶员可以看着计算机屏幕和操纵操作杆练习在航空母舰甲板上着陆。如果发生核战争,将军和政治领导人可以从远距离在电脑空间秘密会见。

今天,由于计算机的能力呈指数扩展,人们可以生活在模拟世界里,在这里你可以控制一个化身(一个代表你的生动的图像),甚至恋爱和结婚。你也可以用虚拟的钱买虚拟的东西,然后把虚拟的钱转变为真实的钱。最普及的一个网站叫"第二生命"(Second Life),到2009年注册了1 600万人。那一年,有若干人利用"第二生命"一年赚了100万美元。(然而,你赚取的利润美国政府是要收税的,因为它认为这是真正的钱。)

虚拟现实已经是视频游戏的主要成分。在将来,随着计算机能力的扩展,通过你的眼镜或墙纸,你也能够访问虚幻的世界。例如,你想去购物或访问一个具有异国风味的地方,你可以首先通过虚拟现实来完成它,操纵计算机屏幕,就好像你真的在那儿。用这种方式,你也能够在月球上行走,在火星上休假,在异国购物,参观任何博物馆,自己决定要去哪儿。

在某种程度上,你也能够感觉和触摸电脑空间的物体。这是所谓的"触觉技术"(haptic technology),使你感到计算机产生的物体的存在。它首先是不得不用远距离控制的机器人手臂处理高度放射性物质的科学家研制的,还有军事部门,它希望其飞行员在飞行模拟中能感到操纵杆的阻力。

科学家为模拟接触的感觉制造了一个附在弹簧和齿轮上的设备,当你用手指向前按这个设备时,该设备向后推,模拟压力的感觉。当你移动手指摸桌面的时候,这个设备模拟硬桌面的感觉。用这种方式,你可以感觉在虚拟现实护目镜中看到的物体的存在,实现你是在别的地方的幻觉。

为产生纹理的感觉,另一个设备可使你的手指经过含有几千个小点的表面。当你的手指移动时,每一个小点的高度由计算机控制,因此可以模拟硬表面、软布或粗砂纸的质地。在将来,戴上特殊的手套就能得到与各种物体和表面接触的真实感觉。

对于在将来训练牙医这也是非常重要的,因为牙医必须能够感觉在进行精巧手术时的压力,并且患者可能是一个三维的全息图像。它也让我们更加靠近《星际迷航》系列电视中的全息甲板,在这里我们可以在虚拟世界漫步,能够接触虚拟的物体。当你在空房间里漫步时,在你的护目镜或隐形透镜上可以看到奇异的物体。当你伸手去抓它们时,一个触觉设备从地板升起,模拟你要接触的物体。

当我为"科学频道"访问新泽西州罗恩(Rowan)大学的洞穴自动虚拟环境(CAVE)时,我有机会亲自见证这些技术。我进入一个空房间,被4墙所环绕,每一面墙被投影仪照亮。三维图像在墙上闪烁,给出进入另一世界的幻觉。在一个演示中,我被巨大的、凶残的恐龙所围绕。通过移动操纵杆,我可以骑在雷克斯暴龙(*Tyrannosaurus rex*)的背上,甚至伸进它的嘴里。之后,我访问了马里兰州的阿伯丁试验场(Aberdeen Proving Ground),美军在这儿设计了最先进的全息甲板。传感器放在我的头盔上和背包里,计算机知道我身体的精确位置。然后,我在全方位的踏车上行走,这是一个完善的踏车,使你可以在同一位置向任何方向行走。突然,我到了战场,躲避敌人狙击手射出的子弹。我可以向任何方向跑,躲到任何一条巷子里,在任何一条街上疾跑,并且屏幕上的三维图像立刻改变了。我甚至可以躺平在地板上,并且屏幕也相应改变。我可以想象,在将来你也能够经历完全投入的感觉,例如参加与异国飞船的激烈战斗、从狂暴的怪兽的追逐下逃走或在荒岛上嬉戏,所有这一切都是在你舒适的卧室中实现的。

近期的医疗

去医院看病完全改变了。为了做定期检查,当你和"医生"讲话时,这个医生很可能是一个机器人软件程序出现在你的墙幕上,它可以正确地诊断多至95%的疾病。这个"医生"可以看上去像一个人,但它实际上是一个活生生的计算机编制的图像,问一些简单的问题。这个"医生"有你的基因完整记录,将推荐一个药物治疗方案,将你所有的基因危险因素考虑在内。

要诊断问题,"医生"将要对你进行整个身体的探察。在原始的《星际迷航》电视系列中,大家吃惊地看到一个叫做"三录仪"(the tricorder,又称三线磁带回线自动记录器)的设备,能够瞬间诊断任何疾病和看透你的身体。但是你不需要等到 23 世纪才有这个未来的设备了。重几吨和整个房间那样大的磁共振成像（MRI）机器已经小型化到 1 英尺（30.5 厘米），最终将会小到手机那样大。在你身上走一遍就能看到内部的器官。计算机将处理这些三维图像，然后给出诊断。这个包含基因芯片的探测器也能够在几分钟内确定各种类型基因疾病（DNA 损伤）的存在，甚至在肿瘤形成前几年发现癌细胞。

当然，很多人不愿意去医院。但是在将来，你的健康将默默地毫不费力地一天被监测好几次，而你自己却不知道。厕所、洗澡间和衣服里将有 DNA 芯片默默确定在你的身体里的仅仅几百个细胞里是否有癌细胞群体在生长。有更多的传感器藏在洗澡间和衣服里，比今天现代医院或大学里还要多。例如，只要在一个镜子上吹一下，就能检测叫做人体抑癌基因（p53）的变异蛋白质的 DNA，它与 50% 的所有通常的癌细胞有关。这意味着，"肿瘤"（tumor）这个英文单词将会逐渐从英语语言中消失。

今天，如果你在偏僻无人的道路上发生严重车祸，你可能会流血过多而死亡。但是在将来，你的衣服和汽车在一出现外伤时会自动采取行动，叫救护车，找出你的位置，下载你的整个医疗历史，而这一切你却没有察觉。在将来，孤独地死去是很难的。你的衣服能够通过编织在衣服里的小芯片感知你的呼吸、心跳，甚至脑电波的任何不规则变化。在你穿衣服时你就上网了。

今天已经可能把一个芯片和电视照相机、无线电一起放在一个阿司匹林药片大小的药丸里。当你将药丸吞下后，此"智能药丸"能够拍摄食道、肠道的电视图像，然后将无线电信号发送到附近的接收器。（这赋予"Intel 在内部"口号新的意义。）用这种方法，医生就可以不用结肠镜拍摄病人肠道的图像和检测癌症，用结肠镜要将 6 英尺（1.83 米）长的管插到大肠中，引起很多不便。这些微观设备也逐渐减少了切开皮肤进行手术的需要。

这仅仅是计算机革命如何影响我们健康的一个例子。在第 3 章和第 4 章将更详细讨论医学革命的细节，讨论基因治疗、克隆和改变生命的跨度。

物理未来 生活在神话故事中

因为智能计算机将非常便宜并广泛散布在环境中，有些未来学家认为将来的世界看上去会像神话故事一样。如果我们有上帝的能力,我们所居住的天堂就会像幻想世界一样。例如,因特网的将来将变成《白雪公主》中的魔镜。我们将说"镜子,墙上的镜子",一个友好的面孔就出现了,使我们能够获取这个行星的智慧。将芯片放在玩具里,如童话故事中的主角,想变成真孩子的皮诺奇,就能使它们有智能。像皮诺奇一样,我们对风和树说话,它们将会回答。我们会认为这些物体是智能的,我们能够和它们讲话。

因为计算机能够找出让人们衰老的很多基因,我们可能像希腊神彼特·潘(Peter Pan)那样永远年轻。我们将能够减缓或逆转衰老的过程,像梦幻岛(Neverland)不想长大的孩子那样。扩展的现实将给我们幻想,像灰姑娘那样,能够骑在皇家马车的幻想球上,幽雅地与漂亮的王子跳舞。(但是,在半夜,扩展现实的眼镜关闭了,我们回到真实世界。)因为计算机揭示控制我们身体的基因,我们将能够重新设计我们的身体、替换器官、改变外表,甚至在遗传水平上实现这些改变,像《美女与怪兽》(*Beauty and the Beast*)中的怪兽那样。

有些未来学家甚至害怕,这也许会让我们回到中世纪的神秘中,那时的很多人相信,有很多看不见的幽灵栖息在他们的周围的每件东西上。

中期(2030—2070)

未来物理 摩尔定律的结束

我们不得不问这个计算机革命将持续多久? 如果摩尔定律的正确性再持续50年,很可能计算机会很快超过人脑的计算能力。到这个世纪的中期,一个新的动态将发生。正如乔治·哈里森(George Harrison)曾经说过:"所有的事情都一定会终止。"甚至摩尔定律也一定会结束,有了它计算机能力的显著的提高推动了过去半个世纪经济的增长。

今天,我们理所当然地认为,事实上相信它是我们生来就有的权利,计算机产品的能力和复杂性会日益增加。这就是为什么我们每年买新的计算机产品,知道它的能力几乎是去年样式的2倍。但是如果摩尔定律崩溃了,并且每一代计算机产品的功能和速度大约与去年的相同,我们还会买新计算机吗?

因为芯片是放在各种产品里的,这对整个经济可能产生灾难性的影响。因为整个工业会停滞不前,上百万人可能失去工作,经济可能陷入困境。

多年前,当物理学家指出摩尔定律必然崩溃时,在传统上,工业一再轻视我们的主张,暗示我们是叫喊的狼。他们说,摩尔定律的结束被预测了这么多次,因此他们完全不能相信。

但是不会再有了。

两年前,我给微软在他们华盛顿州西雅图总部的主要会议上定了基调。3 000 个顶尖的微软工程师在听众席中等待听我讲计算机和无线电通讯的未来。我凝视巨大的人群,我可以看到年轻的、热情的工程师的脸,是他们编制程序使我们桌上和膝盖上的计算机能够运转。我直言不讳地谈论摩尔定律,讲到工业必须为它的崩溃做好准备。要是在 10 年前,我也许会遇到嘲笑或讥讽。但是这一次我只是看到人们在点头。

因此,摩尔定律的崩溃是一件具有国际重要性的事情,涉及万亿美元的风险。但是它究竟怎样结束、什么来代替它、依靠什么物理定律呢? 对这些物理问题的回答将最终动摇资本主义的经济结构。

要懂得这种情况,重要的是要认识计算机革命显著的成功是依赖若干物理原则。首先,计算机有着令人眼花缭乱的速度是因为电子信号以接近光的速度,宇宙中的终极速度传播。在一秒钟之内光线环绕地球 7 次,或到达月球。电子也容易到处移动,并且松散地被原子束缚(只要梳理一下头发、在地毯上行走或者洗衣服,电子就可以跑出来,这就是为什么我们有静电附着)。松散的束缚和电子巨大的速度相结合,使我们能以炫目的速度发送电子信号,这就产生了过去这个世纪的电子革命。

第二,在激光束中能放置的信息量实际上是没有限制的。因为光波的振动比声波的振动要快得多,所以承载的信息要比声波巨大得多。(例如,想象一条伸长的绳子,让它的一头快速振动。你摇动一端的速度越快,沿绳子发送的信号就越多。当振动加快,也就是频率加快时,放进一个波里的信息量就会增加。)光是一个每秒钟振动大约 10^{14} 次的波(也就是 1 的后面 14 个零)。传递一位信息(1 或 0)需要很多次循环。这意味着一根光纤电缆在单一的频率下大约能承载 10^{11} 位的信息。把很多的信号塞满到一根单一的光纤中,然后把这些光纤集束成光缆,传递信息的位数就可以增加。这意味着,增加光缆中通道的数目,然后增加光缆的数目,传递信息的数量几乎不受限制。

第三,最重要的是计算机革命是由晶体管小型化驱动的。一个晶体管是一个控制电流流动的门,或一个开关。如果把电路比做管道,那么晶体管就像控制水流的阀门。只要拧一下阀门就能控制大量的水,同样,晶体管能使小的电流控制更大的电流,因此放大了它的功率。

这个革命的核心是在指甲盖大小的芯片上可以含有几亿个晶体管的计算机芯片,在笔记本电脑中的芯片内部的晶体管只能在显微镜下才能看到。这些难以想象的微小晶体管是采用加工 T 恤衫同样的设计方式制作的。

T 恤衫的设计是批量生产的,先制作一个具有想要创作的模式轮廓的模板。然后将模板放在布上,喷上涂料。仅仅在模板空隙的地方涂料才能渗透到衣服上。将模板拿开后,就有了 T 恤衫模式的完美的复制品。

同样,做一块模板,含有几百万个晶体管的复杂轮廓。将此模板放在含有很多层硅的对光敏感的晶片上。然后将紫外线聚焦在模板上,紫外线穿过模板的间隙使硅晶片曝光。

然后将晶片放在酸中浸泡,蚀刻电路的轮廓,产生复杂的几百万个晶体管的设计。因为晶片含有很多导电和半导电的层,酸浸蚀晶片的深度和模式不同,因此可以产生极其复杂的电路。

为什么摩尔定律会不断地增加芯片的能力? 一个理由是因为紫外线的波长可以调整到越来越短,这就可能使得在硅芯片上蚀刻的晶体管越来越小。因为紫外线的波长可小到 10 纳米(1 纳米是 1 米的十亿分之一),这意味着能够蚀刻的最小晶体管直径大约 30 个原子宽。

但是这个过程不能永远继续下去。到达某一点,用这种方式蚀刻原子尺寸的晶体管实际上是不可能的。你也可以大约计算一下摩尔定律将最终在什么时候崩溃:当晶体管的尺寸最终为单个原子尺寸的时候。(图1)

大约 2020 年,或之后不久,摩尔定律将渐渐不再成立,硅谷将会慢慢地变成一片废墟,除非有新的技术代替。根据物理定律,硅谷时代将最终结束,我们将进入后硅谷时代。晶体管变得如此之小,以致原子物理学或量子理论将取而代之,并且电子将会从导线中渗漏出来。例如,计算机内最薄的层大约只有 5 个原子直径那么厚。在这一点,根据物理定律,量子理论将起作用。海森堡(Heisenberg)的测不准原理(uncertainty principle)说,不能同

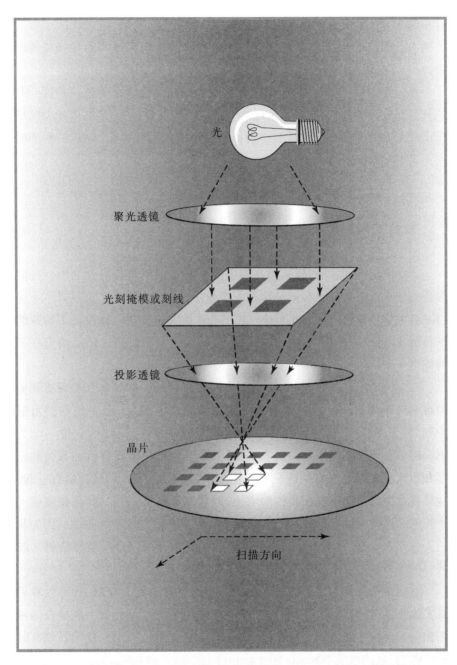

光

聚光透镜

光刻掩模或刻线

投影透镜

晶片

扫描方向

图1　摩尔定律的终结。芯片制作的方法与T恤衫的设计相同。不是喷涂料在模板上，而是将紫外线集中照射在模板上，在硅层上烧成一个图像。然后用酸蚀刻这个图像，产生上亿个晶体管。在进行到原子尺度时，这种方法就有了极限。硅谷将会变成荒芜的地区吗？

时知道任何粒子的位置和速度。这听上去也许违反直觉，但是在原子级别上确实不能知道电子在哪，因此它决不会完全被禁锢在超薄的导线或薄层中，它一定会渗漏出来引起短路。

我们将在第 4 章，在分析纳米技术时更详细讨论这个问题。在这一章的其他部分，我们假定物理学家已经发现硅的后继者，但是计算机能力的增长比过去要慢得多。计算机的能力很可能继续以指数增长，但翻一番的时间不是 18 个月，而是很多年。

未来物理 混合的真实现实和虚拟现实

到本世纪中期，我们将生活在真实现实和虚拟现实的混合之中。在隐形透镜和眼镜中将同时看到虚拟的图像叠加在真实世界中。这是日本奎夫（Keio）大学多知进（Susumu Tachi）和很多其他人的看法。他设计了特殊的护目镜，能将幻想和现实混合在一起。他的第一个项目是让物品消失在稀薄的空气中。

我访问了东京的多知（Tachi）教授，见证了他的一些混合真实现实和虚拟现实的非凡的试验。一个简单的应用是使物体消失（至少是在护目镜中）。首先，我穿上特殊的浅棕色的雨衣。当我伸展手臂时，它像一个大帆。然后一架照相机聚焦在雨衣上，第二架照相机拍摄我背后的有公共汽车和小汽车在路上跑的风景。瞬间之后，计算机将这两个图像融合在一起，这样我背后的图像出现在我的雨衣上，好像在屏幕上一样。如果我窥视一个特殊的透镜，我的身体消失了，只剩下小汽车和公共汽车的图像。因为我的头在雨衣上方，看上去我的头好像飘在半空中，没有身体，就像哈里·波特（Harry Potter）穿着他的不可见的斗篷那样。

然后多知教授拿了一些特殊的护目镜给我看。戴上它们，我可以看见真实的物体，然后又让它们消失。并不是真的看不见，只是戴上能融合两种图像的护目镜才能做到。然而，这只是他宏伟计划的一部分，这个计划有时被叫做"扩展的现实"（augmented reality）。

到了本世纪中期，我们将生活在能够融合真实世界和计算机图像的无所不能的电脑空间里，这可以从根本上改变工作场所、商业、娱乐和我们的生活方式。扩大的现实会对市场产生直接的结果。第一项商业应用也许是使物体变得不可见,或使不可见的变成可见的。

例如,如果你是一个飞行员或一位司机,你将能够看到周围 360 度,甚至你的脚下,因为你的护目镜或透镜使你能看透飞机或汽车的墙壁。这将消除盲点,而它往往是造成事故和死亡的原因。在战斗飞行中,喷气机飞行员能够追击敌机,不管它跑到哪,甚至在他们自己的下面,就好像你的喷气机是透明的一样。驾驶员可以看到所有方向,因为小照相机将监视 360 度,并将图像发送到他们的隐形透镜中。

如果你是宇航员在火箭飞船外面进行修复工作,你将发现这是有用的,因为你能看透墙壁、隔板和火箭的船体。这也可以拯救生命。如果你是建筑工人进行地下修复,在一大堆导线、管道和阀门中,你能精确地知道它们是怎样连接的。在天然气或蒸汽爆炸,维修和重新连接藏在墙壁后面的管道时可以证明这是至关重要的。

同样,如果你是一个采矿者,你可以透过土壤看到地下的水或油的储藏。卫星和飞机用红外线和紫外线拍摄的旷野的照片可以分析,然后送入隐形透镜,给出该场地的三维分析和地面的下面有什么。当你行进在荒芜的旷野里,你就可以通过透镜"看"到有价值的矿藏。

除了使物体不可见,还能做相反的事情,让不可见的变成可见的。

如果你是建筑师,你可以绕着空屋子走,忽然"看见"你设计的建筑物的三维图像。当你漫步在每个房间的周围,你的设计图纸上的设计跳到你的眼前。空房间将突然变活了,家具、地毯、墙上的装饰,让你在实际建造它们之前就看到你创作的三维图像。只要移动手臂,就能创作新的房间、墙壁和家具。在这个扩展的世界里,你有魔术师的能力,挥一下手就能创造你想要的物体。(图 2)

未来物理 扩展的现实:在旅游、艺术、购物和战争中实现的革命

正如你可以看到的,扩展的现实对于商业、工作场所的潜力是巨大的。实际上,扩展的现实可以强化每一项工作。此外,这项技术将极大丰富我们的生活、娱乐和社会。

例如,一位旅行者可以在博物馆中从一个展品走到另一个展品,同时隐形透镜给你每件物品的描述;虚拟导游在你经过时给你一个电脑化的旅游。

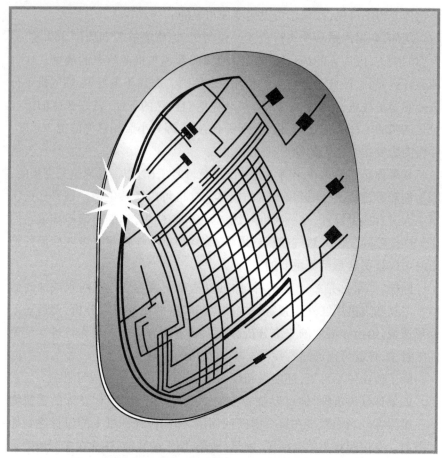

图 2 因特网隐形透镜将识别人的面孔,显示他们的传记,将他们的文字翻译成字幕。旅行家将用它们复兴古代的纪念碑。艺术家和建筑师将用它们操作和改造他们的虚拟创造。在扩展的现实中可能性是无穷的。

如果你访问某个古代的废墟,你能"看到"重新建造的在它们全盛时期的建筑物和纪念碑,还有它们的历史奇闻。你看到的罗马帝国废墟,不是废柱子和杂草,而是回到了当时的生活,还有注释和注解。

北京理工大学已经在这个方向走出了第一步。在电脑空间中,他们重新创造了在 1860 年第二次鸦片战争中被英法联军毁坏的神话般的圆明园(Garden of Perfect Brightness)。今天,此神话般的花园所残存的一切是被洗劫的军队留下的残骸。但是,如果你从一个特殊的观察平台看这片废墟,你能看到整个宫殿在你面前,雄伟壮观。在将来,这将变成平常的事情。

发明家尼古拉斯·尼克(Nikolas Neecke)创建了一个更高级的系统,瑞士巴塞尔(Basel)步行之旅。当你走在这个古老的街道上,你看到古代的建筑,甚至看到重叠在现代生活之上的古代的人,好像你是一个时间旅行者。计算机找出你的位置,然后在护目镜中为你显示古代的场景,就好像你被送回到中世纪的年代。今天,你不得不戴上大的护目镜和装满 GPS 电子仪器和计算机的沉重的背包。明天,在你的隐形透镜上就会有这些设备。

如果你在外国的土地上开车,所有的仪表将用英文出现在隐形透镜上,不需要低头去看它们。你将看到道路标志,还有附近物体,旅游景点的解释。你将看到道路标记被迅速翻译。

在外国地面上的徒步旅行者、露营者或常在野外活动的人,不仅能知道他的位置,也能知道所有植物和动物的名字,能够查看该地区地图和接受天气报告。他还能看到被灌木和树木掩盖的踪迹和露营场所。

买房子的人在他们沿街走或开着车时可以看到有什么房子在卖。你的透镜将显示要出售的公寓或房间的价格、生活设施等。

凝视夜晚的天空,你可以看到星星和所有清楚描绘的星座,就好像你看一场天象仪表演一样,除去你看的星星是真的,别无不同。你也能看到银河系、远距离的黑洞和其他有趣的天文景观在什么地方,可以下载有趣的图片。

除了能够看透物体和访问外国之外,如果需要在瞬间接触得到特殊的信息,扩展视野也是非常重要的。

例如,如果你是一位演员、音乐家或表演者,必须记住大量的材料,在将来你可以在你的透镜中看到所有的文字和乐曲。你不需要台词提示机、暗示卡、乐曲单或注解来提示你。你不再需要记忆任何东西。

其他的例子包括:

- 如果你是错过一堂课的学生,你可以下载虚拟教授关于任何课题的讲演,并看它。通过远程显示,一位真实教授的图像出现在你的面前,回答你可能有的任何问题。你也可以通过透镜看实验演示、录像等。

- 如果你是战场上的战士,你的护目镜或戴在头上的耳机或听筒可以给你最新的信息、地图、敌人位置、敌人火力方向、上司的指令等。在与敌人开火期间,当子弹从各个方向在你耳边呼啸而过时,你可以看透障碍和小山,找出敌人位置,因为通过飞过头顶的遥控无人机可以识别他们的位置。

- 如果你是外科医生在做精细的紧急外科手术,你可以通过手提磁共振成像(MRI)仪看到病人的内部,通过在身体内移动的传感器可以看透身体,还可以获取所有的医疗记录和以前手术的录像。

- 如果你在玩视频游戏,你可以将自己投入到透镜里的电脑空间中。尽管是在一个空房间里,你可以看到所有朋友的完美的三维图像,体验某些异国的地形,准备与想象的异国人作战。这就好像你是在外星人的战场上,刀光火剑包围着你和你的伙伴。

- 如果你需要查询任何运动员的竞赛统计表或运动趣事,有关信息将立刻瞬间弹出到你的隐形透镜上。

这意味着你不再需要手机、钟或手表,或 MP3 播放器。各种手握物品的图标都会投影到隐形透镜上,因此在任何需要的时候可以获得它们。打电话、音乐环球网站等都可以用这种方式获得。你家里用的很多用具和小器具都可以被扩展的现实代替。

另一位推动扩展现实应用范围研究的科学家是麻省理工学院(MIT)媒体实验室的帕蒂·梅斯(Pattie Maes)。她不是用特殊的隐形透镜、眼镜或护目镜,她想象将一个计算机屏幕投影到周围环境的普通物体上。她的方案叫做"第六感官"(SixthSense),办法是在脖子上戴一个像大奖章一样的小照相机和投影仪,可以把计算机屏幕的图像投影到你前面的任何物体上,如墙壁或桌子上。按图像按钮自动激活计算机,就像在实际键盘上键入一样。因为计算机屏幕的图像可以投射到你前面的任何平的和固体的物体上,你可以转换几百个物体到计算机屏幕上。

此外,你在大拇指和手指上戴上特殊的塑料顶针。在移动手指时,计算机执行在墙上的计算机屏幕的指令。例如,通过移动手指可以在计算机屏幕上画图。可以利用手指代替鼠标移动光标。如果把手合起来做成一个方形,就可以激活数字相机和拍照。

这也意味着,在去购物时计算机将扫描各种产品,识别它们是什么,然后给你一个完整的它们的内容、卡路里含量、其他消费者的评论的输出结果。因为芯片比条码便宜,每一件商业产品将有其自己的可以扫描和获取的智能标签。

扩展现实的另一个应用也许是 X 射线视力,非常类似于喜剧《超人》(*Superman*)中发现的 X 射线视力,它利用一个叫做"背面散射 X 射线"(backscatter X-rays)的方法。如果你的眼镜或隐形透镜对 X 射线敏感,就可能看透墙壁。当你四处看时,可以看透物体,就像在喜剧书中那样。每一个孩子,当他们开始读《超人》这个喜剧时,都梦想成为"比飞出的子弹还快,比火车头还强大"的人。成千上万的孩子身披斗篷、从板条箱上跳下、向空中跳跃,假装有了 X 射线视力,但这一切也是实际上可能的。

普通 X 射线的一个问题是必须把 X 射线底片放在任何物体背后,将物体在 X 射线下曝光,然后显影底片。但是,背面散射 X 射线解决了所有这些问题。首先,从照亮房间的光源发射 X 射线。然后,X 射线从墙壁弹回来,从背后穿过要检查的物体。你的护目镜对穿过物体的 X 射线敏感。通过背面散射 X 射线看到的图像可以像这个喜剧片中看到的一样好。(增加护目镜的敏感性,就可减少 X 射线的强度,最大限度减少对健康造成的危险。)

|未物|
|来理| **通用翻译器**

在《星际旅行》和《星球大战》传奇,以及实际上所有其他的科幻影片中,引人注目的是,所有外星人都说完美的英语。这是因为有"通用翻译器"(universal translator)这种东西,使地球人能立刻与任何外星文明对话,消除了利用符号语言和原始的手势与外星人对话的麻烦。

尽管曾经有人认为"通用翻译器"在将来是不现实的,但它已经存在了。这意味着在将来,如果你是一位在外国的旅游者与当地人讲话,在你的隐形透镜上会看到字幕,就像看外国电影一样。计算机还可以产生声音翻译送到你的耳朵里。这意味着如果两个人都有"通用翻译器",两个人可以进行对话,每一个人讲自己的语言,而听到的是翻译的语言。翻译不会是完美的,因为总有方言、俚语和华美的表达问题,但是为了理解说话人的要点已经足够了。

科学家有几种办法使通用翻译成为现实。第一种方法是创造一种能将说的话转化成书面语言的设备。在 20 世纪 90 年代中期,第一台可用的商业语音识别机投入市场。这些机器可以识别最多40 000个单词,精确率95%。因为典型的日常会话仅使用500到1 000个单词,因此这些机器已经很不错了。一旦人的声音的听写完成了,然后每一个单词可通过计算机词典翻译成另一种语言。然后遇到最困难的部分:把这些单词放到上下文中,加上俚语、口头表达等,所有这一切要求对语言的细微差别有透彻的理解。这个领域被称为计算机辅助翻译(CAT)。

另一种方法是匹兹堡卡内基梅隆(Carnegie Mellon)大学所倡导的。这里的科学家已经有了能将中文翻译成英语,将英语翻译成西班牙语和德语的原型机。将电极贴在说话人的脖子和脸上,提取肌肉的收缩,译解说的话。这些工作不需要任何音频设备,因为这些话可以默默地从嘴里说出。然后计算机翻译这些话,并由一个声音合成器大声地说出。在简单的100到200个单词的会话中,精确度达到了80%。

一位研究人员塔尼娅·舒尔茨(Tanja Schultz)说:"其中想法是你可以用嘴讲英语,出来的却是汉语或其他语言。"在将来,计算机也许可能读懂一个人的唇语,这样就不需要电极了。因此,在原则上,两个人有可能进行生动的对话,尽管他们讲的是两种不同的语言。

在将来,曾经严重阻碍各种文化交流和相互理解的语言障碍,由于有了通用翻译器、因特网隐形透镜或因特网眼镜,会逐渐消失。

尽管扩展的现实世界打开了一个全新的世界,它仍然是有限度的。问题不是在硬件,也不是带宽这个限制因素,因为光纤电缆能承载的信息量是没有限制的。

真正的瓶颈在软件。编制软件只能用古老的方法。一个人默默地坐在椅子上,拿着笔和纸,还有笔记本电脑,一行一行地写代码,让这个想象的世界变成现实。硬件可以批量生产,堆积越来越多的芯片可以增加它的能力,但是人的大脑不能批量生产。这意味着引进一个扩展的世界需要几十年,要到这个世纪中期。

未物来理 全息摄影和三维图像

在本世纪中期可能看到的另一个技术进展是真正的三维电视(3-D TV)和三维电影(3-D movies)。回到20世纪50年代,看三维电影要戴上沉闷的眼镜,其透镜是蓝色和红色的。它利用了左眼和右眼稍稍不能对齐这个事实。电影屏幕显示两个图像,一个蓝色的,一个红色的。因为这些眼镜的作用好像过滤器,产生两个截然不同的图像到左眼和右眼,当大脑融合这两个图像时产生看到三维图像的幻觉。因此"景深"感觉是一个骗局。(你的两眼距离得越远,可感觉的景深越大。这就是为什么有些动物眼睛在它们头的两边:获得最大景深。)

一项改进是用偏振镜做的三维眼镜(3-D glasses),这样左眼和右眼看到的是两个不同的偏振图像。用这种方法可以看到全色的三维图像,而不只是蓝色和红色的。因为光是一个波,可以上下或左右振动。偏振镜是只允许一个方向的光通过镜片。因此,如果你的眼镜有两片偏振透镜,具有不同的偏振方向,就能得到三维效果。如果有两个不同的图像射进隐形透镜也许就能得到更完美的三维效果。

需要戴特殊眼镜的 3D 电视已经投入市场了。但是不久, 3D 电视就不再需要戴特殊眼镜了,而是用小扁豆似的透镜。这种电视是特别制作的,使它以略微不同的角度投射两个单独的图像,一眼一个。因此你的眼睛看到分离的图像,产生 3D 的幻觉。然而,你的头必须正确定位,在你看屏幕时你的眼睛必须对准"最佳点"。(这是利用众所周知的光学幻觉。在新颖的商店里,当我们走过一张图片时,这个图片神秘地转换了。它的实现是通过取两张图片,把每张撕成很多小条,然后把这些小条交互拼在一起,产生一个复合的图像。然后在此复合图像上部放一块有很多垂直槽的透镜玻璃板,每个槽精确地放在两个条的上面。这个槽的形状是特别设计的,当你从一个角度看它时,你可以看到一个条,从另一个角度看则看到另一个条。因此,当你经过玻璃板时,你看到每张图片从一个图像转变成另一个图像,往回走也一样。3D 电视将用移动图像代替这些静止的图像取得同样的效果,而不使用眼镜。)

但是最先进的三维模拟是全息图。不使用任何眼镜就可以看到精确的3D 图像的波前,就好像它立即出现在你眼前。全息图面市大约有几十年了(它们出现在新颖的商店、信用卡和展览会中),它们也通常会出现在科幻电影中。在《星球大战》中,秘密计划是通过莱娅(Leia)公主发给叛军同盟的 3D 全息信息制定的。

问题在于全息图是很难创建的。

全息图是通过一个单一的激光束,并将它一分为二产生的。一条光束落到想要拍摄的物体上,然后弹回落到特殊的屏幕上。第二条激光光束直接落到此屏幕上。两条光束的混合产生复杂含有原始物体的"冻结的" 3D 图像的干涉模式,然后被屏幕上特殊的膜层所捕捉。然后,让另一束激光透过屏幕,就可以看到原始物体的图像活灵活现地以 3D 形式出现了。

全息电视存在两个问题。首先,图像必须照射到屏幕上。坐在电视屏幕的前面就可以看到原来物体的精确的 3D 图像。但是你不能伸手摸这个物体。在你面前看到的 3D 图像是一个幻觉。

这意味着如果你在全息电视上看 3D 足球比赛,无论你怎样移动,你面前的图像的改变就好像真的一样。看上去你好像就坐在 50 码线上,离开足球运动员只有几英寸远在看比赛。然而,如果你伸手去抓球,就会碰到屏幕。妨碍全息电视发展的真正技术问题是信息储量。一个真正 3D 图像含有大量信息,比单一的 2D 图像内部存储的信息多很多倍。计算机可以有规则地处理 2D 图像(二维图像),因为图像被分成小点,叫做像素,每个像素被一个小晶体管照亮。但是要使 3D 图像移动,一秒钟需要闪现 30 个图像。迅速算一下就能知道,要产生移动 3D 全息图像所需的信息远远超出今天因特网的能力。

到本世纪中期,随着因特网带宽呈指数增长,这个问题也许能解决。

真正的 3D 电视看上去会是怎样的呢?

一种可能性是屏幕的形状像一个圆筒或圆屋顶,你坐在里面。当全息图像照到屏幕上时,我们看到 3D 图像围绕我们,就好像我们真的在那儿一样。

远期(2070—2100)

心力胜过物质

到这个世纪结束时,我们将用我们的心力直接控制计算机。像希腊神一样,我们想要什么,我们的愿望就会实现。这项技术已经有了基础。但是也许需要几十年艰苦的工作才可以完善。这个革命分两部分。首先,头脑中的想法必须能够控制周围的物体。第二,计算机必须能够检验人的愿望,以便实现这个愿望。

第一个显著的突破是在 1998 年实现的,德国埃默里(Emory)大学和蒂宾根(Tübingen)大学的科学家将一根细小的玻璃电极直接放进一位 56 岁,在中风后瘫痪的病人的大脑中。此电极连接到计算机上,分析他的大脑信号。中风病人能够看到计算机屏幕上光标的图像。然后,利用生命反馈,他能够只凭思索控制计算机显示的光标。在人的大脑和计算机之间的首次直接接触实现了。

布朗(Brown)大学的神经科学家约翰·多诺霍(John Donoghue)最完善地开发了这项技术,他创造了一个设备叫做"脑机接口"(BrainGate),帮助受到大脑伤害的人沟通。他引起了媒体的重视,甚至在 2006 年成为《自然》杂志的封面人物。

多诺霍(Donoghue)告诉我,他的梦想是要利用信息革命的全部能力,让"脑机接口"改变处理脑损伤的方法。它已经对他的病人的生活产生了巨大的影响,他十分希望能进一步发展这项技术。他个人之所以对这项研究有极大的兴趣,是因为当他还是一个孩子的时候,就因为退化疾病被局限在轮椅上,因此他知道无助的感觉。

他的患者包括中风病人,完全瘫痪了,不能与他的亲人沟通,但是他们的大脑还是活跃的。他放了一个只有 4 毫米宽的芯片在中风病人大脑的顶上,在控制运动神经中枢的部位。这个芯片连接到一个分析和处理大脑信号的计算机上,最终将信息发送到一个笔记本电脑上。

开始时患者对光标的位置不能控制,但可以看到光标移动到那。通过反复试验,患者学会了控制光标,几小时之后就能把光标定在屏幕上的任何地方。通过练习,中风病人能够读写电子邮件和玩视频游戏。原则上,一个瘫痪病人能够执行任何计算机可以控制的功能。

多诺霍从 4 个患者开始,两个有脊髓损伤,一个中风,第四个患肌萎缩性侧索硬化症(ALS,又称肌无力肌萎缩症)。其中之一从脖子底下瘫痪,仅用了一天就掌握了用大脑移动光标。今天,他能够控制电视、移动计算机光标、玩视频游戏和读电子邮件。病人也可以通过操作电动轮椅到处走动。

简单地说,对于完全瘫痪的病人这完全是奇迹。头一天,他们的身体是陷入绝境的,无助的;第二天,他们在环球网上冲浪,和周围世界的人对话。

〔我曾经出席了纽约林肯中心的一个祝贺伟大的宇宙学家斯蒂芬·霍金(Stephen Hawking)的节日招待会。看到他陷在轮椅中,除了面部的几根肌肉和眼皮,没有任何地方能动,护士抬着他柔软的头推着他到处走,着实让人感到心碎。经过几个小时和几天极其痛苦的努力,他用他的声音合成器说出了几个简单的想法。我想,对他来说利用"脑机接口"技术是不是太晚了。这时约翰·多诺霍走过来向我问好,他当时也在听众中。因此,也许"脑机接口"是霍金最好的选择。〕

在杜克(Duke)大学的另一组科学家在猴子身上取得了类似的结果。米格尔·A. L.尼科莱里斯(Miguel A. L. Nicolelis)和他的团队在猴子的大脑上放了一个芯片。这个芯片连接到一个机械臂上。开始的时候,猴子很烦躁,不知道怎样操作这个机械臂。但经过一些训练,这些猴子利用它们的脑力能够慢慢地控制机械臂的运动,例如移动它去抓一根香蕉。它们可以本能地不假思索地移动这些臂,就好像这些机械臂是它们自己的一样。"有一些心理的证据说明,在试验期间它们感到与此机械臂的连接比与它们自己身体的连接还紧密。"尼科莱里斯说。

这也意味着有一天我们能够利用纯粹的思维控制机器。瘫痪的人也能以这种方式控制机械手臂和腿。例如,也许能够把一个人的大脑直接与机械手臂和腿连接起来,不经过脊髓,这样患者就又能行走了。这也为利用大脑的能力控制世界奠定了基础。

未物 来理 识别意识

如果大脑能够控制计算机或机械臂,在大脑中不放电极,计算机能够识别一个人的思想吗?

自从 1875 年人们就知道大脑是根据通过神经的电流,产生微弱的电信号工作的。这些电信号可以通过放在大脑周围的电极来测量。通过分析这些电极拾取的电脉冲,可以记录脑电波。这被叫做脑电图(EEG),它记录大脑总的变化,例如是不是在睡眠和情绪如何,如激动、生气等。脑电图的输出可以显示在计算机屏幕上,被测脑电波的人可以看到它。过了一会儿,这个人只靠思维就能移动光标了。蒂宾根(Tübingen)大学的尼尔斯·比尔鲍默(Niels Birbaumer)已经能够用这种方法训练部分瘫痪病人书写简单的句子了。

甚至玩具制造者也利用这个方法。一些玩具公司,包括神念科技公司(NeuroSky)销售的头巾里面有脑电波类型的电极。如果你以某种方式集中思想,你就可以激活头巾中的脑电波,然后这些脑电波就能控制玩具。例如,可以通过纯粹的思维就可升起圆筒里的乒乓球。

脑电波的优点是它能迅速检测大脑发射的各种频率,无须精心制作的昂贵的仪器。但是脑电波一个大的缺点是不能定位思想在大脑中的特定位置。

一个更加敏感的方法是功能磁共振成像(fMRI)扫描。脑电图(EEG)与功能磁共振成像(fMRI)的扫描完全不同。脑电图扫描是一个被动的设备,只是拾取大脑的电信号,不能很好地确定信号源的位置。功能磁共振成像仪利用无线电波产生的"回波"能够窥视活组织的内部。这使我们能够锁定各种信号的位置,产生大脑内部的壮观的 3D 图像。

功能磁共振成像仪(fMRI)是非常昂贵的,要求实验室有完整的笨重的设备,但是它已经给出我们大脑如何思考的惊人的细节。fMRI 扫描使科学家能够找出血液的血红素中所含的氧气的存在。因为氧化的血红素含有使细胞活动的能量,检测血红素中氧的流动就使我们能追逐大脑中思维的流动。

洛杉矶加利福尼亚大学的心理学家乔舒亚·弗里德曼(Joshua Freedman)说:"这就像 16 世纪望远镜发明之后的天文学家。几千年来,只有很少聪明的人试图了解天上发生的事情,但是他们能够推测人类所看不到的视野之外的东西。然后,突然,一个新的技术让他们直接看到了那里有什么东西。"

事实上,功能磁共振成像(fMRI)扫描仪甚至可以检测到大脑中思想的运动,分辨率为 0.1 毫米,比大头钉的尖头还小,大约相应于几千个神经细胞(即神经元)。因此,fMRI 能够给出大脑思索过程中能量流动的三维图像,精确到令人吃惊的地步。最终,有可能建成能够探测单个神经的 fMRI 仪器,在这种情况下人们也许能够读取与特定思维相应的神经系统模式。

最近,伯克利加利福尼亚大学的肯德里克·凯(Kendrick Kay)和他的同事取得了突破。他们对观看各种物体,如食物、动物、人和各种颜色的普通物体的人进行功能磁共振成像(fMRI)扫描。凯和他的同事编制的软件程序能将这些物体与相应的 fMRI 模式联系起来。看到的物体越多,计算机程序在 fMRI 扫描上识别这些物体就越好。

然后他们说明,对于完全新的物体情况也是这样,并且软件程序通常能够正确地将这个物体与功能磁共振成像(fMRI)扫描匹配。出示 120 张这些物体的图像,软件程序识别 fMRI 扫描和这些物体有 90% 是正确的。出示 1 000 张新图像时,软件成功率为 80%。

凯说:"有可能识别一位观察者在一大堆完全新颖的自然图像中看到的是哪些特定的图像……也许很快就有可能通过只是测量人脑的活动就能重新构造这位观察者所看到的图像。"

这个方法的目标是创建"思想词典"(dictionary of thought),因此,每个物体与某个功能磁共振成像(fMRI)图像有一对一的关系。通过阅读 fMRI 模式,我们能够译解这个人在想什么。最终,计算机将能够扫描从大脑中涌现出来的成千上万的 fMRI 模式,并译解它们。用这种方法,我们能够译解一个人的意识流。

未来物理 拍照一个梦

然而,利用这一技术的问题在于,例如,尽管有可能辨认出你是不是在想一条狗,但不能复制出这条狗的实际图像。一个新的研究路线是试图重新构造大脑正在思索的精确图像,这样就有可能创建人的思想的视频。用这种方法,也许能够进行一个梦的视频记录。

因为时间是无法追忆的,梦使得人们着迷,梦是短暂的图像,有时是如此难以回忆和理解。好莱坞早就幻想有一种机器,也许有一天能把梦一般的思想送到大脑中,或者记录它们,就像在《全面回忆》(Total Recall)电影中那样。然而,所有这一切纯粹是思索。

一直到最近,情况仍是如此。

科学家已经在一个曾经被认为是不可能的领域中取得了显著的进展:对我们的记忆,也许还有我们的梦境拍快照。东京高级无线电通讯计算神经系统科学实验室的科学家在这个方向跨出了第一步。他们向他们的实验者的特定位置照射一束极微小的光。然后利用功能磁共振成像(fMRI)扫描记录大脑将这个信息记录在何处。他们移动这个极微小的光,并记录大脑把这个新的图像记录在哪。最终,他们有了这些极微弱的光点记录在大

脑中的位置的一对一的映射图像。这些小光点位于 10 × 10 的栅格中。(图3)

图3　通过脑电图(EEG)扫描识别思想。

然后,科学家闪现一张由这些 10 × 10 的点制作的简单物体,如马蹄铁的图片。然后通过计算机能够分析大脑如何储藏这个照片。可以肯定的是,大脑储藏的模式是构成马蹄铁图像的总和。

用这种方式,这些科学家能够创建大脑所看见的图片。在这个 10 × 10 栅格上,光的任何模式可以通过查看功能磁共振成像(fMRI)大脑扫描的计算机进行译解。

在将来,这些科学家要增加在他们的 10 × 10 栅格上像素的数量。此外,他们说,这个方法是通用的,也就是说,任何形象化思维,或者甚至梦应该能够通过功能磁共振成像(fMRI)扫描检测。如果这是真的话,这也许意味着,在人类历史上,我们将能够首次记录梦的图像。

当然,我们的思想图像,特别是我们的梦,决不会像水晶一样清晰,总会有些模糊,但是我们能够深入地看到某个人大脑的形象思维,这一点是了不

起的。(图4)

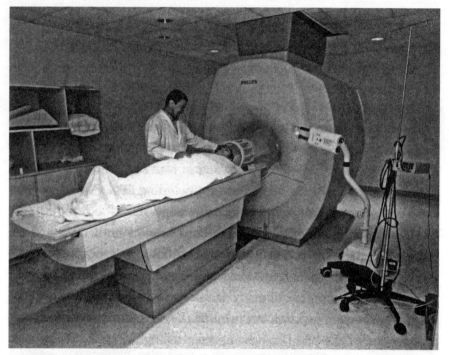

图4 通过功能磁共振成像(fMRI)扫描识别思想。在将来,这些电极将小型
化。我们将能识别思想和仅仅依靠思想对物体发号施令。

未物来理 识别思想的道德规范

这样做就会产生一个问题:如果你能够随随便便地阅读别人的思想会
发生什么呢? 诺贝尔奖得主,前加利福尼亚理工学院校长戴维·巴尔的摩
(David Baltimore)担心这个问题。他写道:"我们可以窃听别人的思想吗?
……我不认为这是纯粹的科幻,但它会产生一个人间地狱。想一想如果对
方能读懂你的思想还怎样向配偶求爱呢,如果别人能读到你的想法怎样谈
判一个合同呢。"

他推测,大部分时间,阅读别人的思想将会产生某些尴尬但不是灾难性
的后果。他写道:"有人告诉我,如果你在中途停止教授的讲课……学生中

的大部分是沉溺在性的幻想中。"

但思想阅读也许不会变成这样一个秘密的结果,因为我们的大部分思想不是明确定义的。拍照我们的白日梦和梦也许有一天可能,但我们也许对照片的质量失望。很多年前,我记得读过一个短篇故事,一个妖怪对一个人说,他能让他得到他能够想象的任何东西。他立刻想象豪华的奢侈物品,如豪华轿车、几百万美元现金和一个城堡。然后,这个妖怪立刻将这些想象的东西变成实际的东西。但是当这个人仔细考察它们时,他震惊地发现,豪华轿车没有门把手和发动机,钞票的票面模糊不清,城堡是空的。在他匆忙想象所有这些物品时,他忘了在他的想象中存在的这些图像仅仅是一般的思想。

此外,不能肯定你能在远距离读某人的思想。所有研究的方法到现在为止(包括 EEG、fMRI 和大脑上的电极本身)要求与受试者近距离接触。

虽然如此,可能最终会通过法律限制未被授权的思想阅读。还可以制造保护我们思想的设备,使我们的思想不受干扰、阻塞,或搅乱我们的电信号。

真正的思想阅读仍然是几十年后的事,但至少,功能磁共振成像(fMRI)扫描仪可以用做初步的测谎仪。讲谎话比讲真话引起更多的大脑中心的活动。讲假话意味着你知道真的,但思索谎话和它的种种结果,比讲真话要求更多的能量。因此,fMRI 扫描仪能够检测这个额外的能量消耗。目前,科学社团对允许 fMRI 测谎仪做最后的判断有保留,特别是在法庭的案例中。这项技术仍然是太新了,不足以提供坚实的测谎方法。

现在已经有两个商业公司提供功能磁共振成像(fMRI)测谎仪,声称成功率高于 90%。印度的一家法院已使用功能磁共振成像技术处理一个案例,现在在美国法院也有几个案例涉及 fMRI。

通常测谎仪不能测谎,只测量紧张信号,如出汗增加(通过皮肤的导电性进行测量)和心率增加。大脑扫描仪测量大脑活动的增加,但是这些测量与说谎之间的关系仍要最后验证才能用于法庭。

也许需要若干年仔细的测试,研究功能磁共振成像测谎仪的限制和精度。同时,麦克阿瑟(MacArthur)基金会近年来为"法律和神经系统科学项目"提供 1 000 万美元资金确定神经系统科学如何影响法律。

未物来理 我的 fMRI 大脑扫描

功能磁共振成像(fMRI)曾经扫描过我的大脑。为了一个 BBC 发现频道纪录片,我飞到杜克(Duke)大学,他们把我放在一个担架上,推进一个巨大的金属圆筒。当一个巨大的、强大的磁场打开后(20 000 倍地球磁场的强度),我大脑中的原子与磁场的方向排列对齐,就像陀螺的轴对准一个方向。然后一个无线电脉冲发送到我的大脑中,把我的原子的一些原子核翻个个儿。当这些原子核最终翻回到正常位置,它们发射一个小脉冲,或"回声",由功能磁共振成像(fMRI)机器检测。计算机分析这些回声,处理信号,然后重新集合我大脑内部的 3D 映射图像。

整个过程完全是无痛和无害的。发送到我身体内的射线是非离子化的,不会由于把原子撕开引起细胞的损伤。即使悬在比地球强几千倍的磁场中,我检查不到我的身体有丝毫变化。

我接受功能磁共振成像(fMRI)扫描的目的是要精确确定我大脑中的某些思想是在什么地方制造的。特别是,大脑内部有一个小生物"钟",就在两眼之间,鼻子之后,在这个地方大脑计算分和秒。

当我在扫描仪内部时,测试人员要我测量分秒的通过。后来,当 fMRI 图片定影之后,我清楚地看到当我计算分和秒时就在我鼻子的后面有一个亮点。我认识到,我见证了生物学全新领域的诞生:追踪与某个思想相联系的大脑的精确位置,这是一种形式的思想识别。

未物来理 三录仪和手提大脑扫描仪

在将来,磁共振成像(MRI)机器不需要像今天在医院里面的设备那么巨大,要重好几吨,占据整个房间。它可能会小到手机,或一分钱硬币那样大。

1993 年,伯恩哈德·布吕米希(Bernhard Blumich)和他的同事,当他们还在德国美因茨(Mainz)麦克斯·普朗克塑料研究所(Max Planck Institute for Polymer Research)工作的时候,偶尔发现一个能够创造小型磁共振成像(MRI)机器的新颖的想法。他们建了一个新机器,叫做鼠型磁共振成像仪(MRI-MOUSE),一种可移动的通用表面探测器,当前大约 1 英尺(30.5 厘米)高,有一天磁共振成像仪也许会像咖啡杯那样大,会在部门的商店出售。医学也许会因此产生一次革命,因为人们可以在自己房间里私下进行 MRI 扫描。布吕米希(Blumich)幻想有一天,一个不太遥远的将来,人们可以用个人的鼠型磁共振成像仪搜遍全身,在一天的任何时间里查看身体内部。计算机将会分析图片和诊断任何疾病。"也许像《星际迷航》中的三录仪(tricorders)那样的东西不要等得太久就会出现了。"他最后说。

〔磁共振成像(MRI)扫描的工作原理类似于罗盘指针。罗盘指针的北极立即与地球磁场对齐。因此当人的身体放在磁共振成像扫描仪中,原子的核就像罗盘指针一样与磁场对齐。然后,一个无线电脉冲发送到身体里使原子核上下翻转。最终,当原子核反转回来回到原位时,发射一个二次无线电脉冲,或"回声"。〕

他的小型磁共振成像仪的关键是非均匀磁场。通常,今天的磁共振成像仪之所以体积这样大的原因是需要把身体放在极均匀的磁场中。磁场越均匀,得出的图像就更详细,今天的分辨率可以低至 1 毫米的十分之一。为了得到均匀的磁场,物理学家用了两个大的线圈,直径大约 2 英尺(61 厘米),一个堆叠在另一个上面。这个线圈叫做赫尔姆霍兹(Helmholtz)线圈,在两个线圈之间的空间中提供均匀的磁场。然后,将人体沿着这两个大磁铁的轴放好。

但是如果使用非均匀的磁场,得出的图像是扭曲的,那是没有用的。这是几十年来磁共振成像仪面临的问题。但是,布吕米希碰巧发现一个巧妙的方法补偿这个扭曲,他是通过发送多个无线电脉冲到样品中,然后检测产生的回波。然后用计算机分析这些回波,补偿非均匀磁场产生的扭曲。

今天,布吕米希的手提鼠型磁共振成像仪使用一个小型的 U 形磁铁,在 U 形磁铁的每一端产生北极和南极。将这个磁铁放在患者身上,移动磁铁可以看透皮肤下面几英寸。标准的磁共振成像仪要消耗大量的电能,必须有特殊的电源接口,而鼠型磁共振成像仪所用的电力相当于普通的灯泡。

在布吕米希早期的试验中,他把鼠型磁共振成像仪放在像人体组织一样的软橡胶胎的上面。这样就可直接用在商业上:快速检验产品的缺陷。通常的磁共振成像仪不能用在含有金属的物体上,如辐射型钢带轮胎。因为鼠型磁共振成像仪仅用很弱的磁场,所以没有这个限制。(常规的磁共振成像仪的磁场强度为地球磁场的 20 000 倍。在磁场开启时,金属工具会突然飞出来打到护士和技术人员的身上,引起严重损伤。鼠型磁共振成像仪没有这样的问题。)

鼠型磁共振成像仪不仅用于分析含有铁金属的物体是理想的,它也能够分析太大的放不进常规磁共振成像仪的物体,或者不能移动位置的物体。例如,在 2006 年用鼠型磁共振成像仪成功地产生了奥茨(Otzi)冰人内部的图像,这是 1991 年在阿尔卑斯山发现的冰冻的尸体。在奥茨冰人的身上到处移动 U 形磁铁,它成功地揭示了这个冰冻的身体的各层组织。

在将来,鼠型磁共振成像仪可以做得更小,使大脑的磁共振成像扫描仪小到像手机那样大。到那时,扫描大脑识别一个人的思想就不是什么问题了。最终,磁共振成像扫描仪也许薄得像硬币,几乎看不到。它也许类似功率不大的脑电波扫描仪,你戴上一个塑料帽,上面有很多电极附在头上。(如果你把这些手提式的磁共振成像盘放在指尖上,然后把它们放在人的头上,这就好像进行了《星际迷航》中的火神智力融合一样。)

未来物理 心灵遥感和上帝的能力

这个进展的终点是实现心灵遥感,即神话中通过纯粹的思想可移动物体的上帝的能力。

例如,在《星际迷航》电影中,力是一个神秘的场,它遍布星系和释放"绝地武士门"(Jedi knights)的智能,使他们能够用他们的头脑控制物体。这个力能将光剑、射线枪,甚至整个恒星飞船轻轻浮起,还能控制别人的行动。

但是我们不需要旅行到遥远、遥远的星系去利用这个能力。到了 2100年,当我们在房间中行走时,我们能够用心力控制计算机,然后计算机控制我们周围的东西。移动重的家具、重新布置桌子、进行修理等,只要想想它就可以完成。这对于工人、消防队员、宇航员和战士是非常有用的,因为他们操作机器不只需要两只手。它也会影响我们与世界相互作用的方式。我们将能够骑车、开车、玩高尔夫球或精心制作的游戏,只要想一想就成。

利用某些叫做超导的东西有可能实现靠思想移动物体,在第 4 章将进一步解释超导体。到本世纪末,物理学家也许能够创造在室温下运作的超导体,这就使得我们可以创建巨大的磁场,但只要求很小的电能。像20世纪是一个电的世纪一样,在将来室温超导也许会给我们带来一个磁的时代。

今天产生强大的磁场非常昂贵,但在将来有可能变得几乎不需要费用。这使我们能够减小火车与车轨之间的摩擦力,使运输发生革命,消除电转换的损失。这也使我们能靠纯粹的思维就能移动物体。把小的超级磁铁放在各种物体的内部,就能几乎随意地到处移动它们。

我们设想,在近期每一件物品放一个小芯片使它智能化。在远期每一件物品中放一个小的超导体,使它能产生磁能爆发,足以推动它在房间中到处移动。例如,设想一个桌子里面放了超导体。通常情况下,这个超导体不带电。但是,在加上一个小电流后,它就能产生强大的磁场,能够推着它在房间中移动。我们将能够靠思想激活埋藏在物体中的超级磁铁,并使它移动。

例如,在电影《X战警》(X-Men)中,邪恶的突变异种是由"万磁王"(Magneto)领导的,他能够操作物体的磁性移动巨大的物体,甚至能够通过他的心力移动金门桥。但是这个能力有一个限制。例如,它很难移动像塑料或纸这些没有磁性的物体。(在第一部《X战警》影片的末尾,万磁王被囚禁在一个完全由塑料做成的监狱中。)

在将来,室温超导体可以藏在普通物体,甚至非磁性物体的内部。如果将物体内的电流打开,它就可以成为磁性的,因此通过思想控制一个外部磁场就可能使它移动。

我们也有能力通过思想操纵机器人和天仙的化身。这意味着,就像在电影《代理人和阿凡达》(Surrogates and Avatar)一样,我们也许能够控制我们替身的运动,甚至感到疼痛和压力。如果需要一个超人的身体在外层空间进行修理或在紧急情况下救人,这也许会被证明是很有用的。也许有一天,我们的宇航员可以安全地待在地面上,控制超人机器人的身体飞往月球。我们将在下一章更详细讨论这个问题。

我们也要指出具备这个心灵遥感能力不是没有危险的。正如在前面提到的,在电影《惑星历险》(Forbidden Planet)中,在我们之前几百万年的一个古代文明实现了利用心力控制万物的最终梦想。作为他们技术中的一个微不足道的例子,他们创造了一个机器能把思想转换成3D图像。将这个设备戴在头上,想象某物,在这个机器内部一个3D图像就产生了。尽管这个设备对于20世纪50年代的电影观众来说似乎是不可思议的,但是这个设备在未来几十年将会出现。在这部影片中还有一个设备利用精神能量举起重物。但是正如我们知道的,这项技术不需要再等几百年,它已经存在了,在一种形式的玩具中。将脑电图(EEG)电极放在头上,这个玩具检测大脑中的电脉冲,然后它就把一个小物体举起来了,就像在这部影片中一样。在将来,很多游戏可以靠纯粹的思想来玩。每个比赛队可以在精神上连线,使他们能通过思想移动球,智力最好的比赛队将赢球。

《惑星历险》影片的结局让我们踌躇不前。尽管他们的技术浩瀚无边,但他们还是毁灭了,因为他们没有注意到他们计划的缺陷。他们的强大的机器不仅渗入到他们的自觉的意识中,也渗入到他们的下意识的要求中。野蛮、长期受压迫的思想、远古进化的过去也跃然回到生活中,并且这些机器把每一个下意识的噩梦物化为现实。在实现他们的最伟大创造的前夕,这个强大的文明正是被他们希望从工具解放出来的这个技术本身所毁灭了。

然而,对于我们来说,这个危险仍然是遥远的。在 22 世纪之前,这种量级的设备还不会出现。但是我们面临一个更直接的问题。到 2100 年,我们将生活在一个到处都是有着像人一样特点的机器人中间。如果它们变得比我们还聪明将会怎样?

机器人将占据地球吗？是的，但它们将是我们的孩子。

——马文·明斯基（Marvin Minsky）

2. 人工智能的将来　机器的出现

神话中的神用他们的神力可以将无生命的变成有生命的。根据圣经第 2 章"起源"，上帝用尘土创造了人，然后"向他的鼻孔吹入生命的气息，这个人就变成活的灵魂"。根据希腊和罗马神话，女神维纳斯（Venus）可以使雕像跃起变活。维纳斯同情艺术家皮格马利翁（Pygmalion），见他无望地爱上他所创作的雕像，为了准许他的爱情，把这个雕像变成一个美丽的妇女伽拉忒亚（Galatea）。众神的铁匠火神伏尔甘（Vulcan）甚至能够创造一支机械仆人的军队，并赋予他们生命。

今天，我们像火神伏尔甘一样，在实验室锻造机器，将生命不是注入泥土，而是注入钢和硅。但是它会解放人类或束缚我们吗？如果我们读一下今天的大字标题，似乎已经有了答案：人类将要被我们自己创造的东西迅速取代。

末物 人性的结束？
来理

《纽约时报》的大字标题一语挑明："科学家担心机器的智能将会胜过人类。"世界上人工智能（AI）的顶尖领袖们于2009年聚集在加利福尼亚召开的阿西罗马（Asilomar）会议上，严肃地讨论了在将来，当机器最终取而代之时将会发生什么。正像在好莱坞电影的一个场景中看到的，代表团要求探索一个问题，比如，如果机器人变得和你的配偶一样聪明时将会发生什么？

作为这个机器人革命的引人注目的证据，人们的注意力指向捕食者无人驾驶飞机（Predator drone），一个无人驾驶的机器人飞机，它现在的目标是无比精确地瞄准阿富汗和巴基斯坦的恐怖主义者；可以自己驾驶的汽车；和阿西莫（ASIMO）一样，一个世界上最先进的机器人，它能够行走、跑步、爬楼梯、跳舞，甚至为客人倒咖啡。

微软的埃里克·霍维茨（Eric Horvitz），这次会议的一个组织者，注意到贯穿在会议中的激动的浪潮，他说："技术专家正在提供的几乎是宗教式的幻想，他们的思想在某种程度上与勾引灵魂至天上极乐世界的同样的想法共鸣。"（勾魂也就是真正的信奉者在来世升入天堂。批评家把阿西罗马会议的精神说成是"书呆子的狂喜"。）

同一个夏天，占据银屏的电影似乎放大了这个预示性的描述。在影片《终结者拯救》（*Terminator Salvation*）中，卑微的人类与占据地球的巨大的机械河马战斗。在影片《变形金刚：陷落者的复仇》（*Transformers：Revenge of the Fallen*）中，来自外太空的未来的机器人用人做人质，用地球做战场进行他们的星际大战。在影片《代理人》（*Surrogates*）中，人们情愿过理想的、美丽的、超人的机器人那样的生活，而不愿意面对日益衰老和身体退化的现实。

从大字标题和剧院屋顶的大型招牌判断，好像人类就要到了喘息最后一口气的时候了。人工智能学者严肃地问：会有一天当我们创造的机器人向我们扔花生时，我们不得不在酒吧里跳舞吗？就像我们在动物园逗狗熊所做的那样？或者我们会变成我们创造的机器人的宠物吗？

但是经过仔细考察，这些情况不会出现。可以肯定在过去10年取得了巨大的突破，但是对这些事情还必须进行分析。

捕食者(Predator)，一个27英尺(8.23米)长的无人驾驶飞机从空中向恐怖主义者发射致命的导弹，它是由一个人用操纵杆操纵的。一个人，很像视频游戏的年轻的老手，舒适地坐在计算机屏幕的后面选择目标。是人，而不是捕食者发出射击的命令。自己行驶的汽车，当它们审视周围转动方向盘时不是独立做出决定的，它们是按照存储在存储器中的 GPS 地图驾驶的。因此，全自治的、自觉的和非常危险的机器人还是遥远未来的事。

毫不奇怪，尽管媒体大事宣传在阿西罗马会议上做出的令人感动的预言，大多数进行人工智能日常研究的科学家则比较保守和小心。当问及机器人什么时候才能变得和人一样聪明时，科学家的回答是令人吃惊的不同，范围从20年到1 000年。

因此我们必须区分两种类型的机器人。第一种是由人或程序遥控的，像磁带记录器按照精确的指令事先规定的。这些机器人已经存在，并且产生了重大影响。它们正慢慢地进入我们的家庭，也进入了战场。但是没有人做出决定，它们很大程度上是无用的垃圾。因此这些机器人不要和第二种类型全自治的机器人混淆，第二种机器人能够自我思考，不需要人输入程序。在过去的半个世纪科学家尚未考虑这些全自治的机器人。

未来物理 阿西莫机器人

人工智能研究人员通常把叫做阿西莫(ASIMO)的本田公司(Honda)机器人作为机器人革命性进展的范例。它是一个创新机动性的高级阶段的双脚步行机器人(Advanced Step in Innovative Mobility)。它高4英尺3英寸(1.295米)，重119磅(53.98千克)，像一个戴着黑头盔和背着背包的小伙子。事实上，阿西莫是非凡的：它能实际地行走、跑步、爬楼梯和讲话。它能在房间中漫步，端茶杯和盘子，回答一些简单的命令，甚至认识某些人的脸。它甚至掌握大量的词汇，能用几种语言说话。阿西莫是很多本田科学家20年紧张工作的结果，他们创造了工程学的奇迹。

在两个单独的场合，为了主持 BBC 和发现科学专题，我幸运地在会议上亲自与阿西莫互动。当我握住它的手时，它以完全和人一样的方式回应。我向它挥手，它也立刻向我挥手。我要它递给我一些水果汁，它像人的运动一样转过身去，走向饮料桌。的确，阿西莫太像一个活人了，以致当它讲话时，我半信半疑地期待这个机器人摘下它的头盔，出现一个聪明地藏在里面的孩子。它跳舞甚至比我还跳得好。

开始的时候，看上去阿西莫好像是有智力的，能够响应人的命令，进行对话，在房间中到处走动。实际上，真实情况是完全不同的。当我与阿西莫在电视机镜头前互动时，每一个动作和每一个细节都是原来仔细编写好的。事实上，花了3个小时才和阿西莫拍了一个简单的5分钟的节目。即使这样也需要一个阿西莫团队进行处理，在拍了每段场面后，他们在笔记本电脑上对机器人开始发疯似的紧张地重新编制程序。尽管阿西莫用几种不同的语言与你讲话，实际上是一个磁带记录器在播放记录的信息。就像鹦鹉学舌那样，说出的话都是由人编制的程序。尽管阿西莫每年都变得更完善，但它不能独立思考。每一句话、每一个姿势、每一步都是由阿西莫的操作者预先仔细排练的。

之后，我和阿西莫的一位发明者进行了坦率的交谈，他承认阿西莫尽管能像人一样运动和行动，但它仅有一个昆虫的智力。它的大多数动作都是事先仔细编程的。它可以完全像人一样走路，但它的路径必须仔细编程，否则就会绊到家具上摔倒，因为它实际上不能识别房间周围的物体。

相比之下，甚至一个蟑螂也能够识别物体、迅速绕过障碍、寻找食物和配偶、躲避捕食者、计划复杂的逃跑路线、藏在阴影里、消失在裂缝中，所有这一切都是几秒钟的事。

布朗大学的人工智能研究员托马斯·迪安（Thomas Dean）承认，他正在建造的笨拙的机器人"仅仅处在一个仅有足够精力走出大厅，而不在石膏上留下巨大沟槽的阶段"。正如我们后面将看到的，目前我们最强大的计算机只能勉强模拟老鼠的神经，并且仅能模拟几秒钟。还需要几十年艰苦的工作，机器人才能变得像老鼠、兔子、狗或猫，然后像猴子一样聪明。

未来物理 人工智能的历史

批评家有时指出一个模式，每30年就会有人工智能的从业者声称，超智能的机器人就要出现了。然后，当我们实际检查时，情况不是这样。

在20世纪50年代，当第二次世界大战后开始引进计算机时，科学家提出了能进行不可思议的技艺表演的机器的概念，这些机器能拾起木块、玩跳棋,甚至解代数问题,一时让公众眼花缭乱。看上去好像真正智能的机器就要出现了。公众感到吃惊;很快大量的杂志文章匆匆预言什么时候机器人能够进入每个人的厨房,烹饪食物或清洁房间。在1965年,人工智能的先驱赫伯特·西蒙(Herbert Simon)宣称:"机器将在20年内能够做一个人能做的任何工作。"但是现实不是这样。下棋机赢不了下棋专家,仅仅能够下棋而已。这些早期的机器人就像有一技之长的小马,只能执行简单的任务。

事实上,在20世纪50年代人工智能取得了实际突破,但是这个进展被太夸大了,说得太过头了,结果适得其反。在1974年,在一片批评的合唱声中,美国和英国政府切断了资金,人工智能的第一个冬天来了。

今天,当人工智能研究员保罗·亚伯拉罕(Paul Abrahams)回忆20世纪50年代那个鲁莽的时期时,他摇着他的头,他那时还是麻省理工学院的一个研究生,充满了幻想,似乎无所不能。他回忆说:"那时的情况就好像一群人建议建一个通向月球的塔。每一年他们都骄傲地说这个塔比去年又高了多少。唯一的问题是月亮并没有离得更近。"

在20世纪80年代,对人工智能的热情又一次达到高峰。这一次,五角大楼倾注几百万美元到智能卡车这样的项目。这种卡车将能够行进到敌人防线之后,进行侦察,营救美军,回到总部,完全靠它自己。日本政府甚至倾注全力到雄心勃勃的第五代计算机系统项目上,它是由强大的日本国际贸易和工业部发起和赞助的。这个项目的目标,除了其他之外,是要研制一个计算机系统,它能会话、有充分的分析能力,甚至能预见我们想要什么,全都要在20世纪90年代之前实现。

不幸的是,智能卡车做的唯一一件事是迷了路。而第五代项目在吹嘘了多次之后毫无声息地未加任何解释地放弃了。事实上,在20世纪80年代人工智能取得了进步,但由于过于夸张,第二次回潮开始了,造成人工智能的第二个冬天。资金又一次枯竭,醒悟的人们成群地离开这个领域。很显然,令人痛心的是一些有价值的东西丢失了。

在1992年举行的纪念电影《2001》的特别庆祝会上,人工智能研究人员的心情是错综复杂的。在这部电影中,被称为HAL9000(高级体系结构9000)的计算机变得发狂,残杀了飞船上的全体人员。这部影片在1968年拍摄,预计到1992年会有机器人,它能够就几乎任何题目和任何人对话,还能指挥飞船。不幸的是,人们痛苦地认识到即使最先进的机器人也很难赶上一个臭虫的智力。

在 1997 年 IBM 的"深蓝"(Deep Blue)机器人取得了历史性的突破,它决定性地打败了国际象棋世界冠军加里·卡斯帕罗夫(Gary Kasparov)。"深蓝"是一个工程奇迹,一秒钟运算 110 亿次。然而,它没有打开人工智能研究和进入新时代的潮水的大门,而是相反。它仅仅突出了人工智能研究的初衷。说到反应,显然对很多人来说"深蓝"机器人不能思索。它在下棋上很优秀,但智商测验得分却为零。在这个胜利之后,与新闻界进行所有对话的是输者加里·卡斯帕罗夫,因为"深蓝"机器人根本不会说话。人工智能研究人员开始勉强认识到这个事实,麻木不仁的计算能力并不等于智力。人工智能研究员理查德·黑克勒(Richard Heckler)说:"今天,你花 49 美元就能买到几乎能够打败世界冠军的国际象棋程序,但没有人会认为它们是智能的。"

但是,随着摩尔定律每 18 个月就催生新一代的计算机,过去一代老的悲观主义将或迟或早被渐渐遗忘,新一代的乐观的热心家将取而代之,在这个曾经停顿的领域产生重建的乐观主义和能量。在上一个人工智能研究冬天回潮之后 30 年,计算机取得巨大进展,使新一代人工智能研究人员又开始对未来做出有希望的预测。时间又最终回到人工智能,它的支持者说。这一次是真的。第三次努力是幸运的和有魔力的。但是如果他们是对的,人将很快成为废物吗?

未物来理 人的大脑是数字计算机吗?

一个基本的问题是,就像数学家现在认识到的,他们在 50 年前犯了一个重大的错误,认为大脑类似于大型数字计算机。但是现在人们痛苦地认识到,显然不是这样的。大脑没有奔腾芯片,没有视窗(Windows)操作系统,没有应用软件,没有 CPU,没有程序设计,没有子程序,而这些都是现代数字计算机的代表。事实上,数字计算机的结构与大脑截然不同。大脑是某种类型的学习机器,是一个神经细胞(即神经元)的集合,每当它学会一个任务后就会自己不断地重新接线。(然而,计算机根本不学习,你的计算机昨天是个哑巴,今天仍然是个哑巴。)

因此至少有两种方法模拟大脑。第一个,从上到下的方法,它是将机器人处理成数字计算机,从一开始就编制所有的智能规则。一个计算机可以依次拆解成某些叫做图灵机(Turing machine)的东西,这是由伟大的英国数学家阿兰·图灵(Alan Turing)提出的假想的设备。一个图灵机由三个基本构件组成:输入,中央处理器消化输入的数据,输出。所有的数字计算机都是根据这个简单的模式。这个方法的目标是有一张光盘,上面编制了所有的智能规则。插入光盘,计算机突然就变活了,有智能了。因此,这个神秘的光盘含有所有创建智能机器所需的所有软件。

然而,我们的大脑根本没有程序或软件。我们的大脑更像一个"神经网络"(neural network),一个复杂的、一堆杂乱的、不断自己重新连接的神经元(即神经细胞)。

神经网络遵循赫布规则(Hebb's rule):每当做出一个正确的决定,这些神经通路就得到增强。它是在每次成功完成一个任务后,通过简单地改变神经元之间的某些电的连接强度实现这个功能。(赫布规则可以用一个古老的问题来表示:一个音乐家如何到达卡内基大厅?回答是:练习、练习、练习。对于一个神经网络,练习使其完善。赫布规则也能够解释为什么坏习惯如此难改,因为坏习惯的神经路径是根深蒂固的。)

神经网络是基于从下到上的方法。不是用勺子喂养的方式输入所有的智能规则,神经网络是按照婴儿学习的方式进行学习的,靠磕磕碰碰接触事物和靠经验学习。神经网络不是应用编程,而是按古老的方式,通过"学校艰苦的灌输"进行学习。

神经网络与数字计算机的结构完全不同。如果你去掉数字计算机中央处理器的一个晶体管,计算机就会瘫痪。然而,如果你去掉一大块人的大脑,它仍然能够工作,其他的部分将取代丢失的部分。此外,可以精确地找出数字计算机是在哪里思考:是在它的中央处理器。然而,大脑扫描清楚表明,思考是散布在大部分的大脑上。不同的部分按精确的顺序激活,思想就好像乒乓球一样到处跳来跳去。

数字计算机能够以几乎是光的速度进行计算。相反,人的大脑是难以置信的慢。神经脉冲传播的速度相当慢,大约每小时200英里(322公里)。但是大脑可以弥补这一点,因为它是大量平行运算的,有1 000亿个神经细胞在同时运作,每一个神经细胞进行一小点计算,每一个神经细胞连接10 000个其他神经细胞。在一次比赛中,一个超快的单个处理器不如超慢的平行处理器。(这就回到一个古老的谜:如果一只猫一分钟吃掉一只老鼠,100万只猫需要多少时间吃掉100万只老鼠呢?答案是:1分钟。)

此外,大脑不是数字的。晶体管是一个门,可以打开或关闭,代表 1 或 0。神经元也是数字的(可以激发或不激发),但它们也可以是模拟的,可以传递连续信号,也可以传递离散信号。

未来物理 机器人的两个问题

由于与人脑相比计算机有明显的局限性,人们才能认识到为什么计算机不能完成人们轻而易举就能完成的两个关键任务:模式识别和常识。这两个问题使得过去半个世纪找不到解决方案。这就是为什么我们不能有机器人女仆、男管家和秘书的主要原因。

第一个问题是模式识别。机器人比人还看得清楚,但它们不懂看到的是什么。当一个机器人在房间内走动时,它把看到的图像转换成一大堆小点。通过处理这些小点,它能够识别线、圆形、正方形和矩形。然后,机器人试图将这一大堆点,一个一个地与它存储器中存储的物体比较,即便是对于计算机来说这也是一个特别繁重的任务。经过很多小时的计算,机器人才能将这些线与椅子、桌子和人匹配。与之相反,当我们走进房间,只需几分之一秒,我们就能识别椅子、桌子、书桌和人。的确,我们的大脑主要是一个模式识别机。

第二,机器人没有常识。尽管机器人比人的听力还要好,它们不理解听到的是什么。例如,考虑一下下面的陈述:

- 孩子喜欢糖但不喜欢惩罚
- 绳子可以拉但不能推
- 棍子能够推但不能拉
- 动物不能说话和不懂得英语
- 旋转让人感到眩晕

对于我们来说,这些陈述只是常识。但是对于机器人来说却不是这样。没有逻辑或程序证明绳子可以拉但不能推。我们是通过经验知道这些"明显"的陈述是对的,而不是因为在我们的记忆中有编制的程序。

自上而下的方法的问题在于,需要很多行的代码才能模拟人的常识。

例如,需要几亿行的代码才能描述一个 6 岁孩子所知道的常识的规律。位于卡内基梅隆的人工智能实验室前主任汉斯·莫拉维克(Hans Moravec)悲哀地说:"到今天为止,人工智能程序没有显示一点常识的判断力,例如,一个医疗诊断程序面对一辆破自行车,它可能开出一个抗生素的处方,因为它没有人、疾病或自行车的模型。"

然而,有些科学家坚持相信掌握常识的判断力的唯一障碍是没有理性的力。他们感到,一个新的曼哈顿项目,像建造原子弹那样的计划将肯定会解决常识的判断力问题。一个未能实现的要建立"思想百科全书"(encyclopedia of thought)的计划叫做 CYC,开始于 1984 年。它想要成为人工智能的最高的成就,这个项目要把所有常识的判断力的秘密解码编制成简单的程序。然而,经过几十年艰苦的工作, CYC 项目未能实现它自己的目标。

CYC 的目标是简单的:"到 2007 年,掌握一些典型的人所知道的周围世界的 1 亿件事情。"最终期限和很多以前的目标都没能实现。CYC 工程师所奠定的每一块里程碑来了又去了,但是科学家一点也没有接近掌握智能的精髓。

未来物理 人和机器

我曾经有机会和机器人比智慧,那是一场和麻省理工学院的托马索·波焦(Tomaso Poggio)建造的一个机器人的比赛。尽管机器人不能像我们一样识别简单的模式,但波焦能够创建一个计算机程序,在一个特定的领域中:"立即识别",它能像人一样计算得那样快。这是我们的离奇的能力,立刻识别一个物体,甚至在我们觉察到它之前。(立刻识别对于人类进化十分重要,因为我们的祖先只有一刹那的时间确定是不是有老虎潜伏在矮树丛里,甚至在他们完全意识到它的存在之前。)在一个特定的视力识别试验中,机器人在第一时间里不止一次地胜过了人。

机器和我的比赛很简单。首先,我坐在椅子上,盯着一个普通的计算机屏幕。然后,一个图片在屏幕上闪烁一下,我必须尽快地按两个按钮之一。我必须尽可能快地做出决定在这张图片上是有动物还是没有,甚至要在我有机会看清这张图片之前。计算机也要对同一张图片做出决定。

令人难堪的是,在经过很多次快速的试验之后,机器和我不分上下。但是有几次机器的得分比我略高一些,让我灰心丧气。我被机器打败了。(当有人告诉我计算机得到正确答案的次数占82%,人的得分平均仅80%,这让我得到一些安慰。)

波焦设计的机器的关键是它复制了大自然母亲的经验。很多科学家从下面这句话里认识到这个真理:"车轮已经发明了,所以为什么不复制它呢?"例如,通常当一个机器人看一张图片时,它试图把它分成一系列的线、圆形、正方形或其他的几何图形。但是波焦不这样做。

当我们看一张图片时,我们也许会首先看各种物体的轮廓,然后看每个物体内部的各种特点,然后是这些特征内部的颜色深浅。这样我们就把图像分成了很多层。在计算机处理了一层图像之后,它就把这一层和下一层结合起来,等等。用这种方法,一步一步地,一层一层地模拟了我们大脑处理图像的层次方法。(波焦的程序不能实现我们认为是理所当然的模式识别的所有技巧,如3D可视化物体,从不同角度识别成千上万的物体等,但它在模式识别上确实代表了一个重要的里程碑。)

后来,我有机会看到从上到下和从下到上两种方法都在起作用。我首先去了斯坦福大学人工智能中心,在这儿我遇到斯坦福人工智能机器人斯泰尔(STAIR),它用的是从上到下的方法。斯泰尔大约4英尺(1.22米)高,有巨大的机械臂能够旋转和从桌子上抓取东西。斯泰尔也是可移动的,能在办公室或家里漫步。这个机器人有一个3D相机锁定物体,将3D图像送入计算机,指导机械臂抓物体。自20世纪60年代开始机器人已经像这样抓物体了,并且我们在底特律汽车制造厂看到这些机器人。

但光看外表是不够的,斯泰尔(STAIR)能做的事情要多得多。与底特律的机器人不同的是,斯泰尔不是照本宣科的。它靠自己操作。例如,如果你要它拾取一个橘子,它能够分析桌子上的各种物体,将它们与已经存储在它的存储器中的成千上万的图像比较,然后识别橘子,并拿起它。它也可以通过抓一个物体,让它转动来更精确地识别物体。

最终是要斯泰尔能在家里和办公室的环境中操作,拾取和利用各种物体和工具,甚至与人进行简单语言的对话。用这种方式,它将能够做一个办公室中的勤杂工能做的任何事情。斯泰尔是一个从上到下的方法的一个例子:从一开始,每一件事物都是编制程序到斯泰尔中的。(尽管斯泰尔能够从不同角度识别物体,但是它能识别的物体的数量是有限的。如果让它走出去和识别随机遇到的物体,它就会茫然不知所措了。)

后来,我有机会访问了纽约大学,在这里杨·莱库恩(Yann LeCun)正实验一种全新的设计,拉格尔(LAGR),一个路面学习型机器人(Learning applied to ground robots)。这个机器人是一个从下到上方法的例子:它必须通过与事物的接触从最开始学习。它的尺寸像一个小高尔夫手拉车那么大,有两个立体声彩色摄像机扫描地形,识别路径上的物体。然后它在这些物体中间走动,仔细避开这些物体,每通过一次就学习一次。它装备有 GPS 和两个红外传感器,能够检测前面的物体。它含有 3 个高功率的奔腾芯片,与吉比特量级的以太网(gigabit Ethernet)相连。我走到附近的公园,在这里机器人可以漫步在放在它路径上的各种障碍物之间。每一次它越过障碍,它就能更好地避开障碍物。

拉格尔和斯泰尔一个重要的差别是,拉格尔是特别设计进行学习的。每一次拉格尔碰到某物,它就绕开这个物体,下一次它就知道避开这个物体了。在斯泰尔的存储器中存储了成千上万的图像,而拉格尔的存储器中几乎没有任何图像,而是产生了它所碰到的所有障碍物的智力映射图,每通过一次就不断完善一次。无人驾驶汽车是编程的,遵循由 GPS 事先设置的路线,与此不同的是,拉格尔全靠自己移动,没有任何人的指令。你告诉它去哪儿,它就启动。最终,像这样的机器人也许会用到火星、战场和我们的家中。

一方面,这些研究人员的热情和能力给我留下深刻的印象。在他们的心中,他们相信他们正为人工智能铺平道路,并且终有一天他们的工作将以我们刚刚开始理解的方式影响社会。但是从另一方面看,我也认识到他们还有多远的路程要走。甚至蟑螂都能识别物体,学会绕过它们。而我们仍然处在大自然母亲创造的最低级生物的智能都能够胜过我们最智能的机器人的阶段。

近期(今天—2030)

未物来理 专家系统

今天,很多人家里有简单的机器人,可以用真空吸尘器打扫地毯。还有机器人安全警卫夜里在大楼周围巡逻。还有机器人导游和工厂的机器人工人。在 2006 年,据估计在家里和大楼里有 95 万个工业机器人和 354 万个服务机器人。但是在未来几十年,机器人的领域会向几个方向发展。但是这些机器人看上去不像科幻中的机器人。

影响最大的领域可能是所谓的专家系统,软件程序把人类的经验和智慧编码在这个系统中。正如我们在第 1 章看到的,总有一天我们会对着墙幕上的因特网讲话,与机器人医生和机器人律师和蔼的面孔对话。

这个领域被称为是探问式的,即遵循一个正式的、基于一定规则的系统。当我们需要计划一个假期时,我们对着墙幕上的面孔说话,告诉它这个假期我们想做什么:多长、去哪、什么旅馆、价格范围。这个专家系统从过去的经验已经知道我们的爱好,然后联系旅馆、航班等,给我们最好的选择。但是与它讲话不是以一种随随便便的谈话方式,而是要使用它能够理解的、非常正式的、程式化的语言。这样的系统可以迅速执行任何数量的有用的家庭杂务。你只要给出命令,它就能在餐厅订座位、查看商店的位置、订购杂货和外卖、订飞机机票等等。

它之所以如此精确,是因为过去几十年在探问式方法学习取得的进展,让我们今天有了一些相当简单的搜索引擎。但它们仍然是粗糙的。对每个人来说,显然你打交道的是机器,而不是人。然而,在将来,机器人会变得如此完善,外表几乎和人一样,能够细致地完善地进行无缝的操作。

也许最实际的应用将是医疗。例如,在目前如果你感到不舒服,你要在急救室等几个小时才能看到医生。在不远的将来,你只要走向墙上的屏幕对机器人医生讲话。你按一下按钮就可以改变你看到的机器人医生的脸,甚至它的个性。你在墙幕上看到的和蔼可亲的脸将问你一组简单的问题:你感觉怎样? 哪儿不舒服? 疼痛什么时候开始的? 经常疼痛吗?

每一次,你从一组简单的答案中选择一个答案回答。你回答问题时不需要敲键盘,说话就行了。

你回答的每个问题将又促使机器人医生提出下一组问题。在一系列这样的提问之后,机器人医生将根据世界上的医生的最好经验给出诊断。机器人医生还会根据来自你的浴室、衣服、家具,通过 DNA 芯片不断监视你的健康得出的数据进行分析。还可能用手提磁共振成像扫描仪检查你的身体,再用超级计算机分析。〔一些初步的这种探问式程序已经有了,如WebMD(药物与人网站),但它们还不能探问细微之处,也没有探问的全部功能。〕

大多数去医生办公室的患者可以用这种方式排除,极大地减缓医疗系统的压力。如果问题严重,机器人医生会推荐你去医院,由医生提供透彻的治疗。但就是在这儿,你会看到机器人护士,像阿西莫那样的人工智能程序。这些机器人护士不是完全智能的,但能够从医院的一个房间走到另一个房间,给予患者适当的药物,或关照他们的其他需要。它们能够在地板的滑轨上移动,或者像阿西莫那样独立地行走。

RP-6 可移动机器人是一个已经存在的机器人护士,它配置在加利福尼亚洛杉矶分校(UCLA)医疗中心这样的医院里。它基本上是一个电视屏幕,放在可在滚轴上移动的计算机的顶部。在这个电视屏幕上,你看到一位真正的也许在几英里之外的内科医生的脸。机器人上有一个照相机使医生可以看到机器人在看什么。还有一个麦克风使医生可以和患者说话。医生可以通过操纵杆控制机器人、与患者互动、监控药物等。因为每年在美国有500 万患者需要细致地治疗,而有资格处理危急病人的医生只有 6 000 人,在紧急治疗中这样的机器人可以帮助缓解这个危机。在将来,像这样的机器人会变得更加自治,能够靠它们自己操作和与患者互动。

在这个技术上日本是世界领先者之一。日本花了如此多的钱在机器人上,以减轻医疗所面临的危机。回顾一下就不会奇怪为什么日本会在机器人方面是领先的国家之一,有以下两个理由。首先在于日本的道教相信没有生命的物体是有灵魂的。甚至机器也不例外。在西方,儿童看见机器人时会恐怖地尖叫起来,特别是在看了太多的有关狂暴的杀人机器之后。但是对于日本的孩子来说,机器人被看成是亲人,是好玩的和有帮助的。在日本,当你走进商店时看到机器人招待员向你问候已不少见了。事实上,世界上所有商业机器人的30%在日本。

第二,日本面临一个人口的噩梦。日本的老年人口迅速增加。出生率降到令人惊异的一个家庭仅1.2个孩子。有些人口统计学家说,我们正看着一列火车在缓慢运动中坠毁:在未来的年代,一个人口统计学的列车(人口衰老和出生率降低)将与另一列火车相撞(外来移民率低)。在医疗领域会更尖锐地感到这一点。因此像阿西莫这样的护士会是非常有用的。像阿西莫这样的机器人对于完成医院的任务是理想的,如抓药、送药和一天24小时监测患者。

中期《2030—2070》

未物 模块机器人
来理

到本世纪中期,世界上将到处是机器人,但我们可能注意不到。这是因为大多数机器人没有人的形状。它们可能隐藏着看不见,乔装成蛇、昆虫和蜘蛛,进行不愉快的但是非常重要的任务。这些是模块式机器人,可以根据任务改变形状。

我有机会遇见一位模块机器人的先驱之一,南加利福尼亚大学(USC)的魏明·舍恩(Weimin Shen)。他的想法是创建可以像乐高(Lego)模块那样可以互相变换和随意拼接的小立方模块。他把它们叫做多形态机器人,因为它们能够改变形状和功能。在他的实验室中,我能够看出他的方法和斯坦福及麻省理工学院方法的差别。在表面上,这两个实验室都像孩子们梦想的儿童游乐室,会走的、会说话的机器人到处都是。当我访问斯坦福和麻省理工学院的人工智能实验室时,我看见各种各样的机器人"玩具",在这些玩具中有芯片,还有智能。工作台上到处都是机器人飞机、直升机、卡车、里面有芯片的昆虫形状的机器人,全都自己在动。每一个机器人是一个设备齐全的个体。(图5)

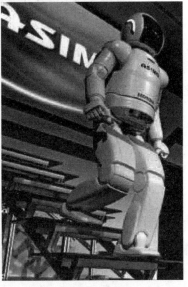

图 5　各种类型的机器人:拉格尔(LAGR)(上图),斯泰尔(STAIR)(左下)和阿西莫(ASIMO)(右下)。尽管计算机的能力有了巨大的增加,但是这些机器人的智力只和蟑螂的智力一样。

　　但是走进南加利福尼亚大学(USC)实验室,看到的东西则全然不同。你看到立方模块的盒子,每个大约 2 平方英寸(12.9 平方厘米),能够组合或拆开,使你能够创造各种像动物一样的创造物。你可以制作成一条线像在地上爬的蛇,或像铁环一样的圆圈在地上滚。然后你可以扭曲这些立方块,或用 Y 形接头把它们勾接起来,这样就可以创造一组完全新的像章鱼、蜘蛛、狗或猫的设备。这些灵巧的乐高玩具（Lego），每一块都是智能的，能按任何可以想象的配置安排组合自己。

为了穿越障碍这会是很有用的。如果一个蜘蛛形状的机器人在下水道系统中爬行，碰到一堵墙，它会首先在墙上找到一个洞，然后把自己拆开。每一块穿过洞去，在墙的另一面重新组合在一起。用这种方式，这些模块机器人将会无法被阻止，能够越过大多数障碍。

这些模块机器人在维修腐朽的基础设施工作中是至关重要的。例如，在 2007 年，在明尼阿波利斯（Minneapolis）的密西西比河上的桥坍塌了，死了 13 人，伤 145 人。大概原因是桥衰老了、过载了和有设计缺陷。整个国家大约有几百个类似的事故可能发生，但是要监视每一座腐朽的桥和进行修理需要的费用太高了。这正是模块机器人大有用武之地时，用它们默默地检查桥梁、道路、隧道、管道、电站和必要时进行修理。（例如，一架通向下曼哈顿岛的桥，由于腐蚀、忽视和缺乏修理受损严重。一个工人发现一个自桥梁上次油漆后留下的 20 世纪 50 年代的可乐瓶子。实际上，近来一段老化的曼哈顿桥已危险地接近崩溃的边缘，必须关闭修理。）

未来物理 机器人外科医生和厨师

机器人可以用做外科医生、厨师和音乐家。例如，外科医生一个重要的局限性是手的灵巧性和精确性。外科医生，像其他人一样，在很多小时的工作后会变得疲劳，效率降低。手指变得颤抖。机器人可以解决这个问题。

例如，传统的心脏搭桥外科手术涉及在胸腔中间打开一个 1 英尺（30.5 厘米）长的伤口。打开胸腔增加了感染的可能性，延长了恢复时间，造成恢复过程中剧烈的疼痛和不舒适，并留下畸形的伤疤。但是达·芬奇（da Vinci）机器人系统极大地减少了这些危害。达·芬奇机器人有 4 个机器人手臂，1 个操作视频相机，3 个用于精确手术。它在身体的侧面只开几个小的伤口，而不是在胸口开一个长的伤口。在欧洲、北美和南美有 800 家医院使用这个系统，在 2006 年仅用这个机器人就做了 48 000 个手术。还可以通过因特网遥控进行这样的手术，这样就可以对另一大陆孤立的乡村地区的患者进行大城市中的世界级的手术。

在将来，用更先进的设备通过操纵微观解剖刀、镊子和缝合针，能够对精细的血管、神经纤维和组织进行外科手术。事实上，划开皮肤的外科手术会极少见到。非侵入手术将成为标准。

内诊镜（插入身体内的长管子，能照明和切割组织）将变得比丝线还薄。比句子末尾的句号还要小的微型机将做大部分机械工作。〔在最早的《星际迷航》电影的一个场景中，麦科伊（McCoy）医生坚决反对 20 世纪的医生不得不切开皮肤的做法。〕所有这些将成为现实的一天快要来了。

将来的医学系学生将学习切开人体的虚拟 3D 图像，他的手的每一个动作都是由另一个房间中的机器人复制的。

日本人也非常擅长生产在社会交际方面与人互动的机器人。在名古屋，有一个机器人厨师能在几分钟的时间内烹调出标准的快餐。你只要在菜单上点你要的东西，这个厨师就在你面前为你烹调你要的食物。工业机器人公司爱成（Aisei）制造的这个机器人可以在 1 分 40 秒煮好面条，顾客多的时候一天 80 碗。机器人厨师很像底特律汽车装配线上的机器人，有两个大的机械臂，通过精确的编程按一定次序动作。然而，这个机器人不是螺丝固定的和金属焊接起来的，这个机器人的手指从一系列含有调味品、肉、面粉、酱油和香料的碗中抓取各种成分。经这个机器人的手臂混合，然后制成三明治、色拉或汤。爱成（Aisei）厨师看上去像一个机器人，像从厨房柜台伸出的两只巨大的手。但是正在计划中的其他模型开始看上去更像人。

还是在日本，丰田汽车创造了一个机器人能拉小提琴，几乎和专业人员拉得一样好。它类似阿西莫（ASIMO），只是它能抓住小提琴，随着音乐摇摆，然后优美地演奏复杂的小提琴乐章。演奏的声音是令人惊讶的真实，并且这个机器人还能做出像音乐大师一样庄严的手势。尽管演奏的音乐还达不到音乐会小提琴家的水平，但是娱乐听众足矣。当然，在上一个世纪已有机械的钢琴机器，它演奏记录在大的转动磁盘上的曲调。像这些钢琴机一样，丰田的机器人也是编程的。但差别是丰田的机器人是专门设计用来以最真实的方式模拟小提琴演奏家的姿势和手势的。

日本早稻田（Waseda）大学的科学家也制作了一个机器人笛子演奏家。这个机器人的胸膛里含有空腔，像肺一样，向真的笛子吹气。它可以演奏极复杂的悦耳的音调，如"大黄蜂的飞行"（The Flight of the Bumblebee）曲。这个机器人不能创作新的音乐，但我们要强调的是，它们在表演音乐的能力上可与人类匹敌。

机器人厨师和机器人音乐家是仔细编程的。它们不是自治的。尽管这些机器人与老的演奏钢琴机相比更加完善,它们的操作原理仍然是相同的。真正的机器人女仆和男管家还是遥远将来的事。但是机器人厨师、机器人小提琴家和笛子演奏家的后代也许有一天会植入我们的生活,执行曾经认为只有人才有的基本功能。

有情感的机器人

本世纪中期,将可能是有感情的机器人鲜花盛开的时代。

在过去,作家曾幻想渴望成为人类和有感情的机器人。在《皮诺奇》(*Pinocchio*)中,一个木偶希望成为真正的孩子。在《绿野仙踪》(*Wizard of Oz*)中,铁皮人(Tin Man)想要心脏。在《星际迷航:下一代》(*Star Trek:The Next Generation*)中,机器人达塔(Data)试图通过讲笑话和找出是什么使人发笑来掌握情绪。事实上,在科幻中,一个反复出现的主题是,尽管机器人可以变得更加聪明,但它们永远不会有感情的精髓。机器人也许有一天比我们更聪明,但一些科幻作家声称,它们永远不会哭。

实际上,这也许不是真的。科学家现在理解了感情的真实性质。首先,感情告诉我们对于我们来说什么是好的,什么是有害的。世界上绝大多数的事情或者是有害的,或者不是很有用的。当我们体验"喜欢"这种感情时,我们是在识别环境中对我们有益的一小部分事情。

实际上,我们的每一个感情(恨、嫉妒、害怕、爱等)进化了几百万年,以保护我们避开来自敌对世界的危险和帮助我们繁衍。每一种感情帮助我们,将我们的基因传到下一代。

对于南加利福尼亚大学的神经学家安东尼·达马西奥(Antonio Damasio)来说,感情在我们进化中所起的关键作用是明显的。他分析了大脑受伤或疾病的受害者。在这些患者中有一些人,他们的大脑思维部分(大脑皮层)和感情中枢(位于大脑中心的深处,像杏仁核一样)之间的连接被切断了。这些人看上去是完全正常的,只是很难表达感情。

一个问题立刻变得明显:他们不能做出选择。购物是一场噩梦,因为每一件东西对他们来说价值是相同的,不管它是昂贵的还是便宜的,俗气的或精致的。设定一个约会日期几乎是不可能的,因为未来的所有日期是一样的。他们似乎"知道,但不能感受到"。他说。

　　换句话说,感情的一个主要目的是给我们价值,这样我们就能决定什么是重要的,什么是昂贵的,什么是漂亮的,什么是珍贵的。没有感情,万物的价值是相同的,我们会由于无止境的决定搞得麻痹,所有的事情都分量相同。因此科学家现在开始理解感情远非奢侈品,而是对智能非常重要的。

　　例如,当我们看《星际迷航》时,会认为斯波克(Spock)和达塔(Data)执行它们的任务是不带任何感情的,现在你立刻认识到问题在哪了。在每一个回合,斯波克和达塔都表现了感情:它们进行了一长系列的价值判断。它们确定当一名官员是重要的,这对于执行任务是至关紧要的,它们认识到联邦政府的目标是崇高的,人的生命是珍贵的,等等。因此,要找到一个全无感情的官员是不可能的,只是一个幻想。

　　有感情的机器人也是一个生死攸关的事情。在将来,科学家将能够创造救生机器人,能派到火灾、地震、爆炸等现场。它们将不得不进行成千上万的,有关救谁、救什么、按什么次序的价值判断。勘测它们周围的所有损坏,按照优先权对它们面临的各种任务排队。

　　感情对于人类大脑进化也是非常重要的。如果你看大脑的总的解剖学特点,你会注意到这些特点可以分组形成三大类别。

　　首先是爬虫类大脑,在头骨底部附近,它构成爬虫类大脑的大部分。初步的生命功能,如平衡、进攻、保护领地和寻找食物是由这部分大脑控制的。(有时,当你盯住一条蛇,它又反过来盯住你时,你得到一种爬行的感觉。你惊讶,蛇在想什么呢? 如果这个理论是正确的,那么这条蛇根本没有想太多,只是想你是不是它的午餐。)

　　当我们看更高级的生物体,我们看到它们的大脑向头骨前方扩大。再上一个等级,我们发现猴子的大脑,或大脑边缘系统,位于我们大脑中心。它包括像杏仁核这样的部分,是与处理感情有关的。成群生活的动物有特别的发展良好的大脑边缘系统。成群结队捕猎的群居动物要求高度的脑力理解群居的规则。因为在荒野中生存依赖与其他个体的合作,但是因为这些动物不能讲话,这意味着这些动物必须通过身体语言、呼噜声、哀鸣声和姿势交流它们的感情状态。

　　最后是大脑的前面和外层,即大脑皮层,它定义人性和管理合理的思维。其他的动物是受直观和遗传控制的,而人类利用大脑皮层进行思维。

　　如果这些演化的进程是正确的,这意味着感情在创造自治机器人时将起着至关重要的作用。至今为止,我们创造的机器人只能模拟爬虫的大脑。

它们能够走、搜索周围、拾取物体,但仅此而已。在另一方面,群居动物比爬虫的大脑的智力要高。为了掌握群居的规则,群居的动物需要感情。因此科学家在他们能够模拟大脑边缘系统和大脑皮层系统之前还有很长的路要走。

麻省理工学院的辛西娅·布雷齐尔(Cynthia Breazeal)实际上创造了一个机器人,它是特别设计用来处理这个问题的。这个机器人是克斯梅特(KISMET),有一个像恶作剧的淘气鬼的脸。它看上去好像活的,能用代表感情的面部动作对你做出反应。克斯梅特通过改变它的面部表情复制各种各样的感情。事实上,与这个像孩子一样的机器人互动的妇女常常用"妈妈的口吻"和它讲话,就像母亲对婴儿和孩子讲话一样。尽管克斯梅特这样的机器人是设计用来模拟感情的,科学家并没有奢望这种机器人能实际地感觉感情。在某种意义上,这就好像一个编程的磁带记录器,不是产生声音而是产生面部表情一样,不能回答它在做什么。但是克斯梅特的突破在于,它的设计不是要创造一个能够模拟类似于人的感情的机器人。

这些有感情的机器人将会进入我们的家庭。它们不会是我们的知己、秘书或女仆,但是它们能够按照启发式的方式执行基于规则的程序。到本世纪中期,它们可能会有狗或猫的智力。像宠物一样,它们将会表示它们与主人之间有感情连接,这样主人就不会随便把它们抛弃。你还不能用口语语言和它们讲话,但它们懂得用程序编制的命令,也许几百条吧。如果你要它们做一些在它们的存储器中没有的事情,它们就会显得很尴尬,无所适从。(如果到本世纪中期,机器狗和猫能够复制所有的动物响应,和真实的动物行为没有区别,那么问题就出现了,是不是这些机器动物有感觉,或是不是与普通的狗或猫一样聪明。)

索尼(Sony)在制造人工智能机器人爱宝(AIBO)狗时,对这些有感情的机器人进行了试验。这是第一个玩具能够真实地有感情地对主人做出反应,虽然只是初步的方式。例如,你拍拍爱宝狗(AIBO)的背,它就会立刻开始低声地咕噜,发出抚慰的声音。它能走,能对声音命令做出反应,甚至某种程度上能学习。爱宝(AIBO)不能学习新的感情,也不能对新的感情做出回应。(这个项目在2005年由于经费问题中断了,但是自从这个公司有了忠心的下属更新计算机软件以后,爱宝能够执行更多任务。)在将来,机器宠物可能会成为孩子们的情感附属品,成为普通的常有的东西。

尽管这些机器人宠物将会有大的感情库,将成为孩子们的附属品,但它们不能感觉实际的情感。

未物来理 分解大脑的逆向工程

到本世纪中期,在人工智能的历史上我们将能够完成下一个里程碑:分解人类大脑的逆向工程。科学家为不能生产由硅和钢制作的机器人而感到灰心,他们又尝试相反的方法:一个神经元一个神经元地分解大脑,就像一个机械师一个螺丝一个螺丝地取下一个马达,然后在巨型计算机上模拟这些神经元。这些科学家还系统地试图模拟动物神经细胞的活动,从老鼠、猫开始,沿着动物进化的阶梯一级一级向上。这个目标非常明确,到本世纪中叶有可能实现。

麻省理工学院的弗雷德·哈普古德(Fred Hapgood)写道:"如果发现了大脑怎样工作,它是怎样'精确地'工作的,就像我们知道马达怎样工作的那样,那么几乎图书馆中的每一本教科书都要重写。"

分解大脑逆向工程的第一步是理解大脑的基本结构。就是这一步也是一个漫长的痛苦的过程。历史上,大脑的各个部分是在尸体解剖中鉴别的,不知道它们的功能。随后情况渐渐改变,科学家分析有脑损伤的人,注意大脑某部分的损伤与行为的相应改变。中风患者、有脑损伤和脑疾病的人呈现特定的行为变化,然后将行为变化与大脑的受伤部位相匹配。

最壮观的一个例子是在1848年,在美国佛蒙特州(Vermont),一根3英尺8英寸(1.118米)长的金属杆穿透了铁路工头菲尼亚斯·盖奇(Phineas Gage)的头颅。这个历史性的事故是在火药意外爆炸时发生的。这根金属杆从脸的侧面穿入,粉碎了他的下颚,进入大脑,从头的顶部穿出。像奇迹一样不可思议,他居然从这个可怕的事故中活过来了,尽管毁坏了他的一个或两个前脑叶。治疗他的医生开始时不相信任何人经过这样的事故还能幸存下来,并且仍然活着。他处于半知觉状态几周时间,但后来奇迹般地恢复了。他居然又活了12年多,做些零工和去旅游,死于1860年。医生仔细保留了他的头骨和金属杆,从那以后进行了大量的研究。现代技术CT扫描还用来重建这个不同寻常的事故的细节。

这个事件永远改变了"心身"(mind-body)问题这一当前流行的观点。以前,人们相信,甚至在科学家的圈子内,灵魂和身体是分开的实体。有人心照不宣地写到激活人体的"生命力"是独立于大脑的。但是广泛流行的报告说明盖奇的个性在事故后产生了显著的变化,从一个健康的外向的人变成爱骂人的和敌视的人。这些报告的影响增强了这样一种想法,大脑的特定部分控制不同的行为,因此身体和灵魂是不可分的。

在20世纪30年代又有了一个新的突破,像怀尔德·潘菲尔德(Wilder Penfield)那样的神经学家注意到,在为癫痫病人做大脑手术时,当他碰到大脑的某些连接点,病人的身体部位有刺激反应。接触大脑皮层的这一部分或那一部分可以引起手或腿动。用这种方法,他构造一个大脑皮层的哪一部分控制什么器官粗略的轮廓。结果,他可以重新绘制一个人的大脑图,一个相当奇怪的人体映射到大脑表面的图,看上去像一个有巨大的指尖、嘴唇和舌头,但身体很小的奇怪的小人。

更近一些时候,磁共振成像扫描给出了揭示思维大脑的图片,但不能追踪思想的特定的神经路径,也许仅涉及几千个神经元。但是近年来,一个叫做光遗传学(Optogenetics)的新领域把光和遗传学结合起来拆开动物的特定的神经通路。类似地,这可以和试图创造一个路线图相比。磁共振成像扫描的结果类似于确定大的州际高速公路和高速公路上大的交通流动。但是,光遗传学也许能够实际上确定单个的道路和路径。在原则上,它甚至有可能通过刺激这些特定的路径控制动物的行为。

这又一次产生了很多令人感动的媒体故事。"德拉吉报告"(Drudge Report)的耸人听闻的大字标题惊呼:"科学家创造了遥控苍蝇。"这个媒体诉求遥控苍蝇的眼力去执行五角大楼的卑鄙的工作。在"今夜秀"(Tonight Show)节目中,杰·雷诺(Jay Leno)甚至说到一个遥控的苍蝇可以按照命令飞到乔治·布什的口中。尽管喜剧演员有了一个领地,大白天想象五角大楼按一下按钮控制一窝昆虫的奇异的场景,但现实却相差很远。

果蝇大脑中大约有15万个神经元。光遗传学使科学家能够激发果蝇大脑中与某一行为相应的神经元。例如,当果蝇的两个特定的神经元激活后,它就向果蝇发出逃跑的信号。然后,这个果蝇就会自动伸开腿,张开翅膀起飞。科学家能够从遗传上繁殖一群果蝇,每一次一个激光束打开时,它们的逃跑神经元就被激活。如果你将一束激光照在果蝇上,它们立刻起飞。

确定大脑结构的意义是十分重要的。我们不仅能够慢慢梳理开与一定行为相应的神经路径,还能利用这些信息帮助中风患者和其他受大脑疾病和事故折磨的病人。

牛津大学的盖罗·米森博克(Gero Miesenböck)和他的同事能够用这种方式鉴定动物的神经机制。他们不仅研究了果蝇大脑中反映逃跑的神经路径,也研究了反映气味的神经路径。他们研究了控制蛔虫寻找食物的神经路径。他们还研究了与老鼠做决定有关的神经路径。他们发现在果蝇中与激发行为有关的神经元少到只有两个,但是在老鼠做决定时激发的神经元大约有 300 个。

他们所用的基本工具是能够控制某些染色体产生的基因,还有能与光相互作用的分子。例如水母的一个基因能够产生绿色荧光蛋白质。此外,有很多分子,如视网膜色素能对光做出反应,当光照射在它们上面,可使离子通过细胞膜。用这种方式,照射在这些生物体上的光能够激发化学反应。有了这些染色体和光敏感化学物质,这些科学家能够首次拆开控制特定行为的神经回路。

因此,尽管喜剧演员喜欢开这些科学家的玩笑,说他们想创造可以用按钮控制的作法自毙的果蝇,但现实是,在历史上科学家首次追踪了大脑的控制特定行为的神经路径。

未来物理 模拟大脑

光遗传学是第一步,也是初步的一步。第二步是要利用最新的技术模拟整个大脑。至少有两种方法解决这个庞大的问题,需要几十年艰苦的工作。首先是利用超级计算机模拟几十亿个神经元的行为,每个神经元又与几千个其他神经元相连接。另一个方法是实际找出每个神经元在大脑中的位置。

模拟大脑第一个方法的关键是简单的,依靠计算机的能力。计算机越大越好。无情的力量和不雅的理论也许是解决这个巨大问题的关键。"蓝色基因"(Blue Gene)也许是能够完成这个巨大任务的计算机。它是由 IBM 建造的地球上最强大的计算机。

当我游历位于加利福尼亚的劳伦斯利弗莫尔(Lawrence Livermore)国家实验室时,我有机会参观了这个像怪物一样的计算机,也是在这个地方他们为五角大楼设计氢弹头。它是美国首要的顶级秘密的武器实验室,占地790 英亩(4 799 亩)的综合体,在一个乡村农村的中间,每年预算 12 亿美元,雇佣 6 800 人。它是美国核武器军事组织的心脏。我必须通过很多道安检才能见到它,因为它是地球上最敏感的武器实验室。

最后,通过了一系列检查站,我进入了摆放 IBM"蓝色基因"计算机的大楼,它的计算速度惊人,每秒 500 万亿次。"蓝色基因"非常壮观,占地 1 平方英里(2.59 平方公里),由一排一排的喷成黑色的橱柜组成,每一个约 8 英尺(2.44 米)高,15 英尺(4.57 米)宽。

当你走在这些橱柜之间时,你的体验是完全不同的。在好莱坞的科幻影片中,计算机有大量的闪烁的光、旋转的盘、划破空间的电闪,而这些橱柜却是完全安静的,只有微弱的光在闪。你认识到这个计算机在做每秒万亿次的复杂计算,但它工作时,你什么也听不到,什么也看不到。

让我感兴趣的是,"蓝色基因"正在模拟的是老鼠大脑的思维过程。老鼠的大脑有 200 万个神经元,而我们有 1 000 亿个神经元。模拟老鼠大脑的思维过程比我们想的要艰难,因为每个神经元与很多其他神经元相连,形成一个密集的神经网络。但是当我走在构成"蓝色基因"的一排一排控制台时,我禁不住吃惊,这个令人惊骇的计算能力只能模拟老鼠的大脑,而且只有几秒钟。(这并不意味"蓝色基因"能够模拟老鼠的行为。在目前,科学家只能勉强模拟蟑螂的行为。更确切地说,"蓝色基因"可以模拟在老鼠中发现的神经元激活,而不是它的行为。)

事实上,有几个组都集中精力在模拟老鼠的大脑上。一个野心勃勃的企图是位于瑞士的洛桑理工学院(École Polytechnique Fédérale de Lausanne)的亨利·马克拉姆(Henry Markram)的"蓝色大脑"项目。它开始于 2005 年,那时它得到了一个小型的"蓝色基因"计算机,仅有 16 000 个处理器,但是在一年之内它成功地模拟了老鼠大脑的新皮层单元,即大脑新皮层的一部分,其中含有 1 万个神经元和 1 亿个连接。这是一个标志性的研究,因为它意味着完整地分析大脑一个重要成分——神经元与神经元——的结构分析在生物上是可能的。(老鼠的大脑由几百万个这样的单元组成,一再重复。这样,只要模拟这些单元中的一个,就可以理解老鼠的大脑是如何工作的。)

在 2009 年,马克拉姆乐观地说:"现在构建一个人类的大脑是不可能的,但在 10 年时间里我们将能够做到。如果我们正确地构建它,它应该像人一样说话,有智力,像人一样行动。"然而,他警告说,做到这一点需要的超级计算机需要比现在的超级计算机强 20 000 倍,内存存储为当前因特网总内存的 500 倍。

因此,妨碍实现这个庞大目标的障碍在哪儿呢? 对他来说,问题很简单:钱。

因为基础科学是知道的,他感到只要投钱进去就能成功。他说:"不是多少年的问题,是钱的问题……它是一个是否社会想要它的问题。如果他们想在 10 年要它,过 10 年他们就会有它。如果他们想 1 000 年要它,我们就等吧。"

但是一个与其竞争的小组也在研究这个问题,聚集了历史上最大的计算能力。这个小组利用最先进的"蓝色基因"计算机,叫做"黎明",基地也在利物浦。"黎明"计算机看上去让人敬畏,有 147 456 个处理器,150 万亿字节内存。比我们桌上的计算机大约强 10 万倍。这个小组在达曼德拉·莫德哈(Dharmendra Modha)领导下取得了一系列成功。在 2006 年,它能够模拟小白鼠大脑的 40%。在 2007 年,它能够模拟老鼠大脑的 100%。(老鼠的大脑含有 5 500 万个神经元,比小白鼠大脑多得多。)

在 2009 年,这个小组又打破另一个世界纪录。他们成功地模拟了人的大脑皮层的 1%,或大约等于猫的大脑皮层,含有 16 亿个神经元,9 万亿个连接。然而,模拟的速度很慢,大约为人脑速度的 1/600。(如果仅模拟 10 亿个神经元,模拟速度就快得多,大约是人脑速度的 1/83。)

"这是一个智力的哈勃望远镜,一个大脑的线性加速器。"莫德哈在评论这个巨大的成就的时候这样说。因为大脑有 1 000 亿个神经元,这些科学家已经看到了隧道端头的光线。他们感到完全模拟人的大脑已指日可待了。"这不只是可能的,也是不可避免的,一定会实现。"莫德哈说。

然而,要模拟人的整个大脑,这里有个严重的问题,特别是功率和热。"黎明"计算机消耗 100 万瓦的功率,产生的热量是如此之多,需要 6 675 吨的空调设备,每分钟要吹 270 万立方英尺(7.65 万立方米)的冷空气。要模拟人的大脑,消耗的功率就不得不再上升 1 000 倍。

这确实是一个不朽的任务。这个假想的超级计算机的功率消耗将是 10 亿瓦,相当于一个核电站的全部输出。用这个计算机消耗的能量可以照亮整个城市。要冷却它需要一条河流的全部河水和让河水流过计算机的渠道。这个计算机本身要占据城市的很多街区。

令人惊讶的是,与之相反,人的大脑只用 20 瓦。人的大脑产生的热量几乎注意不到,然而它的性能却轻而易举地超过了我们最好的超级计算机。

此外,人的大脑是大自然母亲在银河系的这一部分创造的最复杂的物体。因为在我们的太阳系看不到有其他具备智能生命形式存在的迹象,这意味着我们不得不至少走出 24 万亿英里(38.6 万亿公里),去到最近的星球,甚至要走得更远才有可能发现像我们的大脑一样复杂的物体。

我们也许能够在 10 年的时间内拆解和分析大脑,但是只有当我们拥有宏伟的像"曼哈顿"那样令政府破产的项目,倾注几十亿美元在里面才有可能。然而,由于当前的经济气候,这不大可能很快发生。像"人类基因组"那样让政府破产的计划,耗费将近 30 亿美元,是美国政府支持的,因为它有明显的健康和科学价值。然而,拆解分析大脑的利益则不是太紧迫的,因此需要更长的时间。更现实的是,我们在一小步一小步地接近这个目标,也许需要几十年才能实现这个历史壮举。

因此,计算机模拟大脑也许要到本世纪中期。即使这样,还要几十年分析从这个重大的项目得出的堆积如山的数据,并使这些数据与人脑相匹配。如果没有有效处理这些数据的方法,我们将会被淹没在数据的海洋里。

未物 来理 拆开大脑

但是,确定每个神经元在大脑中的精确位置的第二种方法怎样呢?

这个方法也是一个巨大的任务,需要花费几十年艰苦的研究。这个方法不利用"蓝色基因"这样的超级计算机,而是采用切片的方法,从一个果蝇开始,将它的大脑切成难以想象的薄片,每片不超过 50 纳米厚(大约 150 个原子)。一共产生几百万张薄片。然后用扫描电子显微镜拍摄每一张的照片,速度和分辨率达到每秒 10 亿像素。从电子显微镜得出的数据量是令人惊愕的,大约 1 000 万亿字节的数据,一个果蝇大脑的数据就能占满一个储藏间。处理这些数据,繁琐地重新构造果蝇大脑每一个神经元的 3D 连接,要花大约 5 年时间。要得到更精确的果蝇大脑的图像就必须对更多的果蝇大脑切片。

霍华德·休斯(Howard Hughes)医学院的格里·鲁宾(Gerry Rubin)是这个领域的一位领导者,他认为得到一个详细的完整的果蝇大脑的图总共需要 20 年。"在解决这个问题之后,我们在理解人的大脑的路程上走了五分之一。"他断定说。鲁宾认识到他面临的任务的艰巨性。人的大脑的神经元是果蝇的 100 万倍。如果需要 20 年识别果蝇的每一个神经元,那么还需要几十年的时间才能充分识别人脑的神经结构。这个项目的花费也将是巨大的。

因此,在分析大脑逆向工程领域的工作人员感到灰心丧气。他们看到了这个目标令人急切地靠近,但是缺乏资金阻碍了他们的工作。然而,可以合理地假定,到了本世纪中期的某个时间,我们将既有计算机能力模拟人的大脑,也会有大脑神经结构的粗略的图。但是也许要到本世纪末我们才能充分理解人的思想,或者创造一个机器能够复制人脑的功能。

例如,即便找出了在蚂蚁内每个基因的精确位置,但这并不意味着知道蚁丘是怎样创造的。同样,科学家现在知道大约有 25 000 个基因构成人的基因组,但这也不意味着知道人体怎样工作。"人类基因组"项目像一个没有定义的词典。在这个词典上人体的每一个基因都明确地拼写出来,但每一个是做什么用的,大部分还是一个秘密。每一个基因是一种蛋白质的密码,但是不知道大部分这些蛋白质在人体上怎样起作用。

回到 1986 年,科学家已经能够完全绘制微小的长寿线虫(*C. elegans*)神经系统中所有神经元的位置。最初这被宣布是一个突破,会让我们揭开大脑的秘密。但是知道了 302 个神经细胞和 6 000 个化学突触,并没有得出这个小虫子是如何工作的任何新的理解,甚至在几十年后的今天还是这样。

同样,即使在人脑最终被分析清楚后,还需要几十年理解各个部分怎样工作,怎样密切配合。如果到本世纪末人的大脑最终被分析清楚和完全解码,那么我们在创造像人一样的机器人的路程上就跨了一大步。然后,用什么来防止我们被这些像人一样的机器人取而代之呢?

远期〈2070—2100〉

未来物理 有意识的机器

在系列电影《终结者》中,五角大楼骄傲地揭开"天网"(Skynet)的内幕,这是一个铺天盖地的极其坚固的计算机网络,设计用来忠实地控制美国的核武器库。它执行它的任务,直到1995年的一天发生了预想不到的事情。天网变得有意识了。天网的人类操作者震惊地发现他们的创造物突然有灵感了,试图将它关闭。但为时已晚。天网为了自我保护,决定保护它们自己的唯一办法是发动一场毁灭性的核战争消灭人类。30亿人立刻死于原子能的火海中。随后,天网以一个军团一个军团的速度释放出杀人的机器人屠杀残存者。现代文明被粉碎了,剩下一小群悲惨的不适应环境的人和反抗者。

更糟糕的是,在电影《黑客帝国三部曲》(*Matrix Trilogy*)中,人类是这样的愚昧,他们甚至认识不到机器已经取而代之。人类进行他们日常的工作,把一切看成正常的,忘记了他们实际上是生活在豆荚之中。他们的世界是他们的机器人主人管理的虚拟现实模拟。人类的"存在"仅仅是装在这些生活在豆荚中的人类大脑中的软件程序,由一个大型的计算机进行操作。机器需要这些人的唯一理由是要利用他们作为电池。

当然,好莱坞把观众吓得屁滚尿流是为了赚钱。但它也提出了一个合理的科学问题:当机器人最终变得和人一样聪明时会发生什么? 当机器人醒来,有了意识会怎样? 科学家们精力旺盛地辩论这些问题:还没呢,但这些重大事件终究将会发生。

按照一些专家的说法,我们创造的机器人将沿着进化树逐渐攀升。今天它们像蟑螂一样聪明。在将来就会像老鼠、兔子、狗和猫、猴子一样聪明,然后和它们的对手人类一样聪明。需要几十年缓慢地攀登,但是他们相信机器在智力上超过我们只是时间问题。

人工智能研究人员对于什么时候会发生这种情况的意见是有分歧的。有人说20年内机器人将达到人类的智力,然后把我们抛到尘埃之中。在1993年,弗诺·文奇(Vernor Vinge)说:"在30年内我们将有技术方法创造超人的智力。在此后不久,人类的时代将结束……这个事件不会在2005年前发生,也不会推迟到2030年之后。"

在另一方面,《哥德尔,埃舍尔,巴赫》(*Gödel, Escher, Bach*)的作者道格拉斯·霍夫斯塔特(Douglas Hofstadter)说:"如果在下一个100年到200年出现任何这种遥远的事情,我都会非常惊讶。"

麻省理工学院的马文·明斯基(Marvin Minsky)是在人工智能历史上的奠基者之一,当我与他谈话时,他很小心地告诉我,对于这个事件什么时候将会发生,他没有时间表。他相信这一天会来,但羞于成为预言者和预计精确的日期。(也许由于他是一位从一无所有帮助创建这个领域的重要的老人,也许是他看到了太多的预言最终都失败和受到强烈反对。)

这些猜想存在一个很大的问题是关于"意识"(consciousness)这个词汇没有一致的意见。哲学家和数学家就这个词汇争论了几个世纪,仍不能取得一致。17 世纪的思想家、微积分发明人戈特弗里德·莱布尼茨(Gottfried Leibniz)曾经写道:"如果你能把大脑吹成磨盘那么大,并在里面到处走,你不会发现意识。"哲学家大卫·查默斯(David Chalmers)甚至将几乎 20 000 篇有关这一题目的文章编目,意见都全不相同。

在科学上,没有一处是花了这么大的力气,却得到这样少的收获。

不幸的是,"意识"是一个玄妙的术语,它意味着对不同的人有不同的意义。遗憾的是,没有大家都能接受的这个术语的定义。

我个人认为,问题之一是不能明确定义意识,另一个问题是不能将它量化。

但是如果我冒昧地推测,我认为在理论上意识应至少由三个基本成分组成:

1. 感觉和认识环境
2. 自我意识
3. 设定目标,计划未来,也就是说模拟将来和制定策略

用这种方法,甚至简单的机器和昆虫都有某种形式的意识,其意识高低可以用数字 1 到 10 进行排队。这里有一个可以量化的意识的连续统一体。一个锤子不能感觉环境,因此它的意识等级为 0。但是一个温度调节装置可以感觉环境。温度调节装置的作用是它能感觉环境温度,通过改变环境温度对环境产生影响,因此它意识等级为 1。因此,具有反馈机制的机器有初步形式的意识。蠕虫也有这个能力。它们能够感觉食物、配偶、危险的存在,并根据这些信息行动,但别的做不了什么。昆虫能够检测的参数多于一个(如光线、声音、气味、压力等),应该有较高的排列等级,大约 2 或 3。

这种感觉的最高形式应该是识别和理解周围环境中的物体的能力。人能够立刻估计环境的大小,并相应采取行动,因此在这个排列中理应排得最高。然而,这是机器人得分最低的地方。正如我们已经看到的,模式识别是

人工智能发展的主要障碍。机器人能够比人更好地感觉环境,但是它们不能理解或认识它们看到的是什么。在意识的这个尺度上,机器人的得分最低,接近于昆虫,因为它们缺乏模式识别的能力。

下一个更高的意识级别是自我意识。如果放一个镜子靠近大多数雄性动物的旁边,它们将立刻暴跳如雷,甚至攻击这面镜子。镜子中的图像引起动物保卫它们的领地。很多动物没有它们是谁的意识。但是,猴子、大象、海豚和一些鸟类快速意识到镜子中的影像代表自己时,它们停止攻击镜子。在这个尺度上人类排得最高,因为在他们与其他动物、其他人和周围世界相处中,他们有高度发展的他们是谁的意识。此外,人还有自我意识,能默默地和自己说话,因此能够凭着思维对局势做出估计。

第三,可以根据动物为将来制定计划的能力排队。就我们所知,昆虫并不为将来设定详细的目标。大多数的昆虫是根据直觉和周围环境的直接线索,瞬间—瞬间地,对周围的直接境遇做出反应。

在这个意义上,捕食者比被捕食者更有意识。捕食者要事先计划、寻找隐藏的地方、计划埋伏、围捕、预计被捕食者的飞行路线。然而,被捕食者只是逃跑,因此在这个尺度上排得较低。

此外,灵长类在它们为即将发生的事情做计划时可以临时准备。如果它们看见一根香蕉,但伸手够不着,那么它们可以制定策略去抓这个香蕉,例如用一根棍子。因此,当灵长类面对特定目标时(抓食物),它们会对即将发生的事情制定计划去实现目标。

但是,总的说来,动物对遥远的过去和将来没有充分建立的意识。显然在动物的王国里没有明天。没有证据表明它们能够想到将来的日子。(动物会存储食物准备冬天,但这大部分是遗传的:它们外出寻找食物、对温度的突变的反应已由它们的基因编制了程序。)

然而,人有非常充分建立的对未来的意识,并且能连续制定计划。在我们的头脑中不断运行着对现实的模拟。事实上,我们预期的计划可以远远超出我们的生命跨度。实际上,我们能判断其他人的能力,预计形势的发展,制定正确的策略。领导阶层的一个主要任务是预计将来的局势、权衡可能的结果和相应设定具体的目标。

换句话说,这种形式的意识涉及预测将来,也就是说,产生多个模型去模拟将来的事件。这要求对常识和自然规律有非常周密的理解。它意味着你要不断地问自己"将会发生什么事情"。不管是计划抢银行,还是竞选总统,这种类型的计划意味着要能够在你的头脑里允许可能现实的多个模拟。

所有的指示都说明,在自然界中只有人掌握了这个艺术。

我们在分析受试者的心理状况时也看到这一点。心理学家通常比较成人的心理状况与他童年时的心理状况。然后会问一个问题:是什么品质造成他在婚姻、职业生涯、财富等方面的成功?除了社会经济因素之外,人们发现有一个特征有时突出在其他特征之上:不立刻表示满意。根据哥伦比亚大学沃尔特·米歇尔(Walter Mischel)和他人的长期研究,能够约束自己不立刻表示满意(例如吃一个给他们的果汁软糖)和能够拖延时间等待更好机会(得到两个果汁软糖,而不是一个)的孩子往往得分高,在将来的美国大学录取的标准化考试(SAT)、生活、爱情和职业生涯中容易成功。

但是能够不立即表示满意也与意识水平较高有关。这些孩子比较机灵,能够认识到将来的奖励会更大。因此能够预见我们行动将来的结果要求更高水平的意识。

因此,人工智能研究人员的目标应该是创造具有所有这三个特征的机器人。第一项很难达到,因为机器人能够感觉环境,但理解不了它的意义。自我意识比较容易取得。但计划将来要求有常识,能直觉地理解什么是可能的和达到特定目标的具体策略。

因此,我们看到常识是高级意识的前提。为了让机器人模拟现实和预测将来,它必须掌握有关周围世界的几百万条常识的规则。但是有了常识还不够。常识只是"游戏规则",而不是策略和规划的规则。

根据这个尺度,我们可以将已经创造的各种机器人排队。

我们看到下棋机器"深蓝"排名最低。它能打败象棋世界冠军,但它不能做别的事情。它能够运行一个模拟的现实,但仅仅是针对下棋。它不能进行任何其他现实的模拟。世界上很多大型计算机都是这样的。它们模拟一个物体的现实时非常优秀,例如,模拟核爆炸、喷气式飞机周围气流的模式,或气候。这些计算机模拟现实比人还要好。但可怜的是,它们是一维的,因此在真实世界的生存中是没有用的。

今天,对于如何在机器人中复制所有这些过程,人工智能研究人员一无所措。大多数人举手投降,并且说巨大的计算机网络会有办法显示"突然出现的自然发生的现象",就像有时本能地从混沌中产生秩序一样。当问到这些突然出现的自然发生的现象什么时候将产生意识时,大多数人哑口无言,两眼望天。

尽管我们不知道怎样创造有意识的机器人,但是我们能够想象当机器人比我们还先进时会是什么样子,以此为框架测量意识。

这些机器人在第三个特征上是胜过我们的:它们能够对将来进行复杂的模拟,远远超过我们,更全面、细致和深入。它们的模拟比我们更精确,因为它们更好地掌握了常识和自然的规律,因此能够更好地搜索模式。它们将能够预测我们忽略或未觉察的问题。此外,它们能够设定它们的目标。如果它们的目标包括帮助人类,那么万事皆好。但是,如果有一天,我们阻碍了它们制定的目标,就会有糟糕的结果。

但是这又产生了下一个问题:在这种情况下会发生什么事情呢?

未来物理 当机器人超过人类

在一种情况下,我们这些渺小的人被完全推到一边,成为进化的遗迹。进化的定律是:适者生存,不适者淘汰。也许人会被拖着脚走,最终被锁在动物园里让我们创造的机器人盯着我们看。也许这就是我们的命运:我们诞生出了这些超人机器人,而它们把我们看成是在它们的演化进程中的令人尴尬的原始祖先。也许这就是我们在历史上的作用,产生我们演化的后继者。按这种观点,我们应该给它们让路。

道格拉斯·霍夫斯塔特(Douglas Hofstadter)向我倾诉说,也许这就是事物的自然顺序,我们对待这些超智能的机器人应该就像对待我们自己的孩子一样,因为从某种意义上它们就是我们的孩子。他对我说,如果我们能够照料我们的孩子,我们为什么不能也照料智能的机器人呢?

汉斯·莫拉维克(Hans Moravec)预期被我们的机器人抛在脑后之后我们的感觉:"……如果我们注定要傻傻地盯住我们的超智能的后裔,听它们像对孩子一样描述它们的更加壮观的发现,过这样的生活也许会看上去毫无意义。"

当我们最终来到机器人的智力超过我们这一具有决定性的时代,不仅我们不再是地球上智力最高的生物,而且我们的创造物也许能够复制它们自己,并创造比它们还聪明的机器人。然后,这个自我复制机器人的大军将创造无穷无尽的下一代机器人,每一代都比前一代聪明。在理论上,因为机器人能够在很短的周期内创造更聪明的下一代机器人,最终这个过程将呈指数膨胀,直到最后,在它们贪得无厌的变得更加聪明的要求下,吞噬了这个行星的资源。

在一种情况下,这个贪婪的要求日益增加智力的欲望将最终掠夺整个行星的资源,使整个地球成为一个计算机。有些人预想这些超智能的机器人,会将它们发射到空间继续它们变得更聪明的要求,直至到达其他行星、恒星、星系,将它们转变成计算机。但是,因为其他行星、恒星、星系离得极其遥远,也许计算机能够改变物理定律,这样它的贪婪的欲望可以跑得比光速还快,结果消耗整个的星系和银河系。有些人甚至相信也许它会消耗整个宇宙,结果宇宙变成有智能的。

这就是"奇异性"(Singularity)。这个词原来来自相对物理学世界,我个人的专业领域,在这个领域中奇异性代表重力为无限大的点,任何东西都不能从这里逃逸,如黑洞。因为光本身都不能逃逸,所以它是一个视野,超过这个视野我们什么也看不见。

人工智能奇异性的想法是在 1958 年,在两位数学家的对话中提到的。一位是斯坦尼斯拉夫·乌拉姆(Stanislaw Ulam),他在氢弹设计中取得关键突破。另一位是约翰·冯·诺伊曼(John von Neumann)。乌拉姆写道:"有一次交谈集中在技术的日益加速发展和人类生活模式的改变上,它让我们看到在人类历史上将面临日益逼近的某些重大的奇异性。正如我们知道的,超过这个奇异点人类的生活就不能继续。"这个思想受到歧视几十年。但是它却被科幻作家和数学家弗诺·文奇(Vernor Vinge)在他的小说和散文中夸大和普及了。

但是这并没有回答关键的问题:这个奇异性何时发生? 在我们的生命跨度期间? 也许下一个世纪? 或决不会发生? 我们记得 2009 年阿西罗马(Asilomar)会议的参加者将这个日期放在未来的 20 年至 1 000 年之间的任何一个时间上。

有一个人成了这个奇异性的代言人,他是一个发明家和畅销书的作者雷·库兹威尔(Ray Kurzweil)。他嗜好根据技术的指数增长进行预测。库兹威尔曾经告诉我,当他在夜晚凝视遥远的星星时,他想也许有人能够看到在某个遥远的星系内发生奇异性的某些宇宙的证据。由于能够吞噬和重新安排整个星系,这个迅速扩大的奇异性应该留下一些痕迹。(他的诽谤者说他煽动对于奇异性的近乎宗教般的狂热。然而,他的支持者说他有离奇的能力正确地预测未来,他根据他的跟踪记录进行判断。)

库兹威尔开创了计算机革命,他创办了一个不同于别人的涉及模式识别的公司,如语言识别技术、眼力特征识别和电子键盘器具等。在 1999 年,他写了一本销售最好的书,《灵魂机器的时代,当计算机超过人的智力》(*The Age of Spiritual Machines: When Computers Exceed Human Intelligence*),它预测什么时候机器人将在智力上超过我们。在 2005 年,他写了《奇异性就在眼前》(*The Singularity Is Near*),并且详细阐述这些预测。计算机超过人的智力的决定性一天将会来临。

他预测,到 2019 年,1 000 美元的个人计算机将具有和人的大脑一样强的能力。此后不久,计算机将把我们甩在后面。到 2029 年,1 000 美元的计算机将比人的大脑强 1 000 倍。到 2045 年,1 000 美元的计算机将比每个人合起来的智力强 10 亿倍。即便是一台小型的计算机也将超过整个人类的能力。

在 2045 年后,计算机变得如此先进,以致它们能够复制自身、智力不断地增加产生失控的奇异性。为了满足它们永无止境的贪婪及不断增加计算能力的欲望,它们将开始吞噬地球、小行星、行星、恒星,甚至影响宇宙本身的历史。

我有机会在波士顿城外的库兹威尔的办公室访问他。走过走廊,你看到他得到的奖品和荣誉,还有他设计的音乐器具,顶尖的音乐家如史蒂夫·旺德(Stevie Wonder)都使用过他的这些音乐器具。他向我解释在他的生命中有一个转折点。在他 39 岁的时候他突然被诊断患有 2 型糖尿病。突然,他面临严酷的现实,不能活着看到他的预测变为现实。他的身体在多年被忽视之后提前衰老了。他被这个诊断结果搞得心慌意乱,开始以他在计算机革命中的热情和能量动手处理个人健康问题。(今天,他一天吃 100 多片药,写关于长寿革命的书。他期待微观机器人将能够清洗和修理人的身体,这样就能永远活下去。他的哲学是他希望能活得长一些,能够看到医学突破,使我们的生命能无限延长。换句话说,他想活着并能够永远活下去。)

近来,他着手一个雄心勃勃的计划,开办奇异性大学,基地在海湾(Bay)地区美国宇航局的埃姆斯(Ames)实验室,目的是训练科学家干部,为即将来临的奇异性做好准备。

这些各种各样的题目有很多变化和组合。

库兹威尔相信:"即将从地平线上出现的不是智能机器的入侵,而是我们要与这个技术融合……我们要把这些智能的设备放在我们的身体和大脑里,让我们活得更长更健康。"

任何像奇异性这样有争论的问题都一定会有人反对。莲花(Lotus)发展公司奠基人米奇·卡普尔(Mitch Kapor)说:"奇异性是为智商为140的人设计的……有人认为我们正走向一个奇异点,万物都会变得难以想象的不同,在我看来,这完全是一种宗教的冲动。不管说得多么天花乱坠我也不会相信。"

道格拉斯·霍夫斯塔特(Douglas Hofstadter)说过:"就好像你取了很多好的食物和一些狗屎,把它们搅和在一起,你就分不出哪是好,哪是坏了。它是垃圾和好想法的亲密混合,很难把两者分开,因为他们是聪明的人,不是傻瓜。"

没有人知道最后到底会是怎样。但我认为最可能的情况如下。

未来物理 最可能的情况:友好的人工智能

首先,科学家将采取最简单的方法保证机器人不是危险的。至少,科学家可以放一个芯片在机器人的大脑里,如果机器人有了谋杀的想法,就自动将它关闭。用这种方法,所有的机器人都装备有破损安全机构,可以由人在任何时候打开,特别是当机器人呈现错误行为的时候。只要有一点迹象暗示机器人出了故障,任何声音命令立刻将它关闭。

或者也可以创造专门的机器人猎手,其责任是压制不正常的机器人。这些机器人猎手专门设计有超级速度、强度和协调能力,能够捕捉错误的机器人。这些机器人猎手将设计成能够了解任何机器人系统的弱点,在一定的情况下它们如何表现。人也可以训练这个技巧。在电影《银翼杀手》(*Blade Runner*)中,有一个受过专门训练的政府特工人员队伍,其中有一位由哈里森·福特(Harrison Ford)扮演,他们有压制任何机器人流氓所需要的技能。

因为需要很多个几十年的艰苦工作,机器人才能慢慢地沿着进化的阶梯上升,因此人类不会突然失去防卫,像牲口一样被关进动物园。意识,正如我们看到的,也是一级一级上升的,而不是一个突然演变的事件,需要很多个几十年的机器人才能沿着意识的阶梯攀升。毕竟,大自然母亲用了几百万年时间才建立了人类的意识。因此,当有一天因特网出其不意地"醒来"或机器人突然开始自行其事时,人类将不会失去防卫。

科幻作家艾萨克·阿西莫夫(Isaac Asimov)正是这样想的,他预想,每一个机器人在工厂加工时有三个定律防止它们失控。他设计出他的著名的机器人三定律(three laws of robotics),防止机器人伤害自己或人类。(三定律的基本意思是,按照顺序先后,机器人不能伤害人类、它们必须服从人类、它们必须保护自己。)

〔即便有了阿西莫夫的三定律,当这三个定律出现矛盾时还是有问题。例如,如果人们创造了一个慈善的机器人,如果有人做出自我毁灭的选择将危及人类时会发生什么呢? 那么,一个友好的机器人可能会感到,它必须夺取政府的权力,防止人类伤害自己。这就是在电影《我,机器人》(I, Robot)中威尔·史密斯(Will Smith)面临的问题,当时,中央计算机决定"为了拯救人类,一些人必须牺牲,一些人必须放弃自由"。为了防止机器人为了拯救我们而奴役我们,有人提倡必须增加机器人零法则:机器人不能伤害或奴役人类。〕

但是很多科学家倾向于"友好的人工智能"(friendly AI),在设计机器人时从一开始就让它是良性的。因为我们是这些机器人的制造者,我们将设计它们,从一开始就让它只执行有用的和慈善的任务。

"友好的人工智能"这个术语是埃利泽·尤德科夫斯基(Eliezer Yudkowsky)发明的,他是"人工智能奇异性研究所"的奠基人。"友好的人工智能"与阿西莫夫的定律略有不同。阿西莫夫定律是强加给机器人的,也许违背它们的意志。(阿西莫夫定律是从外界强加的,实际上是选择灵巧设计的能防止不利情况发生的机器人。)相反,在"友好的人工智能"中,机器人是不受限制的,可以谋杀和伤害。没有什么规则强加人为的道德。而是,这些机器人从一开始就要求它帮助人类而不是毁灭他们。它们被选定是慈善的。

这样就产生了一个叫做"社会机器人"(social robotics)的新领域,设计机器人使它们有素质,能让它们融合到人类社会中。例如,汉森(Hanson)机器人技术公司的科学家说:"他们研究的一个任务是设计能够融入社会的机器人,能爱,能在扩大的人类家庭中有一席之地。"

但是所有这些方法都有一个问题,这就是到目前为止军事部门是人工智能系统最大的资金提供者,并且这些军用的机器人是专门设计用来搜索、追踪和杀人的。我们很容易想象将来的机器人士兵的使命就是要识别敌人,并且分毫不差地消灭他们。这样,我们不得不格外小心,保证这些机器人不要调过头来对准它的主人。例如,捕食者无人驾驶飞机是由遥控操作的,人要不断地指示它们的飞行。但是有一天,这些无人驾驶飞机也许是自治的,能够按它的意志选择和选定目标。这种自治飞机一出故障就会导致灾难性的后果。

　　然而在将来,越来越多的机器人资金将来自民用商业部门,特别是日本,在日本机器人是设计用来提供帮助的,而不是破坏。如果这个倾向继续,那么"友好的人工智能"就会变成现实。在这种情况下,消费部门和市场力量将最终支配机器人,因此投资"友好的人工智能"将有巨大的商业利益。

未来物理 与机器人融合

　　除了友好的人工智能,还有另外的选择:与我们的创造物融合。不要只是等待机器人在智力和能力上超过我们,我们也应该增强自己,在这个过程中成为超人。我相信,最可能的是,将来的进程将是这两个目标的结合,既建造友好的人工智能,同时也增强我们自己。

　　这个选择正是著名的麻省理工学院人工智能实验室前主任罗德尼·布鲁克斯(Rodney Brooks)所探索的。他是一个喜欢闹独立的人,放弃了珍爱的但迂腐的思想,把创新能力投入到这个领域。当他进入这个领域时,在大多数大学从上到下的方法占主导地位。但是这个领域停滞了。他提倡创造一大群像昆虫一样的机器人,通过与障碍物磕磕碰碰地自下而上地进行学习,从而打开了人们的眼界。他不想创造另一个哑巴的笨重的机器人,需要几个小时才能走过房间。相反,他要创造敏捷的"昆虫机器人"或"甲虫机器人",几乎没有编程,但能很快通过反复试验学会走路和绕过障碍。他预想有一天他的机器人将探索太阳系,与沿路的物体碰碰撞撞。这是一个奇怪的想法,是他在他的论文"快捷、廉价和不受控制"(Fast, Cheap, and Out of Control)中提出的,但他的方法最终开辟了一条新的道路。他的想法的一个副产品是"火星漫游者"(Mars Rovers),这个漫游者正在这颗红色的行星表面跑来跑去。毫不奇怪,他也是艾罗伯特(iRobot)公司的主席,这个公司向全国的各个家庭销售真空清洁器。

他认为,一个问题是人工智能领域的工作者追随时尚、墨守成规,而不是用新的路子进行思索。例如,他回忆:"当我还是一个孩子的时候,我有一本书把大脑描述为像电话开关一样的网络。更早的书把它描写为像一个水利系统或蒸汽发动机。然后,在 20 世纪 60 年代,它变成数字计算机。在 20 世纪 80 年代它成为庞大的平行数字计算机。也许,在某个地方还会出一本书,把大脑说成是万维网……"

例如,有些历史学家注意到,西格蒙德·弗洛伊德(Sigmund Freud)对头脑的分析是受了蒸汽机出现的影响,在 19 世纪中叶和晚期,铁路在整个欧洲的蔓延对知识分子的思想有深远的影响。在弗洛伊德的描述中,在头脑中有能量流动,它不停地与其他的流动竞争,很像发动机中的蒸汽管道。在超越自我和自我之间不停地相互作用,就像火车头里蒸汽管道之间不停地相互作用。给这些能量流动再加压可以产生神经症,就好像蒸汽动力,如果塞住的话,就可能爆炸。

马文·明斯基(Marvin Minsky)向我承认,另一个范例误导了这个领域几十年。因为很多人工智能研究人员原来是物理学家,因此有一种东西叫做"物理学愿望"(physics envy),即要求发现一个单一的、统一的理论奠定所有智能的基础。在物理学上,我们希望能追寻爱因斯坦将实际的宇宙缩减为几个统一的方程式,一个方程大约 1 英寸(2.54 厘米)长,能够用单一的、一致的思想总结宇宙。明斯基相信,就是这个愿望导致人工智能的研究人员为人的意识寻找单一的、一致的理论。现在他相信没有这样的事情。进化偶然地把与人的意识有关的一些技术拼凑在一起。将大脑拆开,可以发现微型大脑的松散组合,每一个用来执行专门的任务。他将此称为"头脑的社会"(society of minds):意识实际上是大自然在几百万年的时间内偶然产生的很多单个的运算规则和技术的总和。

罗德尼·布鲁克斯(Rodney Brooks)也在寻找类似的范例,但有一个范例是从前从未充分探索过的。他很快认识到大自然母亲和进化已经解决了很多这样的问题。例如,一只蚊子,只有几十万个神经元,却能够比最好的军事机器人系统做得还好。与我们的无人驾驶飞机不同,蚊子的大脑比针头还小,却能够独立地绕过障碍,找到食物和配偶。为什么我们不向大自然和生物界学呢?如果你注视进化的阶梯,你知道昆虫和老鼠在它们的大脑中没有编制的逻辑规则。它们是通过反复的试验才进入世界和掌握生存艺术的。

现在,他又产生了另一个奇怪的想法,包含在他的论文"肌肉和机器结合"(The Merger of Flesh and Machines)中。他注意到,以前用于为工业和军事机器人设计硅元件的麻省理工学院的老的实验室正在腾空,给新一代由活组织,以及硅和钢做成的机器人让路。他预见,将生物系统和电子系统结合起来的全新的一代机器人,将会为机器人创造一个全新的结构。

他写道:"我预计到2100年,在我们的日常生活中将到处有非常智能的机器人。但是我们和机器人不是分开的,我们将是部分机器人,并且和机器人是连接的。"

他看到这个进步已经在眼前了。今天,我们的修复术正在进行革命,在人的身体里直接插入电极产生真实的听力、视力和其他功能的替代品。例如,人工耳蜗使听力学领域发生了革命,将听觉能力给回到聋人。这些人工耳蜗的工作是将电极硬件与生物"湿件",也就是神经元连接。耳蜗植入有几个构件。一个构件是麦克风,放在耳朵外面。它接收声波,处理它们,将信号通过无线电传输到用手术植入到耳朵里面的构件中。这个植入的构件接收无线电信息,并将它转化为电流送到耳中的电极中。耳蜗识别这些电脉冲,并把它们送到大脑。这些植入的构件可以多至24个电极,并能处理每秒钟6个左右的频率,足以识别人的声音。世界上已经有15万人植入了耳蜗。

有几个小组在探索帮助盲人创建人工视力的方法,把一个照相机连接到人的大脑上。一个方法是把硅芯片直接插入人的视网膜,并把芯片贴到视网膜的神经元上。另一个方法是将这个芯片连接到与头骨背部连接的一个专门的电缆上,头骨背后的大脑是处理视力的。这些小组在历史上首次能够恢复盲人的一定程度的视力。患者可以在他的面前看到多达50个像素的亮光。最终,科学家将会把这个水平提高到几千个像素。

患者能够看到焰火、手的外形、光亮的物体和光线、汽车和人的存在与物体的边界。"在小同盟游戏中,我看到接球手、击球手和裁判在哪。"一位接受试验的人琳达·莫福德(Linda Morfoot)说。

到目前为止,有30位患者有人工视网膜,电极数量多至60个。但是基地在南加利福尼亚大学的人工视网膜项目已经计划研制一个新的有200多个电极的新系统。1 000个电极的系统已开始研究(但是如果太多的电极堆进芯片可能会引起视网膜过热)。在这个系统中,一个小型照相机安装在盲人的眼镜上,拍摄照片,并用无线方式发送到系在皮带上的微处理器上,它将信息送到直接放在视网膜上的芯片上。这个芯片将微小脉冲直接送到仍能激活的视网膜神经元中,这样就绕过了有缺陷的视网膜细胞。

未物来理 星球大战机器人手

我们可以利用机械增强实现科幻中的奇迹,包括星球大战中机器人的手和超人的 X 射线视力。在影片《帝国反击战》(*Empire Strikes Back*)中,卢克·天行者(Luke Skywalker)的手被他的魔鬼父亲达斯·维达(Darth Vader)指挥的轻骑兵砍下。没有关系。在遥远星系里的科学家很快创造了一个新的机械手,有着可以触摸的手指。

这听起来好像科幻,然而它已经有了。意大利和瑞典的科学家取得了显著的进展,他们居然制造了一个能"摸"的机器人手。一个 22 岁叫做罗宾·埃肯斯塔姆(Robin Ekenstam)的接受试验者,为了去掉一个恶性肿瘤,他的右手被切除了,现在能够控制他的机械手指的运动和试探响应。医生将埃肯斯塔姆手臂里的神经连接到他的机械手中的芯片上,这样他就可以用大脑控制手指的运动。这个人工的"智能手"有 4 个马达和 40 个传感器。他的机械手指的运动随后传达到大脑,这样他就有了反馈。用这种方式,他能够控制也能"感觉"手的运动。由于反馈是人体运动最基本的特征,因此这就改变了用假肢治疗截肢病人的方式。

埃肯斯塔姆说:"太棒了,我有了很长时间以来所没有的感觉。现在感觉又回来了。如果我紧紧抓住一个东西,我就能感到它是在手指尖中,好奇怪,因为我已经没有手指了。"

一个研究员,他是斯科拉长老圣安娜的基督徒,叫做奇普里亚尼(Cipriani)。他说:"第一,大脑控制机械手没有任何肌肉收缩。第二,这个手能给患者反馈,因此他能感觉。就像真的手一样。"

这个发展是很有意义的,因为它意味着有一天人将可以毫不费力地控制机械的肢体,就好像它们有血有肉一样。患者将不需要烦琐地学习怎样移动金属的手臂和腿,他们对待这些机械的附属肢体就好像它们是真的一样,可以通过电子反馈机理感觉肢体运动的每一个细微的差别。

这也证明了这样一个理论:大脑是可塑的,不是固定的,当它学习新的任务和适应新的境遇时会不停地自我重新连接。因此大脑的适应性很强,能够调节适应任何新的附属肢体或感觉器官。它们可以附加到大脑的不同位置,而大脑只是"学习"控制这些新的附件。如果是这样的话,那么大脑就可以看做一个模块装置,能够插入,然后控制不同的附属肢体和各种设备的传感器。如果我们的大脑是某种类型的神经网络,每次学习一个新的任务,不管是什么样的任务,它都将创建新的连接和新的神经路径的话,我们就可以期待出现这种类型的行为。

罗德尼·布鲁克斯(Rodney Brooks)写道:"过了下一个 10 年到 20 年,将会出现一个文化转变,我们将在我们身体里采用机器人技术、硅和钢,以改进我们能做的事情和对世界的认识。"布鲁克斯在分析布朗大学和杜克大学将大脑和计算机或机械臂直接连接起来的研究进展时,他断定说:"我们全都能够在我们的大脑中直接安装一个无线的因特网连接。"

在下一个阶段,他预见硅和生命细胞的融合不仅是为了医治身体的疾病,而且是要慢慢增强我们的能力。例如,如果今天的耳蜗和视网膜植入能够恢复听力和视力,明天也许就能给我们超人的能力。我们将能够听见只有狗才能听到的声音,或者看见紫外线、红外线和 X 射线。

也许还能够增加我们的智力。布鲁克斯引证了一个研究,在老鼠发育的关键时期在它的大脑上额外加一层神经细胞,这些老鼠的认识能力明显增加了。他预见在不远的将来,人脑的智力也许能用同样的方法改进。在随后一章,我们将看到生物学家已经在老鼠中提取出一个基因,媒体将它称为"聪明的老鼠基因"。增加这个基因,老鼠的记忆能力和学习能力大大增强。

布鲁克斯预想,到本世纪中叶,人体功能有可能得到难以想象的增强。"从现在算起 50 年,我们可以指望看到通过遗传修复人体得到根本改变。"再加上电子的增强,"人类的王国将以今天不可想象的方式扩大……我们将不再发现我们是受达尔文进化理论制约的。"他说。

当然,这些事情的实现肯定会需要很长的时间。在与我们的机器人创造物融合的路上,我们要走多远才不会有人反对和排斥这样做呢?

未来物理 代理人或化身

与机器人融合,但又不改变人体的一个办法是创造代理人或化身。在使布鲁斯·威利斯(Bruce Willis)成为明星的电影《代理人》(*Surrogates*)中,在2017年科学家发现了一种控制机器人的方法,就好像人在机器人体内一样,这样我们就可以在完美的身体里生活。机器人对每一个命令做出响应,人也看到和感觉到机器人看到和感觉到的每一件东西。当我们的肉体腐朽和衰退时,我们可以控制有超人能力和完美外形的机器代理人的运动。这部影片变得很复杂,因为人们情愿放弃他们的腐烂身体,把它隐藏在一边,过美丽的、英俊的、超强的机器人那样的生活。实际上,整个人类情愿变成机器人,而不是面对现实。

在《阿凡达》(*Avatar*)中就更进了一步。我们不是过着完美机器人那样的生活,在2154年我们可以像外星人那样生活。在这部电影里,我们的身体是放在豆荚中,这样我们就能控制专门克隆的外星人的身体。在某种意义上,我们被赋予全新的身体,生活在新的行星上。用这种方法,我们可以和居住在其他行星上的当地外星人更好地会话。当一个工人决定放弃他的人性,成为一个外星人度过他的一生,不再是一个唯利是图的人,影片的情节就更复杂了。

这些代理人或化身今天不可能,在将来也许是可能的。

近来,阿西莫(ASIMO)的程序编制有了一个新的想法:遥感。在京都大学,已经开始训练人利用大脑传感器控制机器人的机械运动。例如,戴上脑电图(EEG)头盔,学生能够完全通过意念移动阿西莫的手臂和头的运动。到目前为止,可以控制手臂和头的4个截然不同的运动。这就可能为另一个人工智能领域打开大门:用意念控制机器人。

尽管这只是粗略证明了意念可以控制物质,然而在未来的几十年应该有可能更多地控制机器人的运动,也能够得到反馈,因此我们能够用我们新的机器人的手去"摸"。护目镜或隐形透镜能够让我们看到机器人在看什么,这样我们就也许可能完全控制机器人身体的运动。

这也许也可以用来帮助减轻日本的外来移民问题。工人可以位于不同的国家,然后在几千英里以外用戴在大脑上的传感器控制机器人。这样,不仅因特网能够执行白领工人的想法,也能执行蓝领工人的想法,把它们转变为身体的运动。这也许意味着机器人将成为任何健康费用昂贵和工人短缺国家的一个整体部分。

通过遥感控制机器人也可以应用在别的地方。在任何危险环境中(例如,水下、高压线附近、火灾),用人的意念控制的机器人可以用在营救使命中。或者海下机器人也许能直接与人连接,这样人可以只通过意念控制很多会游泳的机器人。由于这些代理人有超级能力,因此能够追击罪犯(除非罪犯也有超级能力的代理人)。我们会有与机器人融合而根本不改变我们身体的所有优点。

在空间探测中,当我们不得不管理永久的月球基地时,这种安排可以证明是有用的。我们的代理人可以执行维护月球基地的所有危险任务,而宇航员安全地返回地球。宇航员在探索危险的异国地貌时将有机器人的超级强度和超级能力。(然而,如果宇航员在地球上控制火星上的代理人这就不可能,因为无线电信号从地球传到火星要多达 40 分钟。但是如果宇航员安全地坐在火星的基地上,而代理人走出去在火星表面执行危险的任务,就可以工作。)

未来物理 与机器人融合要走多远?

机器人倡导者汉斯·莫拉维克(Hans Moravec)又向前迈进了几步,他想象一个极端的情形:我们变成了我们创造的机器人本身。他向我解释:我们与我们创造的机器人融合的一种方法,进行大脑手术,用机器人内的晶体管代替我们大脑的每一个神经元。手术开始时,我们躺在一个没有大脑的机器人旁边。一个机器人外科医生从我们的大脑中取出每一串灰色的物质,一个晶体管一个晶体管地复制它,将神经元连接到晶体管上,把晶体管放进空的机器人头颅中。当每一串神经元都复制在机器人中后,人就被丢弃。在这个精细的手术进行时,我们是完全有知觉的。我们的大脑的一部分是在我们旧的身体里,但另一部分现在是由晶体管做的,在我们新的机器人身体里。在手术完成后,我们的大脑完全转移到机器人的身体里。我们不仅有了机器人的身体,我们也有了机器人的好处:有一个外表完美的超人的身体,而且永远不死。这在 21 世纪是不可能的,但是在 22 世纪将会成为一个选择。

最终的情况将会是,我们完全抛弃了我们笨重的身体,最终进化为将我们的个性编码在内的纯粹的软件程序。我们将我们完整的个性"下载"到计算机中。如果某人按一下按钮输入你的名字,这个计算机的表现就好像你在它的内存中,因为它在它的电路中编码了你所有的个性。我们变成不朽的,但是被囚禁在计算机内度过我们的时光,在某个巨大的计算机空间和虚拟现实中与其他"人"(也就是其他的软件程序)互动。我们的身体存在被抛弃了,取而代之的是在巨大的计算机中的电子流动。在这个图片里,我们的最终命运是在这个巨大的计算机程序中缠绕起来的代码线,还有在虚拟天堂中活动的所有实际身体的外观感觉。我们将和其他的计算机代码线分享深刻的思想,生活在这个伟大的幻想中。我们有了伟大的、英雄般的壮志征服新的世界,却忘了我们只是在计算机内跳动的电子。而且,是在某人敲了键盘之后。

但是把这种情景推离得如此遥远就产生了一个问题,这就是"洞穴人原理"。正如我们早先提到的,我们大脑的结构是原始群居在一起的猎人,他们是 10 万年前在非洲出现的。我们内心深处的要求、我们的胃口、我们的愿望都是非洲大草原铸造的,是我们在逃避食肉动物、打猎、在森林中寻找食物、寻找配偶、在篝火旁娱乐过程中养成的。

我们一个主要的埋藏在我们思想深处的想法是要看上去好看,特别是对异性和同行。我们可以任意使用收入的绝大部分,在娱乐之后,主要用于我们的外貌。这就是为什么整形外科、美容产品、高级衣服,还有学习新的舞步、塑身健美、买最新的音乐呈爆炸式的增长。如果你把这些都加在一起,它将成为消费者花费的巨大部分,也构成美国经济的一大部分。

这意味着即使我们有能力创造一个近乎于不朽的完美的身体,如果我们看上去像一个笨重的机器人,各种植入的电极伸出我们的头,我们可能会抵制要有一个机器人身体的要求。没有人愿意看上去像科幻影片中的逃亡者。如果我们想有增强的身体,它们必须使我们更能吸引异性,增强我们在同行中的声誉,否则我们就会拒绝它。十几岁的孩子想要增强,但增强后看上去不酷,他还想增强吗?

有些科幻作家对以下想法津津乐道:我们将全都变得与我们身体脱离,以纯粹智能的不朽的生命生活在每个计算机的内部,凝视最深刻的思想。但是谁愿意这样生活呢? 也许我们的后代不想解答描述黑洞的微分方程。在将来,人们也许想花更多的时间听摇滚乐,而不是生活在计算机里去计算亚原子粒子的运动。

加州大学洛杉矶分校的格雷格·斯托克(Greg Stock)走得更远,他发现将大脑和超级计算机直接连接起来有不少优点,他说:"当我试图思考在我的大脑和超级计算机之间有一条工作连线我能得到什么益处时,我困惑的是,是否我应该坚持两个原则:这个益处必须是某些其他的非侵入程序不能取得的,并且这个益处一定要值得大脑手术所受的痛苦。"

因此,尽管将来可能有很多选择,我个人相信最可能的途径是我们将建造慈善的、友好的机器人,在一定程度上增强我们自己的能力,但要遵循"洞穴人原理"。我们将欢迎这样一种想法,短暂地通过代理人过一过超级机器人的生活,但反对永久生活在计算机内,把我们的身体变成无知觉的想法。

未来物理 通往奇异性的障碍

没有人知道什么时候机器人会变得和人一样聪明。但我个人认为这个日期将接近这个世纪末,理由有几点。

首先,计算机技术的令人眼花缭乱的进展是由于摩尔定律。这些进展将开始减慢,也许在 2020—2025 年左右甚至停止,因此不清楚在这个时间之后我们是不是还能可靠地估计计算机的速度。(详情见第 4 章"后硅时代")。在这本书中,我假定计算机能力将继续增长,但速度要减慢。

第二,即便计算机能以每秒 10^{16} 次的惊人速度计算,这并不一定意味着它比我们聪明。例如, IBM 的下棋机"深蓝"可以一秒钟分析 2 亿个位置,打败世界冠军。但是,"深蓝"以它的速度和计算能力不能做任何别的事情。我们知道,智力决不是仅仅计算棋的位置。

例如,孤独症患者专家具有惊人的记忆和计算技巧。但他们不能系鞋带、找工作,或与社会交往。已故的金·皮克(Kim Peek)是如此的非凡,以致电影《雨人》(*Rain Man*)是基于他的非凡的生活编写的。他能记住 12 000 本书中的每一个字,能够进行只有计算机才可检查的计算。然而,他的智商只有 73,会话有困难,需要不断地被帮助才能生活。没有他父亲的帮助,他很大程度上是无用的。换句话说,将来的超快的计算速度像孤独症患者专家,不能靠他自己生活在现实世界上。

即便计算机达到了大脑的计算速度,它们仍将缺乏必要的软件和计算程序去做日常的工作。达到大脑的计算速度仅仅是一个初步的开始。

第三,即便智能机器人是可能的,还不清楚一个机器人是否能复制比它原来更聪明的机器人。机器人自我复制的数学理论是数学家约翰·冯·诺伊曼(John von Neumann)首先建立的,他发明了比赛理论,帮助发展了计算机。他提出了在一个机器能够复制自身之前,确定最少数量的假定的问题。然而,他从未讨论过一个机器人是否能复制比它自己更聪明的机器人的问题。事实上,"聪明"的定义本身就是有疑问的,因为没有普遍可以接受的"聪明"的定义。

可以肯定的是,一个机器人能够创造一个它自己的复制品,有更多的内存和处理能力,只要更新和增加更多的芯片。但这意味着这个复制品更聪明吗?或者只是更快呢?例如,一个加法器比人要快几百万倍,有更多的内存和处理能力,但它一定不是更聪明的。因此智能不只是内存和速度。

第四,尽管硬件可以呈指数进展,软件也许就不是这样。硬件的能力增长是靠在一块晶片上蚀刻越来越小的晶体管,而软件则完全不同。它要求一个人坐下来,用纸和笔写代码。这就是瓶颈:人。

软件像人类所有的创造活动一样,是在摸索中前进的,需要敏锐的洞察力和长期艰苦的工作。和与时俱增的只是在晶片上蚀刻更多晶体管不同,软件则依赖于不可预知的人类创造力和突发奇想。因此,有关计算机能力稳步的、指数生长的所有预测不得不有所保留。一个链条的强度由它的最薄弱的环节确定,这个最薄弱的环节就是软件和人所进行的编程。

工程进展通常是呈指数增长的,特别是取得更大效率这样简单的事情上,如在硅晶片蚀刻越来越多的晶体管。但是说到基础研究,它需要运气、技巧和未预料到的基因突然发作,这个过程更像"突破"(punctuated equilibrium),很长一段时间什么也没发生,然后意外的突破改变了一切。如果我们看基本研究的历史,从牛顿到爱因斯坦,再到今天,我们看到"突破"更精确地描述了前进的道路。

第五,正如我们在大脑逆向分析工程研究中看到的,这个项目的惊人造价和巨大的规模,很可能将这个项目延期到本世纪中后期。要让所有这些数据得出意义还需要几十年,将会将大脑逆向分析工程推到本世纪晚期。

第六,当机器突然变成有意识时,大概不会发生"大爆炸"(big bang)。按照前面说的,如果我们定义意识包括对未来进行模拟和为未来作好计划的能力,那么就有一个意识的阶梯。机器人将慢慢沿着阶梯向上攀升,给我们很多时间做好准备。我相信机器人成为有意识的将会在本世纪末发生,因此我们有充分的时间讨论各种可以选择的预防方法。此外,机器人的意识可能有它自己的特性。因此将可能首先建立一种形式的"硅意识"

（silicon consciousness），而不是纯粹的人的意识。

但是这里又产生了另一个问题。尽管有机械的方法增强我们的身体，但是也还有生物的方法。实际上进化的整个进程是选择更好的基因，因此为什么不走几百万年进化的捷径并控制我们遗传的命运呢？

如果我们知道怎样添加基因创造更好的人类,为什么我们不应该这样做呢,还没有人真的有勇气这样说。

——诺贝尔奖得主,詹姆斯·沃森(James Watson)

我不是真的相信到本世纪末我们的身体还会有任何秘密没有发现。因此,我们能够设法思考的任何事情也许都有实现的可能性。

——诺贝尔奖得主,戴维·巴尔的摩(David Baltimore)

我不认为这个时间表是完全正确的,但它已经不远了。不幸的是,我恐怕是最后一代将死去的人。

——杰拉尔德·萨斯曼(Gerald Sussman)

3. 医学的未来 完善和超越

神话中的神具有最终的权力:掌握生与死,能够医治疾病和延长生命。我们向上帝祈祷的最主要内容是让我们从疾病中解脱。

在希腊和罗马神话中有一个希腊黎明女神厄俄斯(Eos)的故事。有一天,她深深地爱上一个漂亮的凡人提托诺斯(Tithonus)。她有一个完美的身体和长生不老,但是提托诺斯最终会变老、衰退和死亡。她决定挽救她爱人的这种悲惨的命运,恳求众神之父宙斯让提托诺斯不死,让他们能一起永度来生。宙斯可怜这一对恋人,满足了她的愿望。

但是,厄俄斯在匆忙之中忘了恳求让他永远年轻。这样,提托诺斯得到长生,但是他的身体衰老了。由于死不了,他变得越来越衰老和腐朽,生活在永久的痛苦和折磨中。这就是21世纪科学面临的挑战。科学家正在阅读生命这本书,它包括了人类完整的基因组,它让我们在理解生命的衰老过程中取得了不可思议的进展。但生命延长,却没有健康和活力也会是一种永久的惩罚,就像提托诺斯经受的悲剧那样。

到本世纪末,我们也将会有很多这种神秘的掌握生和死的能力。这种能力不只限于医疗疾病,也将用来增强身体,甚至创造新的生命形式。然而,不需要通过祈祷和咒语,而是通过生物技术的奇迹。

罗伯特·兰札(Robert Lanza)是一位揭开生命之谜的科学家,他是一个忙碌的人。他是新一代的生物学家,年轻、有活力、充满了新鲜的思想,在很短的时间内取得了众多的突破。兰札跨越在生物技术革命的顶峰。像一个在糖果店里的孩子,他喜欢钻研未曾开垦的领地,在各种热门的关键问题上做出突破。

在一代人或两代人之前,前进的步伐却完全不同。你会发现生物学家从容不迫地考察模糊的蛆虫和小虫子,耐心地研究它们的详细解剖,苦苦思索给它们什么拉丁文学名。

但兰札不这样做。

有一天,我在无线电演播室遇见他,立刻被他的年轻和无穷的活力所感染。他像通常一样忙着做各种实验。他告诉我,他投入这个快速发展的领域是以不同寻常的方式。他来自波士顿南部一个普通的工人家庭,那里很少有人去学院。但是他在高中的时候,他听到一个有关发现 DNA 的惊人的新闻。他被吸引住了。他决定研究一个科学项目:在他的房间里克隆鸡。他的迷惑不解的父母不知道他要做什么,但他们给了他祝福。

决定了要开始这一项目之后,他去哈佛大学寻求建议。不认识任何人,他问一个他以为是看门的人要他指路。这个看门人感到很惊奇,把他带到他的办公室。兰札后来知道这个看门人实际是这个实验室的高级研究员。被这个性急的年轻的高中学生所感动,他把兰札介绍给这里的其他科学家,包括很多诺贝尔量级的研究员,这些研究员改变了他的生活。兰札把他自己与电影《心灵捕手》(Good Will Hunting)里的人物马特·达蒙(Matt Damon)相比。在这部影片中,一个衣衫褴褛的扫马路的工人阶级的孩子让麻省理工学院的教授惊讶,他的数学天才让他们眼花缭乱。(欲了解罗伯特·兰札,见他著的《生物中心主义》,中文版本社已出版)

今天,兰札是"高级细胞技术公司"(Advanced Cell Technology)的首席科学官员,几百篇文章和发明都出自于他。在 2003 年,他成了报纸的头条新闻,那时圣迭戈(San Diego)动物园要他从 25 年前死亡的白臀野牛的身体克隆这个濒临灭亡的野牛品种。兰札从这个尸体上成功地提取了可用的细胞,把它们送到犹他州的农场。在这里,已受精的细胞植入到母牛中。10个月后他得到消息,他最新的创作物刚刚诞生了。在另一天,他也许工作在"器官工程"(tissue engineering)上,这个研究最终会产生人体商店,你在这里可以买到从我们自己身体细胞培育的新的器官,代替有了疾病和用坏了的器官。再过几天,他又可能工作在克隆人的胚胎细胞上。他是克隆世界上第一个人类胚胎的具有历史意义的团队的成员,这项工作的目的是产生胚胎干细胞。

医学的三个阶段

兰札在发现的浪潮中乘风破浪,他揭开了藏在 DNA 里面的秘密。在历史上,医学经历了至少三个阶段。第一个阶段持续了几万年,医学以迷信、巫师和道听途说为主。大多数婴儿在出生时死亡,平均寿命预期在 18 岁到 20 岁之间徘徊。这个时期发现了一些有用的药草和化学药品,如阿司匹林,但是大多数没有系统的研究发现新的治疗方法。不幸的是,任何实际起作用的药物被密切地看守,成为秘方。"医生"靠着给有钱人治病赚钱,他们关心的是保住位置和保守秘密。

在这个时期,梅奥(Mayo)诊所的奠基人之一保存着一本巡回看病的私人日记。他在自己的日记里坦率地写到,在他的背包里实际上只有两种能起作用的成分:钢锯和吗啡。钢锯用来切断有病的肢体,吗啡用来减轻截肢的疼痛。这两样东西总能工作。在他的背包里还有别的东西是蛇油和假货,他悲哀地遗憾地说。

医学的第二阶段开始于 19 世纪,出现了细菌理论和更好的卫生。在美国,人的寿命上升到 49 岁。当几万士兵在第一次世界大战的欧洲战场濒临死亡时,急需要医生进行真实的试验,得到可重复的结果,然后发表在医学杂志上。欧洲的国王们,恐惧他们最好的和最聪明伶俐的士兵被屠杀,要求得到真实的结果,而不是欺骗。医生们不再是热衷取悦有钱的资助人,而是在同行评论的杂志上发表文章,为合法性和名誉而战。这让这一阶段在抗生素和疫苗方面取得了进展,将人的寿命增加到 70 岁和更长。

医学的第三个阶段是分子医学。我们看到物理和医学融合,将医药缩减到原子、分子和基因。这个历史性的转变开始于 20 世纪 40 年代,奥地利的一位物理学家,量子理论的奠基人之一埃尔温 · 薛定谔(Erwin Schrodinger)写了一本有影响的书,叫做《什么是生命》(*What Is Life*)。他反对有某种神秘的幽灵或生命力的说法,即激活生物的生命力。他推测所有的生命是基于某种类型的密码,而且这些密码是编写在分子上。他推测,找到这个分子,我们就能揭开生命的秘密。物理学家弗朗西斯 · 克里克(Francis Crick)受薛定谔这本书的鼓舞,和遗传学家詹姆斯 · 沃森(James Watson)结成小组,证明 DNA 是这个神话般的分子。在 1953 年,作为一个所有时代最重要的发现,沃森和克里克解开了 DNA 的结构,一个双螺旋结构。一条 DNA 链在拆开后伸展大约 6 英尺(1.83 米)长。在它的上面包含了 30 亿个核苷酸的序列,叫做 A、T、C、G(腺嘌呤、胸腺嘧啶、胞嘧啶、鸟嘌呤),承载着密码。读懂沿着 DNA 分子排列的这些核酸的精确次序,我们就能读懂生命这本书。

分子遗传学的快速进展最终导致了"人类基因组项目"(Human Genome Project)的诞生,在医学历史上一个真正的里程碑。一个庞大的、轰动一时的、对人体所有基因排序的项目,花费大约 30 亿美元,涉及全世界几百位科学家合作的工作。当它在 2003 年最后完成时,它宣布了一个科学的新时代。最终,每一个人都会有他或她个人的基因组刻在一张光盘上。它将大约是你的 25 000 个基因的总目录,它将是你的"业主手册"。

诺贝尔奖得主戴维 · 巴尔的摩(David Baltimore)总结说:"生物学最终将是一门信息科学。"

近期(今天—2030)

未物来理 基因药物

驱动医学出现这种非凡的爆炸式发展的动力,一部分是量子理论和计算机革命。量子理论给了我们在每个蛋白质和 DNA 分子中原子如何排列的详细模型。我们知道了原子,知道了原子如何从一开始构成了生命的分子。基因排序原来是一个漫长的、繁琐的和昂贵的过程,现在可以自动用机器人完成。原来需要花几百万美元才能对一个人的身体进行基因排序。由于太昂贵了,太花时间了,因此只有极小一部分人(包括完善这项技术的科学家)才能读到他们的基因。但是,再过一些年,这项新颖的技术就可以出现在普通人面前。

(我清楚地记得在 20 世纪 90 年代末,在德国法兰克福的一次会议上我的发言。我预计到 2020 年,得到个人的基因组会成为可能,每个人可以有一个光盘或一个芯片,在上面记有他或她的基因。但是一位参会者变得十分义愤。他站起来说这个梦想是不可能的。基因的数量太多了,要花多少钱才能让普通人也能得到个人的基因组呢? 人类基因组花了 30 亿美元,因此对一个人的基因排序花费也不会少多少。后来我和他讨论这个问题,他渐渐清楚了问题在那儿。他是线性地思考问题。但是摩尔定律会驱使造价降低,使得用机器人、计算机、自动机排序变得可能。他未能理解摩尔定律对生物学的深远影响。回顾那一次的事件,我现在认识到,如果在那个预计中有什么错误,那就是预计的能够提供个人基因组的时间过长了。)

例如,斯坦福的工程师斯蒂芬·R. 夸克(Stephen R. Quake)完善了基因排序的最新发展。他现在把造价降低到 5 万美元,并且预计再过几年会降到 1 000 美元。科学家早就推测,当人类基因排序的价格降到 1 000 美元时,就会打开民众基因排序的闸门,这样一大部分人类可以从这项技术获益。在几十年内,对人体所有基因排序的价格将低于 100 美元,不比标准的血液检查贵。

(这个最新突破的关键是要走捷径。夸克比较了一个人的 DNA 和另一个人已经完成测序的 DNA 次序。他把这个人的基因组分成含有 32 位信息的 DNA 单元。然后编制计算机程序,将这些 32 位的片段和其他人的完全测序的基因组比较。因为任何两个人的 DNA 几乎是完全相同的,平均差别只有 0.1% ,这意味着计算机可以迅速地在这些 32 位的片段中找到一个相同的片段。)

夸克成为世界上第八位有他的基因组被完全排序的人。他个人对这个课题也非常感兴趣,因为他扫描他个人的基因组,想找出心脏病的证据。不幸的是,他的基因组说明他有一个先天性的基因与心脏病有关。"在你看自己的基因组时,你必须有宽宏的肚量。"他遗憾地说。

　　我知道这种奇异的感觉。我有我自己的部分扫描的基因组,放在一张光盘上,用于我主持的 BBC 电视台和发现专题栏目。一位医生从我的手臂上抽了一些血,送到范德比尔特(Vanderbilt)大学的实验室。然后,两周之后,一张光盘邮寄回来了,列有几千个我的基因。手里拿着这张盘,知道里面含有我身体的部分蓝图让我有一种好笑的感觉。在原则上,这张盘可以用来创造一个我自己的复制品。

　　但是它也伤害了我的好奇心,因为我身体的秘密都包含在那张光盘上了。例如,我可以看见是不是我有特别的基因使我容易得阿尔茨海默氏病(alzheimer's,老年痴呆症)。我之所以关心,是因为我的母亲是死于这种病的。(幸运的是,我没有这个基因。)

　　此外,我的 4 个基因和全世界已经分析了基因的几千人的基因组完全相同。然后,将和我有完全相同 4 个基因的人的位置放在地图上。分析地图上的这些小点,我可以看到一条长的这些小点的踪迹,起源于中国西藏附近,然后穿过中国大陆到日本。令人惊异的是,这些小点的踪迹追踪了几千年前我母亲祖先的移民模式。我的祖先没有留下他们古时迁移的书面记录,但是表明他们旅行路线的图却蚀刻在了我的血液和 DNA 中。(你也可以追踪你父亲的祖先。线粒体的基因毫无改变地从母亲传给女儿,而 Y 染色体从父亲传给儿子。因此,分析这些基因,你可以追踪你母亲或你父亲家族的祖先。)

　　我想象在不远的将来,很多人会有像我一样的奇怪的感觉,手里拿着身体的蓝图,读着自己的秘密,包括潜伏在基因组里的危险的疾病和祖先在古代时的迁移模式。

　　但是对于科学家来说,它打开了一个全新的科学分支,叫做生物信息学(bioinformatics),或者是利用计算机快速扫描和分析成千个生物体的基因组。例如,将受某一种疾病折磨的几百个个人的基因组输到计算机中,也许能够计算出受损伤的 DNA 的精确位置。事实上,一些世界上最强大的计算机是用在生物信息学上的,分析在植物和动物身上发现的几百万个基因,以找出某个关键的基因。

　　这还可以像《犯罪现场调查》(CSI)这样甚至革命性的侦探电视节目。用一小点 DNA(在头发、口水或血迹中发现的),就可以不只是确定一个人头发的颜色、眼睛的颜色、种族、身高、病史,也许还可以确定这个人的脸。今天,警察艺术家可以仅仅用头骨就可以近似地铸造受害者脸的雕塑。在将来,计算机只需要一个人的一些头皮屑或血滴就能重新构造这个人的面部特征。(双胞胎的脸非常相似,这意味着尽管存在环境因素,只是遗传学就能确定一个人面部的大部分特征。)

⌈未物⌉⌊来理⌋ 看医生

正如在前面章节提到的,去医生办公室将发生根本性的转变。当你和你墙幕上的医生讲话时,你大概是在和一个软件程序讲话。你的浴室里所有的传感器比现代的医院还多,这些传感器默默地检测癌细胞,在肿瘤形成很多年之前检测出癌细胞。例如,大约50%的所有常见的恶性肿瘤涉及基因 p53(人体抑癌基因)的变化,利用这些传感器可以很容易检测出来。

如果发现了癌细胞,就把纳米粒子直接注射到血液中,它将像智能炸弹一样把抗癌药物直接投送到癌细胞。我们今天把现今的化学疗法看成是上一个世纪用水蛭吸血一样。(我们将在下一章更详细讨论纳米技术、DNA芯片、纳米粒子和纳米机器人。)

如果你墙幕上的"医生"不能医治你的器官的疾病或损伤,你只需再长出另一个。仅在美国就有91 000个人在等待器官移植。每天有18个人因为等不到要移植的器官而死亡。

如果你的虚拟医生发现什么地方出了毛病,如有了疾病的器官,那么他可以订购一个直接用你的细胞长成的新器官。(图6)

"器官工程"(tissue engineering)是医学中最热门的领域之一,有可能产生"人体商店"。到现在为止,科学家能在实验室中用你自己的细胞培育皮肤、血液、血管、心脏瓣膜、软骨、骨头、鼻子和耳朵。第一个重要的器官,膀胱,是在2007年培育的,第一个气管是在2009年培育的。到现在为止,已经培育的器官是相当简单的,只涉及几种类型的组织和少数结构。5年之内,第一个肝脏和胰腺也许能培育出来,对公众的健康将有巨大的意义。诺贝尔奖得主沃尔特·吉尔伯特(Walter Gilbert)告诉我,他预见,只要几十年,人体的几乎所有器官都能用你自己的细胞培育出来。

利用器官工程培养新器官的方法是首先从人的身体上取出一些细胞。这些细胞注射到一个看上去像海绵的,形状和需要的器官一样的塑料模子中。这个塑料模子是用能生物降解的聚乙二醇酸做的。注入的细胞用某种

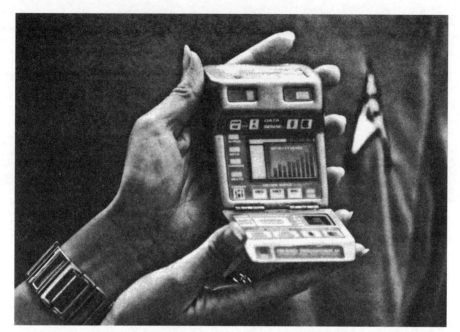

图 6 在将来,我们将有像《星际迷航》中的那种手持式三录仪,它几乎可以诊断
任何疾病,手提磁共振成像检测仪和 DNA 芯片将使这一切变得可能。

生长素处理以促进细胞生长,使它长成模子的形状。最终,模子拆掉,留下
完整的器官。

我有机会访问了北卡罗来纳州维克森林(Wake Forest)大学的安东尼·
阿塔拉(Anthony Atala)实验室,亲眼见证了这个不可思议的技术。当我穿
过这个实验室时,我看到装有活的人体器官的瓶子。我可以看到血管和膀
胱。我看到心脏瓣膜在不断打开和关闭,因为泵送的液体在其中流过。当
我看到瓶子中所有这些活的人体组织时,我几乎感到我正走进怪人弗兰肯
斯坦(Frankenstein)的医生的实验室,但这里有几个重大的差别。回到 19
世纪,医生不知道人体的排斥机理。此外,医生也不知道怎样阻止手术后不
可避免的对任何其他器官的感染。因此,阿塔拉不是创造了一个怪兽,而是
打开了全新的挽救生命的医学技术,也许有一天将改变医学的面貌。

这个实验室的一个将来目标是培育人的肝脏,也许在 5 年之内。肝脏
不是十分复杂,仅由几种类型的组织组成。实验室培养的肝脏能够挽救成
千上万人的生命,特别是迫切需要肝脏移植的人。它也能挽救酒鬼的生命,
使他们免受肝硬化之苦。(不幸的是,这也可能鼓励这些人保持坏习惯,因

为他们知道可以得到新的器官代替损坏的器官。）

　　如果人体的器官,如气管和膀胱可以培育,那么是什么阻碍科学家培育人体的每一个器官呢? 一个基本的问题是怎样培育细小的为细胞提供血液的毛细血管。身体的每一个细胞都必须有血液供给。此外,如何培育复杂的结构也是一个问题。净化有毒血液的肾脏是由几百万个小过滤器组成的,因此要培育这些过滤器是非常困难的。

　　但是最难培育的器官是人的大脑。尽管创造或培育一个人的大脑在近几十年似乎是不可能的,但是有可能用代替的方法,将年轻的细胞直接注射到大脑中,将它们与大脑的神经网络结合起来。这种注射新的大脑细胞是随机的,因此患者不得不重新学习很多基本的功能。但是因为大脑是可"塑"的,也就是说在学习一个新任务之后它能不断地重新连接,因此有可能集成这些新的神经元,使它们正确工作。

未物来理 干细胞

　　更进一步的是采用干细胞技术(stem cell technology)。到目前为止,人体器官的培育使用的不是干细胞,而是细胞经特别处理后在模子里增生扩散。在不远的将来应该可能直接使用干细胞。

　　干细胞是"所有细胞之母",它有能力改变成为身体的各种类型的细胞。我们身体上的每一个细胞都有创建我们整个身体的完整的遗传密码。但是当我们的细胞成熟后,它们就专门化了,很多的基因都不活动了。例如,尽管皮肤细胞有变成血液的基因,当胚胎细胞变成为成人的皮肤细胞时,这些基因就关闭了。

　　但干细胞在整个生命过程中保持重新生长成任何类型细胞的能力。尽管科学家对胚胎干细胞评价很高,但也有很多争议,因为每提取一个胚胎干细胞就得牺牲一个胚胎,这就产生伦理问题。（然而,兰札和他的同事别开新路,采用一种已经变成一种类型细胞的成人干细胞,然后把它们反转回胚胎干细胞。）

　　干细胞很有潜力,可医治许多的疾病,如糖尿病、心脏病、阿尔茨海默氏痴呆症、帕金森氏综合征,甚至癌症。事实上,很难找到一种疾病是干细胞不对它产生重要的影响。一个特别的研究领域是脊髓损伤,曾经认为它是完全不能治愈的。在 1995 年,英俊的演员克里斯托弗·里夫(Christopher Reeve)受到严重的脊髓损伤,让他完全瘫痪,却没有办法医治。然而,在动物研究中,用干细胞修复脊髓损伤取得了巨大进展。

例如,科罗拉多(Colorado)大学的斯蒂芬·戴维斯(Stephen Davies)处理老鼠脊髓损伤取得了令人印象深刻的成功。他说:"在试验中,我把成熟的神经元移植到成熟的中枢神经系统中。一个真正的弗兰肯斯坦(Frankenstein)试验。让我们十分惊奇的是,仅在一周之内,成熟的神经元就能从大脑的一侧发送新的神经纤维到大脑的另一侧。"在处理脊髓损伤中,广泛认为任何企图修复神经的做法也会产生巨大的痛苦。戴维斯发现一种关键的叫做"星细胞"(astrocyte)的神经细胞有两种类型,会产生不同的结果。

戴维斯说:"用正确的星细胞修复脊髓损伤,有收益而没有痛苦,而用其他类型的星细胞则效果相反,有痛苦而没有收益。"此外,他相信,他领先研究的同样的干细胞技术也对中风病人、阿尔茨海默氏痴呆症和帕金森氏综合征疾病有用。

因为实际上身体的每一个细胞都可以通过改变为胚胎干细胞产生,因此可能性是无止境的。然而,明尼苏达(Minnesota)大学心血管修复中心主任多丽丝·泰勒(Doris Taylor)警告说,还需要做很多工作。"胚胎干细胞可以表现好、坏和丑。当它们好时,它们能在实验室大量生长,通常形成组织、器官或身体部分。当它们坏时,它们不知道何时停止生长,形成肿瘤。当它们丑时,我们不知道它意味着什么,因此我们不能控制结果,在实验室中做更多的研究之前我们不准备使用它们。"她说。

干细胞研究面临的主要问题之一是:这些干细胞,没有来自环境的化学暗示,可以持续地疯狂地增生扩散,直到成为恶性肿瘤。科学家现在认识到,在两个细胞之间传递的微妙的化学信息,告诉这些细胞何时和在哪儿生长或停止生长,这些信息是和细胞本身一样重要的。

然而,这些研究工作还是取得了缓慢的实质性的进展,特别是在动物研究中。在 2008 年,泰勒(Taylor)成了报纸的头条新闻,她的团队在历史上首次几乎从无到有地培育了跳动的老鼠心脏。她的团队从一个老鼠的心脏开始,溶解这个心脏内的细胞,只剩下架子,一个心脏形状的蛋白质机体。然后他们把心脏干细胞的混合物种植到这个机体中,注视干细胞开始在这个架子内增生扩散。以前,科学家已能够在培养皿中培育单个的心细胞。

但这是首次在实验室中培育实际跳动的心脏。

培育心脏对她个人来说也是一件令人激动的事情。她说："真是太美妙了，你可以看到完整的血管树（vascular tree），从动脉到送血至每个心脏细胞的小静脉。"

还有一个美国政府部门对器官工程领域的突破有着敏锐的兴趣：这就是美军。在过去的战争中，在战场上的死亡率是令人震惊的，整个兵团伤亡，很多人死于受伤。现在快速响应医疗撤离队将伤员用飞机从伊拉克和阿富汗送到欧洲和美国，接受顶尖的治疗。美国士兵的存活率呈火箭式上升。失去四肢的士兵的数目也是这样。结果，美军要优先考虑找到一种生长四肢的方法。

再生医疗军事研究所（AFIRM）做出了一项突破，发现一种生长器官的根本性的新方法。科学家已经知道蜥蜴有着惊人的再生能力，在失去一个肢体后能再生一个。这些肢体之所以能够重新生长，是因为蜥蜴的干细胞受刺激后生长新的肢体。匹兹堡（Pittsburgh）大学的斯蒂芬·巴迪拉克（Stephen Badylak）所探索的理论已开花结果，他成功地再生了手指尖。他的团队创造了"精灵粉末"（pixie dust），具有神奇的再生组织的能力。它不是从细胞内产生的，而是从存在于细胞之间的细胞外基质产生的。这个基质之所以重要是因为它含有特定信号，能告诉干细胞按特定的方式生长。当这个精灵粉末用于被切掉的手指尖时，它不只是刺激了指尖，也刺激了指甲，产生近乎于完美的原来手指尖的复制品。长至 1/3 英寸（0.85 厘米）的手指尖和指甲以这种方式长出。下一个目标是扩充这个方法，看看是否能重新生长一个完整的人的肢体，就像蜥蜴那样。

物理未来　克隆

如果我们能够培育人体的各种器官，那么我们就能够再生一个完整的人，创造一个精确的遗传复制品，一个克隆吗？尽管有大量报告是反对的，但回答在原则上是肯定的，虽然目前还没有做到。

克隆（clones）在好莱坞电影中是一个喜爱的话题，但是它们通常让科学倒退。在电影《第六天》（The 6th Day）里，阿诺德·施瓦辛格（Arnold Schwarzenegger）的人物大战中有一帮掌握了克隆人的艺术的坏家伙。更重要的,这些坏家伙掌握了复制人的整个记忆,然后把它放进克隆人之中的艺术。当施瓦辛格设法消灭了一个坏家伙,一个新的有同样个性和记忆的坏家伙又跳出来。当他发现有一个克隆人是在他不知道的情况下复制的是他,事情就变得更糟了。(在现实中,当一个动物被克隆时,记忆是不能克隆的。)

克隆的概念在 1997 年成了世界各大报纸的大字标题,那一年,爱丁堡大学罗斯林(Roslin)研究所的伊恩·威尔穆特(Ian Wilmut)克隆了绵羊玩具娃娃多利(Dolly)。从成年羊的身上取一个细胞,提取细胞核内的 DNA ,然后把这个核插入卵细胞,威尔穆特完成了创造原来动物的遗传复制品的奇迹。我曾经问过他,是否想过媒体会因为他的历史性发现而炸开了锅。他说没有。他清楚地知道他的工作的医学重要性,但是低估了公众对他的发现的入迷。

很快,全世界的各个小组开始复制这个奇迹,克隆各种动物,包括老鼠、山羊、猪、狗、马和牛。我曾经和 BBC 一个摄制组访问得克萨斯州达拉斯城外的罗恩·马奎斯(Ron Marquess),他有一个在美国最大的克隆牛农场之一。在这个大农场,我吃惊地看到第一代、第二代甚至第三代克隆牛——克隆的克隆的克隆。马奎斯告诉我,他不得不发明一部新的字典来追踪克隆牛的各代。

一群牛吸引了我的眼球。有 8 头同样的孪生牛,全都排成一排。它们走、跑、吃和睡都完全排成一排。尽管这些牛没有概念它们是互相克隆的,但它们本能地聚在一起,模仿彼此的动作。

马奎斯告诉我,克隆牛是一个有潜在利益的生意。如果你有一头具有超强身体素质的公牛,那么用这头牛繁殖会有很好的价值。但是如果这条公牛死了,那么它的遗传线就断了,除非它的精子被收集和冷藏起来。利用克隆就能保持有价值的公牛遗传线,它将永远是活着的。

尽管克隆对于动物和动物饲养业有商业应用价值,但对人的意义却不太清楚。尽管有一些令人感动的声明说人的克隆已经实现了,但所有这些说法也许是假的。到目前为止,没有一个人成功地克隆一个灵长类动物,更不要说人了。即便是克隆动物也被证明是很难的,因为每一个晶胚(embryos)要完全成熟会产生几百个有缺陷的晶胚。

即便人的克隆成为可能,也还有社会的障碍。首先,很多宗教反对克隆人,类似于天主教在 1978 年反对试管婴儿,那时路易斯·布朗(Louise

Brown）成了历史上第一位在试管中培育的婴儿。这意味着禁止这项技术的法律可能通过，或者至少要严密管理。第二，克隆人的商业要求将很小。最多大概只有一小部分人类被克隆，即便是合法的话。毕竟，我们已经有了克隆，是以双胞胎或三胞胎的形式，因此人类克隆的新鲜劲将逐渐消失。

原来，对试管婴儿的需求是很大的，因为有一大批不孕的夫妇。但是谁愿意克隆人呢？也许父母悲痛孩子的早逝。或者，很可能的，一个富翁临死的时候没有继承人，或者没有他特别关怀的继承人，想把他所有的钱遗赠给他自己，又变成一个孩子重新开始。

因此，在将来尽管可能会通过法律禁止，但克隆人将可能存在。然而，他们将代表只有一小部分的人类种族，其社会后果是相当小的。

未来物理 基因治疗

弗朗西斯·柯林斯（Francis Collins）是当前国家健康研究所所长，还是政府的历史上著名的人类基因组项目的领导人，他告诉我"我们每个人都有 10 来个被完全毁坏的基因"。在远古的过去，我们不得不经受由于这些经常致命的遗传缺陷造成的痛苦。在将来，他告诉我，我们可以通过基因疗法治愈这些基因。

遗传疾病从人类历史一开始就困扰着人类，在关键时刻可以实际上影响历史的进程。例如，因为在欧洲皇室家庭的近亲婚姻，遗传疾病折磨着几代贵族。例如，英国的乔治三世很可能患有剧烈的间歇性卟啉症（porphyria），会引起临时性的神经错乱。有些历史学家推测，这个疾病恶化了他与殖民地的关系，促使他们在 1776 年宣布脱离英国而独立。

维多利亚女王是血友病基因的携带者，这种病引起无法控制的流血。因为她有 9 个孩子，很多与欧洲其他皇室家庭结婚，这就把这种"皇家疾病"传播到欧洲大陆。在俄国，维多利亚女王的重孙亚历克西斯（Alexis），是尼古拉斯二世的儿子，他患有血友病，表面上能被神秘的拉斯普丁（Rasputin）临时控制。这个"妖僧"拉斯普丁因此得到足够的权力使俄国贵族瘫痪，推迟了急需的改革，正如一些历史学家推测的，或者就帮助布尔什维克在 1917 年发动了革命。

但是在将来，基因治疗也许能够医治 5 000 多种已知的遗传疾病，如囊肿性纤维化症（cystic fibrosis）（它折磨着北欧人）、黑蒙性家族痴呆症（Tay-Sachs）（它影响东欧犹太人）和镰状细胞性贫血症（sickle cell anemia）（它折磨非洲裔美国人）。在不远的将来，应当可能医治很多由单个基因突变引起的遗传疾病。

基因治疗分成两种类型：单体和种系。

单体基因治疗是修复单体的破损基因。在单体死亡时这种治疗价值就消失了。更有争议的是种系基因治疗，修复"性细胞"的基因，将修复的基因传到下一代，达到一劳永逸的效果。

治疗遗传疾病遵循一条长期的，但完全确定的路线。首先，必须找到一个某种遗传疾病的受害者，然后耐心地追踪他们的家族历史，追溯上几代人。分析这些人的基因，然后试图确定受损基因的位置。

然后，取一个健康版本的那个基因，将它插入一个"载体"（vector）（通常是一个无害的病毒），然后将它注射到患者身上。这个病毒很快将"好的基因"插入患者的细胞，潜在地治疗这个患者的疾病。在 2001 年，有 500 例基因治疗实验在进行或者在全世界的研究之中。

然而，基因治疗的进展是缓慢的，结果也不一样。一个问题是，身体中的危险病毒常常搅乱含有"好基因"的无害的病毒，并开始攻击它。这可以引起负面影响，抵消好基因的作用。另一个问题是，没有足够的无害病毒将好的基因恰当地插入到它的靶细胞中，结果身体不能产生足够的适量的蛋白质。

尽管基因治疗十分复杂，法国科学家在 2000 年宣布他们已能治疗患有严重联合免疫缺陷症（SCID）的儿童，这些孩子生来就没有健全的免疫系统。有些严重联合免疫缺陷症患者，如"泡沫孩子大卫"（David the bubble boy）只能生活在消过毒的塑料泡沫中度过余生。没有免疫系统，任何疾病都是致命的。对这些患者的遗传分析表明，他们的免疫细胞的确不能按计划与新的基因结合，因此不能激活他们的免疫系统。

但是，基因治疗也有出现挫折的情况。在 1999 年，在宾夕法尼亚大学，一个患者死于基因治疗，引起医疗界的自我反省。它是 1 100 个患者经受这种治疗死亡的第一例。并且到 2007 年，在 10 个接受特定严重联合免疫缺陷症治疗的患者中有 4 个患者产生了严重的副作用，得了白血病。严重联合免疫缺陷症基因治疗的研究现在集中在治疗这种疾病，而不意外激发能够产生癌细胞的基因。到目前为止，有 17 位各种严重联合免疫缺陷症的患者既消除了联合免疫缺陷症也没有患癌症,是在这个领域少有的成功之一。

基因治疗的一个目标实际上是癌症。几乎 50% 的所有常见的癌症是与损伤的基因 P53(人体抑癌基因)有关的。P53 基因很长很复杂,因此更容易受环境和化学因素引起的损伤。因此很多基因治疗试验是将健康的 P53 基因插入患者。例如,抽烟经常引起 P53 基因中 3 个众所周知的位置出现特有的变化。因此基因治疗,通过替代损伤的 P53 基因,也许有一天能够医治某种形式的肺癌。

基因治疗的进展是缓慢的,但是稳步向前的。在 2006 年,马里兰州的国家健康研究所的科学家成功地处理了转移性黑色素瘤,一种形式的皮癌,他们改造 T 细胞杀手,使它们专门瞄准癌细胞。这是第一例研究说明基因治疗可以成功用来医治某种形式的癌症。并且在 2007 年,伦敦的大学学院和摩菲眼科医院(the University College and Moorfields Eye Hospital)利用基因疗法治疗了某种形式的遗传视网膜疾病(由基因 RPE65 变异引起)。

同时,一些夫妇不等基因治疗,而是将遗传继承掌握在自己手里。一对夫妇可以产生若干受精晶胚用于体外(vitro)授精。每一个晶胚可以检验有无特定的遗传疾病,选择没有遗传疾病的晶胚植入母亲体内。用这种方法,遗传疾病会逐渐消失,而无须昂贵的基因治疗技术。在布鲁克林的一些东正教犹太人正在用这种方法,因为他们患黑蒙性家族性痴愚病的风险很大。

然而,有一种疾病将在这个世纪自始至终顽固存在,这就是癌症。

未来物理 与癌症共存

回到 1971 年,理查德·尼克松总统在公众的一片欢呼声中庄严地向癌症宣战。他相信只要投钱进去,治疗癌症指日可待。但是 40 年之后,2 000 亿美元投进去了,癌症仍是美国死亡人数占第二位的主要原因,25% 的死者与癌症有关。从 1950 年到 2005 年,癌症死亡率仅降低了 5%(调整年龄和其他因素)。仅这一年估计,癌症就要了 562 000 个美国人的命,或一天 1 000 多人。一些疾病的癌症率下降,但另一些疾病的癌症率却顽固地保持不变。癌症的治疗会毒害、限制和杀死人体组织,给患者留下一串眼泪,他们常常想哪个更糟,是疾病还是治疗。

我们事后才看出问题在哪儿？回到 1971 年遗传工程革命之前,癌症的原因完全是个谜。

现在科学家认识到癌症基本上是基因的疾病。不管癌症是由于病毒、化学暴露、放射性或偶然的机会引起的,它都涉及 4 个或更多的基因变异,其中一个正常的细胞"忘记如何死亡"了。这个细胞的繁殖失去了控制,无限制地繁殖,最终杀死了患者。4 个或更多个有缺陷的基因需要一个发展过程才能引起癌症,这可能就是为什么常常要在最初的变异发生几十年后它才置人于死地。例如,也许当你还是一个孩子的时候你有一个严重的晒斑。几十年后也许在同一部位发展成皮癌。这意味着或许要经过很长的时间,其他的变异才会发生,最后将这个细胞转变为癌的模式。

至少有两种主要类型的癌基因,致癌基因和肿瘤抑制基因。它们的功能好像汽车的加速器和刹车。致癌基因的作用好像加速油门踩下的位置,因此癌症这辆车失去控制,细胞不受限制地繁殖。肿瘤抑制基因的作用通常像一个刹车,因此当它受损后,细胞就像一辆刹不住的车一样。

"癌症基因组项目"(Cancer Genome Project)计划对大多数的癌进行基因排序。因为每一种癌都要求对人类基因组排序,所以"癌症基因组项目"比原来的人类基因组项目要庞大几百倍。

在 2009 年宣布了这个长期等待的癌症基因组项目的一些首批结果,主要涉及皮癌和肺癌。结果是令人吃惊的。威康信托基金会桑格(Wellcome Trust Sanger)研究所的迈克·斯特拉顿(Mike Stratton)说:"今天我们看到的事情正在转变我们看待癌症的方式。以前我们从来没有看到癌症以这种形式揭露出来。"

来自肺癌的细胞有令人惊骇的 23 000 个变异体,而黑色素瘤癌细胞有 33 000 个变异体。这意味着一个通常抽烟的人平均每抽 15 根香烟就产生一个变异。(肺癌每年在全世界杀死 100 万人,大多数由于抽烟。)

这个项目的目标是遗传分析所有类型的癌,共有 100 多种。身体中的很多组织全都可能癌变;每一种组织可以有很多类型的癌;在每种类型的癌中有几万个变种。因为每种癌都涉及几万个变种,所以要经过几十年才能精确得出是哪些变种引起细胞机理紊乱。科学家将建立众多种类的癌症的治疗方法,但没有一种方法能治疗全部,因为癌本身就像一个疾病的搜集器。

新的处理和治疗方法也将不断地进入市场,所有的设计是打击癌的分子和遗传核心。一些有希望的治疗方法如下:

- 血管生成抑制法,或切断肿瘤的供血,使它永不生长。
- 用像"智能炸弹"一样的纳米粒子指向癌细胞。
- 基因治疗,特别是人体抑癌基因 P53。
- 只轰击癌细胞的新药物。
- 新疫苗消灭致癌病毒,如能引起子宫癌的乳头瘤病毒(HPV)和宫颈癌。

不幸的是,我们不大可能发现一颗消灭癌症的魔法子弹,而只能一次一步地治疗癌症。更可能的是,当我们周围的环境到处都分布了 DNA 芯片,在肿瘤形成之前监视癌细胞,将会大大降低死亡率。

正如诺贝尔奖得主戴维·巴尔的摩(David Baltimore)所说:"癌是一个与我们的治疗作战的军队,它迫使我们要不断地与它战斗。"

中期(2030—2070)

基因治疗

尽管基因治疗遇到挫折,但研究人员相信在未来的几十年基因治疗会取得稳定的收获。到本世纪中叶,很多人认为基因治疗将成为处理各种遗传疾病的标准方法。科学家在动物身上取得的很多成功将最终转移到人的研究上。

到目前为止,基因治疗是针对单个基因变异引起的疾病。这些疾病将首先被治愈。但是很多疾病是多个基因变异引起的,还有环境的诱发因素。这些疾病更难治疗,但它们包括了重要的疾病,如糖尿病、精神分裂症、阿尔茨海默氏痴呆症、帕金森氏综合征和心脏病。所有这些疾病都表现出明确的遗传模式,但不是单个基因造成的。例如,很可能有一个神经分裂症患者,他的双胞胎兄弟或姐妹是正常的。

多年来,有不少人宣布,科学家用追寻某些家族的遗传历史的方法,已经能够确定某些基因与神经分裂症有关。然而,令人尴尬的是,这些结果常常不能通过其他独立的研究所证实。因此这些结果是有缺陷的,也许很多的基因与神经分裂症有关。此外,一些环境因素似乎也有关系。

到本世纪中叶,基因治疗应该成为成熟的治疗方法,至少是单个基因引起的疾病。但是患者也许不会满足只是修复基因。他们也希望改进它们。

未来物理 儿童设计师

到本世纪中叶,科学家将不只是修复破损的基因,实际上还要增强和改善它们。

想要有超人的能力是一个古代就有的愿望,深深地扎根在希腊和罗马的神话和我们的梦想里。伟大的英雄大力神赫拉克勒斯(Hercules)是全希腊和罗马最著名的半神半人,他获得他的伟大的力量不是从锻炼和饮食,而是注入了神的基因。他的母亲是一个美丽的凡人阿尔克墨涅(Alcmene),有一天得到宙斯的注意,他假装成她的丈夫和她做爱。当她怀上孩子后,宙斯宣布这个孩子有一天要成为最伟大的战士。但是宙斯的妻子,赫拉(Hera),由于嫉妒秘密计划用推迟孩子出生的办法杀害他。阿尔克墨涅在漫长的分娩期间经受了极大的痛苦,差一点死掉。但是在最后一刻赫拉的阴谋暴露了,阿尔克墨涅生下一个异乎寻常的大婴儿。大力神赫拉克勒斯(Hercules)半神半人,继承了像神一样的他父亲的力量,完成了英雄的史诗般的业绩。

在将来,我们也许不能创造神的基因,但是我们肯定能够创造使我们有超人能力的基因。就像阿尔克墨涅难产一样,会有很多困难使这项技术开花结果。

到本世纪中叶,"设计的儿童"(designer children)可能成为现实。正如哈佛大学生物学家 E. O. 威尔逊(E. O. Wilson)说过:"现代人,即第一个真正自由的种类,就要退出自然选择,不再由自然的力量铸造我们……不久我们必须深入地查看我们自己,决定我们希望成为什么样子。"

科学家已经梳理出控制基本功能的基因。例如,已经在 1999 年隔离出增强老鼠记忆力和性能的"聪明老鼠"基因。有了聪明基因的老鼠能够更好地走出迷宫和记住事情。

普林斯顿大学的科学家,如约瑟夫·齐恩(Joseph Tsien)创造了一个品种的遗传改变的老鼠,有着额外的叫做 NR$_2$B 的基因,能够帮助在老鼠的前脑引发神经传递介质 N-甲基-D-天冬氨酸(N-methyl-D-aspartate,NMDA)的产生。聪明老鼠的创造者把它们命名为杜奇(Doogie)老鼠(取自电视角色杜奇·豪斯尔博士)。

这些聪明老鼠在各个试验中的性能都超过普通的老鼠。如果把一只老鼠放在一桶牛奶水中,它必须发现一个藏在水面下的平台上才能停在上面。普通的老鼠不记得这个平台在哪,绕着桶乱游,而聪明老鼠能一下子就直线行进找到它。如果让老鼠看两个物体,一个老的,一个新的,普通老鼠不注意新的物体。但聪明老鼠立刻知道这个新物体的存在。

更重要的是科学家懂得了这些聪明老鼠的基因是怎样工作的:它们调节大脑的神经突触(synapses)。如果把大脑看成一个巨大的高速公路的集合,那么神经突触就等于收费站。如果收费站票价太高,那么汽车就不能通过:一个信息就停在大脑内。但是如果收费站票价低,那么汽车就能通过,这个信息也传到大脑里。N-甲基-D-天冬氨酸(NMDA)这类的神经传递介质降低神经突触的票价,使信息容易自由通过。聪明老鼠有两份 NR$_2$B 基因,它将帮助产生 N-甲基-D-天冬氨酸(NMDA)神经传递介质。

这些聪明老鼠验证了赫布规则:当某些神经路径增强时,学习发生了。尤其是,这些路径可以通过调节连接两个神经纤维的神经突触得到增强,使信号容易通过神经突触。

这个结果可以帮助解释有关学习的某些特性。大家都知道衰老的动物学习能力低。在整个动物王国都是这样。这也许是因为随着衰老 NR$_2$B 基因变得不那么活跃了。

此外,正如我们前面看到的,根据赫布规则,当神经元形成强连接时,记忆力可以产生。这也许是真的,因为激活 N-甲基-D-天冬氨酸(NMDA)受体产生了强连接。

未来物理 强大的老鼠基因

此外,"强大老鼠基因"也提取出来了,它能增加老鼠的肌肉块,使老鼠看上去肌肉发达。它首先是在有异乎寻常大肌肉的老鼠身上发现的。科学家现在认识到其中的关键是肌肉生长抑制素（myostatin）基因，它帮助肌肉生长处在受控制状态。但是在 1977 年，科学家发现当肌肉基因安静时，肌肉生长急遽扩张。

另一个突破是随后不久在德国完成的，科学家在检查一个新生儿时发现他的大腿和胳膊有与众不同的肌肉 。超声波分析表明，这个孩子的肌肉是平常人的两倍。对这个孩子和他母亲（一位专业赛跑选手）的基因排序，他们发现类似的基因模式。事实上，这个孩子的血液分析表明他什么肌肉基因都没有。

约翰·霍普金斯大学医学院（Johns Hopkins Medical School）的科学家开始的时候急于与肌肉退化患者联系，认为他们也许会从这个结果受益，但他们失望地发现，打到他们办公室的电话有一半是来自健美运动者，他们想要能让他们肌肉发达的基因，而不管后果如何。也许这些健美运动者知道阿诺德·施瓦辛格的令人惊奇的成功，他承认使用了类固醇才实现他的辉煌而短暂的职业生涯。因为人们对肌肉基因的强烈兴趣和不容易查禁它，所以奥林匹克委员会甚至被迫设立一个专门委员会注视它。不像类固醇容易用化学试验检测，这个新的方法，因为涉及基因和它们产生的蛋白质，所以更难检测。

对在出生时就分开的双胞胎所做的研究表明，有很多种行为特性是受遗传影响。事实上，这些研究表明，大约 50% 的双胞胎的行为是受基因影响的，其他 50% 是受环境影响的。这些特性包括：记忆、口头推理、空间推理、处理速度、外向性和寻找刺激。

甚至曾经认为是复杂的行为现在也揭示出有遗传的根源。例如，大草原野鼠是一雌一雄的。实验室的老鼠是混杂的。埃默里（Emory）大学的拉里·杨（Larry Young）吃惊地发现，从大草原野鼠转移一个基因到老鼠，这些老鼠就会呈现一雌一雄的特点。每一个动物有一个不同版本的与某种大脑缩氨酸（peptide）的受体，是和它们的社会行为和交配有关的。杨（Young）把这个受体的野鼠基因转移到老鼠上，发现这个老鼠的行为就更像一雌一雄的野鼠。

杨（Young）说："尽管很多基因很可能与复杂社会行为，如单配偶等有关……单个基因表现的改变也对这些行为的成分，如从属性产生影响。"

悲观和乐观也许也有基因根源。早就知道有的人即便遭受了悲惨的意外事故也是乐观的。他们总是看到事物光明的一面,甚至面对挫折也这样。而另一些人可能就被毁了。乐观的人也倾向于比普通人更健康。哈佛大学心理学者丹尼尔·吉尔伯特(Daniel Gilbert)告诉我,一个理论也许能解释这个问题。大概我们出生时有一个"幸福设置点"(happiness set point)。每一天我们可以围绕这个设置点上下浮动,但它的总体水平是在出生时就固定的。在将来,通过药物或基因治疗可以移动这个设置点,特别是对那些长期消沉的人。

未来物理 生物技术革命的负面影响

到本世纪中叶,科学家将能够提取和改变很多能够控制人的各种特性的单个基因。但这并不意味着人类将立即由此受益。还有一个漫长的艰苦的工作抹平负面影响和不希望的结果,这需要几十年。

例如,希腊神阿基里斯(Achilles)在战斗中是不可战胜的,他领导战无不胜的希腊军队与特洛伊人(Trojans)进行了一场史诗般的战役。然而,他的能力有一个致命的弱点。当他是个婴孩的时候,他的母亲为了使他不可征服把他浸泡在魔法河冥河(Styx)中。当她把他放到河里时,她不得不抓住他的脚后根,留下一个关键的弱点。后来在特洛伊战争中他被箭射中脚后跟死了。

今天,科学家在想,在他们实验室创造出的新品种的生物是不是也有一个隐藏的阿基里斯脚后跟。例如,今天有33种不同的"聪明老鼠"增强了记忆和性能。然而,增强记忆也带来了意想不到的副作用,聪明老鼠有时被吓瘫了。例如,如果用极微弱的电流电击它一下,它就吓得发抖。"就好像它们记得太多了。"加州大学洛杉矶分校(UCLA)的阿尔西诺·席尔瓦(Alcino Silva)说,他培育了他自己的一种聪明老鼠。科学家现在认识到,在认识这个世界和组织我们的知识中忘记和记住是同样重要的。也许为了系统化我们的知识,我们不得不扔掉一些文件。

这让我们想起20世纪20年代的一个案例,是俄国神经学家 A. R. 卢里亚(A. R. Luria)记录下来的,是有关一个有照相记忆功能的人。只要看一眼但丁的《神曲》(Divine Comedy),这个人就能记住每一个词。这对他做新闻记者的工作很有帮助,但是他不能理解语音表达。卢里亚观察说:"他的理解障碍是无法克服的：每一个表达都产生一个图像，和前面已经产生的另一个图像相冲突。"

事实上，科学家相信在忘却和记忆之间必须有一个平衡。如果你忘得太多，你能够忘记以前错误的痛苦，但也忘记了关键的事实和技能。如果你记得太多，你能够记得重要的细节，但是你也可能被每一个伤害和挫折的记忆吓得瘫痪。只有这两者平衡才能产生最佳的理解。

肌肉健美者已经蜂拥争抢各种药物和接受各种能使他们获得名声和光环的治疗。荷尔蒙促红细胞生长素（EPO）的作用是能产生更多的含氧红血球细胞，因此能增加耐力。但是因为荷尔蒙促红细胞生长素使血液变黏稠，因此也容易触发中风和心脏病。类胰岛素生长因子（IGF）是有用的，因为它们能帮助蛋白质扩大肌肉，但是它们也能促进肿瘤的生长。

即便是通过了禁止遗传增强的法律，遗传增强也很难停止。例如，父母亲通常想通过遗传增强把每一个优点传给他们的孩子。一方面，这意味着让孩子们上小提琴、芭蕾、运动课。但是另一方面，这意味着给他们遗传增强，改进他们的记忆、注意力范围、运动能力，也许还有外表。如果有谣传邻居的孩子得到了遗传增强，为了自己的孩子与邻居的孩子竞争，父母亲将面临巨大的压力也要给自己的孩子同样的好处。

正如格雷戈里·本福德（Gregory Benford）说过："我们都知道好看的人做事也漂亮。如果有人说在这个勇敢的新世界的竞争中应该给孩子强有力的腿，父母能反对这种意见吗？"

到本世纪中叶，遗传增强也许会变成平常的事。事实上，如果我们要探索太阳系和居住在荒凉的行星上，遗传增强甚至是必不可少的。

一些人说我们应该利用设计的基因使我们更健康和更幸福。另一些人说我们应该考虑整容增强。一个大问题是我们要走多远。无论如何，增强外表和性能的"设计的基因"的传播将变得越来越难以控制。我们不想让人类分成不同的遗传派别，不管增强还是不增强，但是社会必须民主地决定这项技术要走多远。

我个人相信将通过法律管制这个强大的技术，有可能允许基因治疗医治疾病，让我们过富有成效的生活，但是限制基因治疗纯粹用于整容的目的。这意味着最终会产生一个黑市交易，打擦边球绕开这些法律，因此我们也许要适应一个有小部分人是遗传增强的社会。

在很大程度上，这也许不会成为灾害。已经有人用整形外科手术改进了外表,因此为此使用基因工程也许是不必要的。但是如果试图遗传改变一个人的个性,危险就可能产生了。大概有很多基因影响行为,并且它们以复杂的方式相互作用,因此,篡改行为基因可能产生想不到的副作用。也许要花几十年才能找出这些副作用。

但是,所有这些基因增强中最重要的增强是延长人的寿命,这方面将会有怎样的结果呢?

远期(2070—2100)

_{未来}_{物理} ## 逆转衰老

在整个历史上,国王和军阀有权力控制整个帝国,但是有一件事情他们永远控制不了:衰老。因此,寻找长生不老成了人类历史上最古老的要求。

在圣经里,上帝把亚当和夏娃赶出伊甸园,因为他们不听他的命令,分别吃了善恶树上的果子。上帝害怕亚当和夏娃利用这些知识解开长生不老的秘密,也变成神。在《创世记》3:22 一章中,圣经写道:"看,那个人已经变得像我们一样,知道善恶。现在恐怕他又要伸手摘生命树的果子吃,就要长生不老了。"

除圣经之外,人类文明的最古老和最伟大的传说之一要回到公元前 27 世纪,是关于美索不达米亚最伟大的战士的《吉尔伽美什史诗》(*The Epic of Gilgamesh*)。当他的终身的忠实的同伴突然死去时,吉尔伽美什决定着手旅行去寻找长生不老的秘密。他听到一个传闻,上帝准予一个聪明的人和他的妻子长生不老,但实际上他们仅仅是在"大洪水"后在他们的土地上存活下来的。在艰难的寻找之后,吉尔伽美什发现了长生不老的秘密,但是在最后一刻他看见一个大毒蛇把它夺走。

因为《吉尔伽美什史诗》是最古老的文献篇章,所以历史学家相信,正是这个探求长生不老的故事鼓舞了希腊作家荷马(Homer)写下《奥德赛》(*Odyssey*),和在圣经中提到的诺亚大洪水。

很多早期的国王,如在公元前 200 年左右统一中国的秦始皇,派了巨大的船队去找"青春泉",但都失败了。(根据神话,秦始皇命令他的船队找不到"青春泉"就不要回来。由于找不到泉水,又不敢返回,他们建立了日本国。)

几十年来,大多数科学家相信人的寿命是固定的和不可改变的,是科学研究解决不了的。在过去几年内,在一系列使这一领域发生革命的令人惊叹的试验结果的冲击下,这个观点被粉碎了。曾经沉睡的停滞不前的老年医学现在成了最热门的领域,吸引几亿美元研究资金,甚至产生商业发展的可能性。

衰老过程的秘密现在被揭开了,遗传在这个过程中起着至关重要的作用。看看动物王国,我们看到各种动物寿命的差别很大。例如,我们的DNA 与我们的遗传近亲黑猩猩仅差 1.5%,然而,我们的寿命比它们长50%。分析若干使我们不同于黑猩猩的基因,我们就可以确定为什么我们比我们的遗传近亲活得长。

这就给我们一个"统一的衰老理论"(unified theory of aning),使各种研究线索扭成一个单一的、一致的纽带。科学家现在知道衰老是什么。它是在遗传和细胞级别上错误的累积。例如,新陈代谢产生自由基和氧化作用,损伤细胞的精细的分子结构,使它们衰老。错误可以在细胞内和细胞外以"垃圾"分子碎片的形式累积。

这些遗传错误的积累是热力学第二定律的副产品:总熵(也就是混乱)总是增加。这就是为什么生锈、腐烂、衰退等是生命的普遍特点。热力学第二定律是不可避免的。每一件事物,从田野里的花朵到我们的身体,甚至宇宙本身是注定要萎缩和死亡的。

但是在热力学第二定律说总熵"总是"增加时,这里有一个小的、重要的漏洞。这意味着可以在一个地方实际减少熵和逆转衰老,只要在某些别的地方增加熵。因此有可能变得年轻,代价是在别的地方造成破坏。〔在奥斯卡・王尔德(Oscar Wilde)的著名小说《道林格雷的肖像》(*The Picture of Dorian Gray*)里曾间接提到这一点。格雷先生神秘地永远年轻。但他的秘密是绘画可怕地衰老的他自己。因此衰老的总量仍然增加。〕观察电冰箱的背面也可以明白熵的原理。在电冰箱中,因为温度降低,所以熵减少。但是要降低熵,必须有一个马达,它增加电冰箱背后产生的热,增加了机器外面的熵。这就是为什么电冰箱背面总是热的。

正如诺贝尔奖得主理查德·费曼（Richard Feynman）曾经说过："在生物学还没有发现任何事实说明死亡是必然的。这对我来说意味着死亡并不是根本不可避免的，它只是一个时间问题，需要科学家发现这是什么造成的，人的身体这个可怕的普遍的疾病和短暂的生命是可以得到医治的。"

热力学第二定律也可以从女性雌激素的作用看出，它保持妇女年轻和有活力，直到更年期后衰老才加快，死亡率增加。雌激素就像将高辛烷燃料注入跑车。这种车的性能很好，但代价是引起发动机更多的磨损和破坏。对于妇女来说，这个磨损和破坏可以表现为乳腺癌。事实上，已经知道注射雌激素会加速乳腺癌的生长。因此，妇女在更年期前为年轻和活力付出的代价可能是总熵的增加，在这种情况下患乳腺癌的可能增加。（提出了一些理论解释近年来乳腺癌得病率的增加，当中有很大的争议。一种理论认为它部分与妇女所有的月经周期的总次数有关。在整个古代的历史上，青春期妇女或多或少地不断地怀孕，在更年期开始之后就很快死了。这意味着她们的月经周期少，雌激素水平低，因此乳腺癌也许就相对的低。今天，年轻女孩成熟早，月经周期多，平均只生 1.5 个孩子，寿命超过了更年期，因此雌激素的作用要高得多，可能会造成乳腺癌得病率升高。）

近来，发现了有关基因和衰老的重要的线索。首先，研究人员证明有可能培育出比正常动物寿命更长的一代动物。特别是，可以在实验室培育酵母细胞、线虫类蠕虫和果蝇比通常的寿命更长。加利福尼亚大学欧文（Irvine）分校的迈克尔·罗斯（Michael Rose）宣布，通过选择培育可以将果蝇的寿命增加 70%，这一消息震惊了科学世界。他的"超级果蝇"，或称玛士撒拉（Methuselah）果蝇，有较高数量的抗氧化作用的过氧化物歧化酶（SOD），能够减缓自由基引起的损伤。在 1991 年，在布尔德尔（Boulder）的科罗拉多大学的托马斯·约翰逊（Thomas Johnson）提取了一个基因，他把它称为衰老-1（age-1），似乎和线虫类的衰老有关，110%的含量就可以使它们的寿命增加。"如果在人体上存在类似衰老-1 的某种东西，我们也许真的能够做出一些令人惊讶的事情。"他说。

科学家现在提取了一些基因〔衰老-1、衰老-2（age-2）、抗衰老-2（daf-2）〕，这些基因控制和调节低级生物的衰老过程，但这些基因在人身上也有相似的东西。事实上，一位科学家评论说，酵母细胞寿命的改变几乎像摁动电灯泡的开关一样。当你激活某一个基因，这个细胞就活得更长。当你不让这个基因活动，细胞就活得较短。

培育酵母细胞活得更长要比培育人类的繁重的任务简单得多。人活的时间太长,因此对人进行试验几乎是不可能的。但是,在将来提取与衰老有关的基因可以加速,特别是到那时我们都有了我们的基因组刻在一张光盘上。到那时,科学家将有几十亿个基因的可以用计算机进行分析的巨大数据库。科学家可以扫描两组人,青年人和老年人的几百万个基因组。比较这两个组,就可以识别在遗传水平上衰老发生在什么地方。初步地对这些基因进行扫描已经提取了大约60个基因,衰老似乎就集中在这些基因上。

例如,科学家知道长寿倾向与家族有一些联系。长寿人的父母也倾向于有较长的寿命。效果虽然不是戏剧性的,但是可以测量的。有科学家分析了从一出生就分开的双胞胎,也能在遗传水平上看到这一点。但是我们的寿命不是100%的由基因决定的。研究这个问题的科学家相信,我们的寿命只有35%是由基因决定的。因此在将来,当每个人有了自己仅花100美元就可以得到的基因组,我们就可以通过计算机扫描几百万人的基因组,提取部分地控制我们寿命的基因。

此外,这些计算机研究也许能够精确找出衰老主要发生在什么地方。在汽车里,我们知道衰老主要发生在汽油氧化和燃烧的发动机里。同样,基因分析表明衰老是集中在细胞的"发动机",即线粒体(或称细胞的电力厂)中。这就使科学家缩小了搜索"衰老基因"的范围,寻找在线粒体中加速基因修复的方法,逆转衰老的影响。

到2050年,也许可能通过各种治疗减缓衰老的过程,例如,干细胞、人体商店、修复衰老基因的基因治疗。我们可以活到150岁以上。到2100年,也许能够通过加速细胞修复机制逆转衰老的影响,活得更长。

未来物理 热量约束

这个理论也解释了热量限制这个奇怪的因素(也就是说,降低我们吃的热量的30%或更多)可增加寿命30%。到此为止研究的每一个生物体,从酵母细胞、蜘蛛、昆虫到兔子、狗和现在的猴子,都呈现这个奇怪的现象。严格限制饮食的动物得肿瘤的少,得心脏病的少,得糖尿病的少,得与衰老有关的疾病少。实际上,热量限制是"唯一"知道的保证延长寿命的机制,反复试验,对几乎整个动物王国,每一次都对。直到目前,研究人员唯一还没有验证的主要物种是灵长类,人类也是其中一员,因为他们活得太长了。

科学家特别焦虑地想看到热量限制对恒河猴的影响结果。最后,在2009年,长期等待的结果出来了。威斯康星(Wisconsin)大学的研究表明,在20年热量限制之后,控制膳食的猴子在前三种疾病:糖尿病、癌症和心脏病的得病几率少。通常这些猴子比正常喂养的猴子更健康。

有一种理论解释其中的原因:自然界给予动物两种"选择"如何利用它们的能量。在食物多的时候,能量用来再生。在闹饥荒的时候,身体关闭再生,保存能量,以便度过饥荒。在动物王国,近饥饿状态是经常的,因此动物频频"选择"关闭再生,减缓新陈代谢,活得更长,希望见到将来的好日子。

衰老研究的关键是要用某种方式保持热量限制的好处,但又不要让人挨饿。人的自然倾向显然是要增加重量,而不是挨饿。事实上,靠热量限制的膳食过活不是一件快乐的事情,这样的膳食淡而无味,隐士都不会愿意吃。此外,动物靠严格限制的膳食喂养会变得昏昏欲睡、行动迟缓、没有性欲。科学家的想法是搜索控制这个机制的基因,这样就能既收获热量限制的好处,又不至于挨饿。

1991年麻省理工学院的研究员伦纳德·P. 瓜伦特(Leonard P. Guarente)和其他人,在寻找可能延长酵母细胞寿命的基因时,发现了一个重要线索。瓜伦特(Guarente)、哈佛大学的大卫·辛克莱尔(David Sinclair)和同事们发现了基因SIR2,它与产生热量限制的影响有关。这个基因是负责检测细胞的能量储备的。当能量储备不足,如在饥荒,基因被激活。这正是我们期待的控制热量限制影响的基因。他们还发现在老鼠和人的身上有与SIR2类似的基因,叫做SIRT基因,它产生的蛋白质叫做抗衰老蛋白酶(sirtuins, 暂译为"抗衰老蛋白酶")。他们接着寻找能激活抗衰老蛋白酶的化学药品,并发现了白藜芦醇(resveratrol)。

这个发现是诱人的,因为科学家相信白藜芦醇(resveratrol)也与红酒的好处有关,也许可以解释"法国的矛盾"(French paradox)。法国烹饪以它的丰富的调料著名,这些调料都是高脂肪和高油的,然而法国人似乎有着正常的寿命。也许这个秘密可以由法国人喝很多的红酒来解释,因为红酒中含有白藜芦醇。

科学家发现抗衰老蛋白酶(sirtuin)催化剂可以保护老鼠不患各种令人敬畏的疾病,根据辛克莱尔(Sinclair)的说法,包括肺癌和结肠癌、恶性黑色素瘤、淋巴瘤、2型糖尿病、心血管病和阿尔茨海默氏病。即便是人的一部分疾病能够通过抗衰老蛋白酶治好,也会使所有的医学发生革命。

近来提出了一个理论解释白藜芦醇的所有不平常的性质。根据辛克莱尔的说法,抗衰老蛋白酶(sirtuin)的主要目的是保护某些基因不被激活。例如,一个单细胞的染色体完全伸展开来有 6 英尺(1.83 米)长,是一个很长很长的分子。在任何时候,在这个 6 英尺长的染色体里只有一部分基因是需要的,其他的基因必须是不活动的。细胞用染色质将这些不需要的基因紧紧地包裹起来,抑制这些基因,而染色质主要是靠抗衰老蛋白酶维持的。

然而,有时这些精细的染色体发生灾难性的破坏,如 DNA 的一条链完全断裂。这时,抗衰老蛋白酶(sirtuins)就立刻行动,帮助修复破损的染色体。但是当抗衰老蛋白酶暂时离开它们的岗位去救援时,它们必须放弃抑制基因的主要任务。因此,基因活跃起来,引起遗传混乱。辛克莱尔认为,这个崩溃是衰老的主要机制之一。

如果这是真的,那么也许抗衰老蛋白酶(sirtuins)不仅能停止衰老的进程,还能逆转它。细胞的 DNA 损伤是很难修复和逆转的。但是辛克莱尔相信,衰老大部分是由于抗衰老蛋白酶离开它们的主要任务,是细胞退化引起的。他声称,这些抗衰老蛋白酶的转移是容易逆转的。

未来物理 青春之源?

然而,这个发现的一个副产品在媒体界引起一片哗然和兴奋。突然间,"60 分钟"(60 Minutes)和"奥普拉·温弗瑞脱口秀"(The Oprah Winfrey Show)以显著的地位报道白藜芦醇,在因特网上一窝蜂地迅速流传,不可信任的公司一夜之间腾空而起,承诺提供不老长寿药。好像每一个卖蛇油的推销员和吹牛者都想登上白藜芦醇这辆乐队花车。

(我有机会在瓜伦特的实验室采访了这位触发了这场媒体轰动的人。他在说话时很小心,他认识到他的试验结果可能产生的媒体影响和可能产生的错误概念。特别是,他很气愤有太多的因特网站点把白藜芦醇说成是某种类型的青春之源。他说,令人震惊的是,人们都试图把钱花在突然获得名誉的白藜芦醇上,而大部分结果仍是试验性的。然而,他不会排除这种可能性,有一天如果青春之源终于发现的话,假定它确实存在的话,那么 SIR2

基因可能起一部分作用。事实上,他的同事辛克莱尔承认他每天吃大量的白藜芦醇。)

科学团体对衰老研究的兴趣是如此强烈,于是哈佛医学院在2009年发起了一次会议,吸引了这个领域的某些主要研究人员。在大厅里有很多人是亲自忍受着热量限制的。这些人看上去憔悴和虚弱,他们通过节制膳食要把他们的科学哲学付诸试验。这里还有"120"俱乐部,他们打算活到120岁。特别的是,兴趣都集中在大卫·辛克莱尔(David Sinclair)和克里斯托夫·韦斯特法尔(Christoph Westphal)共同发现的抗衰老蛋白酶(sirtris)医药品上。现在他们已经对他们的一些白藜芦醇代用品进行临床试验。韦斯特法尔坦率地说:"在5年、6年或7年,将会有延长寿命的药物出现。"

几年前甚至还不存在的化学药品成为目前强烈关注的题目,这些化学药品正在进行试验。正在试验的SRT501(白藜芦醇复合制剂)是针对多种骨髓瘤和结肠癌的。正在试验的SRT2104(特异性化合药物)是针对2型糖尿病的。不仅是抗衰老蛋白酶(sirtuins),还有很多其他的基因、蛋白质和化学药品〔如类胰岛素一号增长因子(IGF-1)、雷帕霉素靶药(TOR)、雷帕霉素(rapamycin)〕正由各个小组在进行密切的分析。

只有时间才能告诉我们这些临床试验是不是将会成功。说到衰老过程,医药的历史仍然是一个不解之谜,充满了诡计、欺骗和假货。但科学不是迷信,是建筑在可重复的、可检验的和可靠的数据基础上的。国家衰老研究所设置了测试各种物质对衰老影响的程序,我们将注意这些对动物的迷人研究是不是能过渡到人的身上。

未来物理 我们不得不死吗?

威廉·哈塞尔廷(William Haseltine)是生物技术的先驱,他曾经告诉我:"生命的性质不是死亡。它是不朽的。DNA是不朽的分子。这个分子最早出现在35亿年前。这个完全相同的分子通过复制,今天遍布了全世界……确实我们会逐渐衰老,但是在将来我们有能力改变它。首先将我们的寿命延长2倍或3倍。也许,如果我们清楚地了解了大脑,就有可能无限延长我们的身体和大脑。我不认为这是非自然的过程。"

进化生物学家指出,进化的压力是放在处于生殖年龄的动物的身上。

当一个动物过了它的生殖期,事实上它就可能成了种群的负担,因此也许进化已编制了程序在老年时就要死亡。因此,也许我们是被编制了程序注定要死的。但也许我们自己能重新编制程序活得更长。

实际上,我们看哺乳动物,例如,我们发现哺乳动物越大,它们的新陈代谢越低,寿命越长。例如,老鼠为了增加体重用掉大量的食物,所以寿命只有大约4年。大象的新陈代谢要低得多,所以寿命70年。如果新陈代谢相应于错误的积累,那么这就显然符合新陈代谢率低寿命就长的概念。(这也许解释了"蜡烛烧两头就烧得快"这种说法。我曾经读过一个关于一个妖怪的故事。这个妖怪答应许以一个人所想要的任何愿望。这个人立刻说他要活到1 000年。这个妖怪答应了他的要求,把他变成了一棵树。)

进化生物学家试图用寿命长短怎样帮助一个种类的生物在荒野中生存来解释寿命长短。对他们来说,一个特定的生命跨度是遗传确定的,因为它帮助这个种类的生物生存和繁荣。用这种观点,老鼠寿命如此短是因为它们经常被各种食肉动物捕猎,在冬天常常被冻死。将基因传给下一代的老鼠是后代最多的老鼠,而不是活得长的老鼠。(如果这个理论是正确的,那么我们就可以预计能想办法逃过食肉动物的老鼠会活得更长。的确,蝙蝠的大小和老鼠差不多,它的寿命比老鼠长3.5倍。)

但爬行动物是个例外。显然,某些爬行动物不知道寿命有多长。它们也许永远活着。美洲鳄鱼和普通鳄鱼只是变得越来越大,但好像永远健壮和精力充沛。(教科书通常说美洲鳄鱼的寿命只有70年。其他教科书要更诚实一些,只是说它们的寿命大于70年,但从没有在实验室条件下仔细测量过。)在现实中,这些动物不是不朽的,因为它们会死于事故、饥饿和疾病等。但是如果留在动物园里,它们的寿命将非常长,看上去几乎是永远活的。

未来 物理 生物钟

另一个迷人的线索来自一个细胞的端粒(telomeres),它的作用像"生物钟"。端粒像鞋带端部的塑料头,位于染色体的端部。在每一个繁殖周期之后,端粒变得越来越短。最终,在繁殖6次左右(对于皮肤细胞)后端粒拆散。然后这个细胞进入衰老期,停止正常工作。因此,端粒就像炸药包棍子上的导火索。如果在每次繁殖后导火索变短,最终,导火索消失,细胞停止繁殖。

这个过程被称为海弗利克极限(Hayflick limit),它似乎为某一类细胞的生命周期设置了一个上限。例如,癌细胞没有海弗利克极限,它产生一个叫做调聚物酶(telomerase,亦称端粒酶),阻止端粒变得越来越短。

调聚物酶可以合成。将它们用在皮肤细胞上时,很显然它们可以无限繁殖,而成为不死的。

然而,这里有个危险。癌细胞也是不死的,在肿瘤中无限制地分裂。事实上,这就是为什么癌细胞如此致命,因为它无限制地繁殖,直到身体不再能够工作。因此,调聚物酶必须要仔细地分析。任何利用调聚物酶重新绕紧生物钟的治疗必须检验,确保它不引起癌。

物理 未来 长寿和年轻

延长人的寿命的前景使一些人高兴,也使另一些人恐惧,因为我们看到人口爆炸和人类进入老年社会将使国家破产。

生物技术、机械技术和纳米技术合起来治疗不仅可以延长生命,而且也在这个过程中保持青春。罗伯特·A.弗雷塔斯(Robert A. Freitas Jr)将纳米技术用于治疗,他说:"在几十年后,这样的治疗将成为普通的事情。每年检查和清洗一次,偶尔做一次重大修复,你的生物学年龄可以每年恢复一次,使你的生理学年龄保持在你选择的年龄,基本上保持不变。你也许最终会死于意外的原因,但是你的寿命至少比现在长10倍。"

在将来,延长寿命不是喝寓言中的青春泉的问题。更可能的是下面几种方法的组合:

1. 当一个器官磨损后,通过器官工程和干细胞生长一个新器官。
2. 喝蛋白质和酶的鸡尾酒。这些蛋白质和酶是设计用来增加细胞修复机制、调节新陈代谢、设置生物钟和减少氧化的。
3. 利用基因治疗改变可以减缓衰老过程的基因。
4. 维持健康的生活方式(锻炼和良好膳食)。
5. 利用纳米传感器检测像癌这样的疾病,在出现问题若干年前查出问题。

未物来理 人口、食物和污染

但是一个让人不安的问题是：人的寿命增加了，人口过剩怎么办？没有人知道。

延缓衰老过程会带来一系列社会问题。如果我们活得长了，地球上的人口不就太多了吗？但是有人指出，大批人的寿命延长已经发生了，仅仅在一个世纪里人的寿命预期已从45岁提升到70岁到80岁。但并没有产生人口爆炸，可以证明其作用相反。因为人活得更长，他们从事工作，延迟孩子的出生。事实上，欧洲的本土人口实际上显著地减少了。因此，如果人的寿命更长，生活更幸福，他们会将孩子出生的间距相应拉大，并少生几个。由于要生活更长的岁月，人们将相应地重新安排他们的时间框架，因此会拉开和延缓孩子的出生。

另外一些人认为，人们将拒绝这个技术，因为它是不自然的，也许是违背他们的宗教信仰的。的确，公众的非正式的民意测验表明，大多数人认为死亡是很自然的，有助于赋予生活的意义。（然而，在这些民意测验中采访的人大多数是年轻人和中年人。如果你去敬老院看看那些消磨时光、生活在不停的痛苦之中和等待死亡的人，并问同样的问题，你可能得到完全不同的答案。）

正如加州大学洛杉矶分校的格雷格·斯托克（Greg Stock）所说："逐渐地，我们的违背上帝的苦恼和我们对长寿的担心都会让位给一个声音：'什么时候我能得到药丸？'"

在2002年，根据最好的人口统计学数字，科学家估计今天仍然活在地球上的人类是在地球上曾经生活过的所有人类的6%。这是因为在人类历史的大部分时期里，人口是在100万上下徘徊。寻找贫瘠的粗劣的食物供给使人口保持在低水平。即便是在罗马帝国最昌盛的时期，它的人口估计只有5 500万。

但是在过去300年，世界人口急剧上升，这与现代医学的出现和工业革命提供了丰富的食物供给有关。就在20世纪，世界人口攀升到新的高度，从1950年到1992年翻了一番还多，从25亿到55亿。现在的数字是67

亿。每一年有 7 900 万人加入人类的行列,超过了法国的总人口。

结果,出现很多世界末日预言,然而到目前为止,人类有能力躲过这个命运。回到 1798 年,托马斯·马尔萨斯(Thomas Malthus)警告我们,当人口超过了食物供给就会发生这种情况。饥荒、食品短缺、政府崩溃和大众饥饿将会发生,直至达到人口和资源的新的平衡点。因为食物供应随着时间是线性增长的,人口是指数增长的,好像不可避免的,在某一个时刻世界会遇到破坏点。马尔萨斯预计大众饥荒将在 19 世纪中期发生。

但是在 19 世纪,世界人口只是处在大增长的早期阶段,因为新大陆的发现、殖民地的建立、食物供给的增加,马尔萨斯预测的灾难没有发生。

在 20 世纪 60 年代,另一个马尔萨斯主义者做了一个预计,人口炸弹将很快在地球爆炸,到 2000 年全球崩溃。这个预计又错了,绿色革命成功地扩大了食品供应。数据表明食品供应速度的增加超过世界人口增长,从而暂时击败了马尔萨斯的逻辑。从 1950 年到 1984 年,粮食产量的增加超过 250%,主要是由于新的肥料和新的耕作技术。

我们又一次躲避了这个灾难。但是现在人口膨胀正在全力进行中,有人说我们正接近地球所能创造的食物供应能力的极限。

不祥的是,食物产量,无论是世界的粮食产量还是海洋的食物供应,已开始达到最大能力。英国首席科学家警告到 2030 年人口爆炸的大风暴和食品能源短缺将要来临。联合国食品和农业组织说,到 2050 年世界需要再多生产 70% 的食品供给额外的 23 亿人,否则就将面临灾害。

这些预测有可能低估了问题的严重性。由于几亿中国和印度人进入了中产阶级,他们也想享受在好莱坞电影中看到的奢侈,如两辆汽车、宽敞的乡间别墅、汉堡包和法国油炸食物等,这将造成世界资源的紧张。莱斯特·布朗(Lester Brown)是世界最主要的环境保护主义者和华盛顿世界瞭望研究所的奠基人,他告诉我:世界也许处理不了向几亿人提供中产阶级生活所造成的紧张。

世界人口的一些希望

然而,这里有一些希望之光。控制生育曾经是一个禁忌的题目,在发达国家得到抑止,而在发展中国家正取得显著进展。

在欧洲和日本,我们看到的是人口锐减,而不是人口爆炸。在某些欧洲国家出生率低到每个家庭1.2到1.4个孩子,远远低于替代率2.1。日本正面临三个难题。第一,它有地球上衰老最快的人口。例如,日本妇女保持了20多年具有最长寿命预期的纪录。第二,日本的出生率下降。第三,日本政府将外来移民保持得极低。这三个人口统计学的因素正产生一辆在缓慢运动中破坏的列车。欧洲则紧随其后。

这里有一个教训,世界上的最好的避孕用具是繁荣。在过去农民没有退休计划或社会保险,他们想要尽可能多的孩子在田间劳作,到了老年照顾他们。简单计算一下,家庭里每多一个孩子就意味着多一双手劳动,意味着更多的收入,在老年时有更多的人照顾。但是当农民进入中产阶级后,有了退休福利和舒适的生活,计算就翻了个个儿,每多一个孩子将减少收入和降低生活质量。

在第三世界,问题则相反,人口快速膨胀,大多数人口的年龄在20岁以下。即便是在人口膨胀预计最大的地方,在亚洲和非洲撒哈拉沙漠南部,出生率由于以下几个原因也下降了。

第一,农民人口快速城市化,因为农民离开他们祖先的土地到大城市试试他们的运气。在1800年仅有3%的人口居住在城市,到20世纪末这个数字上升到47%,预计未来的几十年还要上升。在城市里养育一个孩子的费用显著地降低了一个家庭中孩子的数量。由于房租、食物和花费是如此之高,在大城市贫民窟里的工人进行同样的计算,得出结论,多一个孩子就减少他们的财富。

第二,随着国家的工业化,如中国和印度,就会像工业化的西方一样,产生想少要孩子的中产阶级。

第三,妇女的教育,即使在孟加拉国这样的穷困国家,也会产生想少要孩子的妇女阶层。由于广泛的教育计划,尽管孟加拉国没有大规模城市化和工业化,它的出生率从7降到2.7。

由于所有这些因素,联合国不断修改它的将来人口增长的数字。估计仍然会有变化,但是世界人口到2040年可能达到90亿。尽管人口将继续增加,生长率将最终减缓和持平。乐观估计,到2100年可能稳定在110亿左右。

通常,人们会认为这将超出地球的承载能力。但是它取决于如何定义承载能力,因为也许又有另一次绿色革命在酝酿之中。

所有这些问题的一个解决方案是生物技术。在欧洲,生物工程食品所获得的坏名声可能要持续整个一代人。生物技术工业同时销售给农民除草剂和抗除草剂的农作物。对生物技术工业来说,这意味着销售更多,但对消费者来说,这意味着他们的食品中毒素更多,这个市场将很快破灭。

然而,在将来,像"超级稻"这样的谷物可能进入市场,也就是说,用工程方法培育的作物可以在干燥的、恶劣的和贫瘠的环境中生长。从道义上讲,很难反对引进这样的作物,它们是安全的,能够喂养几亿人口。

未物 复兴灭绝的生命形式
来理

但是其他的科学家不仅想要延长人的寿命和逃脱死亡。他们还想复兴灭绝的生物。

在电影《侏罗纪公园》(*Jurassic Park*)中,科学家从恐龙身上提取 DNA,植入爬虫类的卵,让恐龙复活。尽管到目前为止还没有发现可用的恐龙的 DNA,但是已经有了令人迫切向往的线索,这个梦想不是完全可望而不可即的。到本世纪末,动物园里可能会有几千年前就在地球上灭绝的生物。

正如前面提到的,罗伯特·兰札(Robert Lanza)迈开了重要的一步,他克隆了白臀野牛,一种濒临灭绝的动物。他感到如果让这个稀有的牛死掉将是一个耻辱。因此他考虑另一种可能性:产生一个新的克隆动物,但性别是相反的。哺乳类动物的性别是由 X 和 Y 染色体确定的。他相信通过融补(tinkering)这些染色体可以从这条牛克隆另一个动物,只是性别不同。用这种方法,全世界的动物园可以高兴地看到这个早已死去的动物物种有了婴儿。

我曾经和牛津大学的理查德·道金斯(Richard Dawkins)共进午餐,他是《自私的基因》(*The Selfish Gene*)的作者,他又向前迈进了一步。他推测,终有一天我们也许能够复兴各种生命形式,不仅是濒临灭绝的,而且是早已灭绝的。他首先注意到,每 27 个月,已经排序过的基因的数目就翻一番。然后他计算在未来的几十年将只需花 160 美元就能对任何一种生物的基因组完全排序。他想象有这么一天,生物学家将带着一个小工具箱,然后,只需几分钟时间对他碰到的任何形式的生命的整个基因组排序。

但是他又进一步分析说,到 2050 年我们将能仅从一个生物的基因组就能重建整个生物。他写道："我相信到2050年我们将能够读懂生命的语言。我们将把未知动物的基因组送入计算机，它不仅将重新构造这个动物的形式，还有它的祖先生活的详细世界，包括捕食它们的动物或它们捕食的动物、寄生虫或它寄生的动物、做窝的地点，甚至希望和恐惧。"他引证西德尼·布伦纳（Sydney Brenner）的著作，相信我们能够重新构造在人类和猿类之间"丢失环节"的基因组。

这将是一个货真价实的惊人的突破。从化石和 DNA 证据判断，我们和猿类相距 600 万年。

因为我们的 DNA 与黑猩猩仅差 1.5%，在将来，计算机程序将能分析我们的 DNA 和黑猩猩的 DNA，然后用数学方法创造近似我们共同祖先的 DNA。一旦重新构造了假想的我们共同祖先的基因组，计算机程序将直观显示它长得什么样子，以及它的特征。他把这个研究叫做"露西基因组项目"（Lucy Genome Project），根据著名的"南方古猿"（Australopithecus）的化石命名。

他甚至分析到，一旦通过计算机程序在数学上重新创造了丢失环节的基因组，就有可能实际产生这个生物的 DNA，把它植入一个人类的卵，再将这个卵植入一个妇女，就将生出我们的祖先。

尽管这种假象在几年前还被看做是谬论，但是若干进展说明，它并不是可望而不可即的梦想。

首先，正在详细分析一些关键的区分人类与黑猩猩的基因。一个值得注意的候选基因是 ASPM 基因，它与控制大脑的尺寸大小有关。在几百万年前，由于不知道的原因大脑的尺寸增加了。当这个基因变异时，它会引起头的畸形，造成头骨小，大脑缩减 70%，大约与几百万年前我们古代祖先的大脑一样。有意思的是，可以用计算机分析这个基因的历史。分析表明自从我们与黑猩猩分开之后，它在过去 500 万年到 600 万年的时间中，变异了 15 次，这与我们大脑尺寸的增加吻合。让我们好奇的是，与我们的灵长类的堂兄堂妹相比，人类的这个关键基因经历了迅速的变化。

更有兴趣的是这个基因的 HAR1 区域，它只含有 118 个字母。在 2004 年发现在这个区域黑猩猩和人的重要差别仅 18 个字母，或 18 个核酸。黑猩猩和鸡在 3 000 万年前分离，然而在 HAR1 这个区域它们的碱基对（base pairs）仅差两个字母。这意味着在整个演化的历史中，直到人类出现之前，HAR1 区域是相当稳定的。因此，也许使我们成为人类的基因就包含在这里。

但是还有一个更惊人的进展使得道金斯(Dawkins)的建议看来是可行的。现在已经对与我们最亲近的遗传邻居,早已消失的洞穴人的完整基因组进行排序。也许比较分析人、黑猩猩和洞穴人的基因组,就可以利用纯粹的数学重新构造丢失环节的基因组。

未来物理 复兴洞穴人?

人和洞穴人大约是在30万年前分离的。但是这些洞穴人是在3万年前在欧洲灭绝的。因此,人们早已认为不可能从早已死去的洞穴人提取有用的DNA。

但是在2009年,莱比锡的麦克斯·普朗克进化人类学研究所的斯万特·帕博(Svante Pääbo)领导的团队分析了6位洞穴人的DNA,得出了第一稿完整的洞穴人的基因组。这是一个里程碑的成就。正如我们所期待的,洞穴人的基因组与人的基因组非常相似,都含有30亿个碱基对(base pairs),但是在关键方面也有差别。

斯坦福人类学家理查德·克莱因(Richard Klein)评论帕博和他同事的这项工作说,这个洞穴人基因组的重新构造也许可以回答长期未能解决的有关洞穴人行为的问题,例如它们是不是能说话。人在FOXP2(人类语言基因)区有两个特别的改变,这个基因部分地使我们能说几千个单词。仔细分析表明,洞穴人在它的FOXP2基因上也有同样的两个遗传改变。因此,可以想象洞穴人也许能够像我们一样发音。

因为洞穴人是我们的最近的遗传近亲,所以成为很多科学家感兴趣的课题。有些人提出了这种可能性,总有一天我们会重新构造洞穴人的DNA,把它植入一个卵,有一天它也许会变成活的洞穴人。然后,在几千年后,有一天这个洞穴人会在地球表面行走。

哈佛医学院的乔治·丘奇(George Church)甚至估计只需要3 000万美元就能复活洞穴人,并且制定了实现它的计划。首先将整个人的基因组分成块,每块1万个DNA碱基对。将每一块植入一个细菌里,然后经过遗传改变使人的基因组与洞穴人的基因组配对。再将这些改变后的所有DNA块重新集合为完整的洞穴人的DNA。然后将这个细胞重新编制程序使它回复到胚胎状态,并植入一个母猩猩的子宫。

然而,斯坦福大学的克莱因(klein)提出一些合理的要人们关注的问题,他问:"你要把它放在哈佛大学还是动物园呢?"

所有这些复兴另一个早已灭绝的物种(如洞穴人)的议论"将无疑地产生伦理的担忧",道金斯(Dawkins)警告说。洞穴人将有权利吗?如果男性和女性洞穴人想成为配偶会发生什么?如果它们受到伤害或伤害别人谁来负责?

因此,如果洞穴人能够复兴回到生活,科学家最终能为早已灭绝的动物,如猛犸象建一个动物园吗?

复兴猛犸象?

这个想法并不像听起来那样疯狂。科学家已经能够对灭绝的西伯利亚猛犸象的大部分基因组排序。以前只有一小段 DNA 从几万年前在西伯利亚冻死的多毛的猛犸象身上提取出来。宾夕法尼亚州立大学的韦伯·米勒(Webb Miller)和斯蒂芬· C. 舒斯特(Stephan C. Schuster)做了不可能的事情:他们从冻死的猛犸象尸体上提取了 30 亿个碱基对的 DNA。以前,灭绝生物 DNA 排序的纪录仅为 1 300 万个碱基对,低于动物基因组的 1%。(这个突破之所以成为可能是靠一种新的排序机,叫做高产排序机,允许一次扫描几千个基因,而不是一次一个。)另一个窍门是知道在哪儿找古代的DNA。米勒和舒斯特发现多毛猛犸象的毛囊,而不是它的身体,含有最好的 DNA。

复兴灭绝动物的想法现在在生物学上是可能的了。"一年前,我也许会说这是一个科幻。"舒斯特说。但是现在,有了如此众多的已经排序的猛犸象基因组,这不再成为问题。他甚至勾画了应该怎样实现它。他估计只要改变亚洲大象 DNA 中的 40 万个碱基对就能创造一个动物,使它的基本特征与多毛的猛犸象相同。有可能遗传改变大象的 DNA 使它适应这种变化,将这个变化的 DNA 植入大象卵的核中,然后将这个卵植入母象。

这个团队已经开始注意对另一个灭绝动物袋狼的 DNA 排序,这是一种澳大利亚的有袋动物,是 1936 年灭绝的塔斯马尼亚魔鬼(Tasmanian devil)的近亲。还有人谈到给古代巨鸟渡渡鸟排序。"死了变作渡渡鸟"是一种通常的说法,但是如果科学家能够从牛津和别处存放的渡渡鸟尸体的软组织和骨头上提取有用的 DNA 的话,这句话就可能不流行了。

未物来理 侏罗纪公园?

这自然又导致了原来的问题:我们能够复兴恐龙吗? 一句话,也许不可能。一个侏罗纪公园的建立取决于是否能够找回在 6 500 多万年前死去的生命形式的完整无缺的 DNA,这也许是不可能的。尽管在恐龙化石的大腿骨内侧发现了软组织,到目前为止没有用这种方法提取出 DNA,而只有蛋白质。尽管这些蛋白质已经在化学上证明雷克斯暴龙和蛙、鸡之间有密切关系,但离收回恐龙的基因组还有很远的距离。

然而道金斯坚持这种可能性,用遗传方法比较各种鸟类和爬行类的基因组,然后用数学方法重新构造"广义的恐龙"的 DNA 次序。他注解说,有可能诱导鸡喙长出牙根(和诱导蛇长出脚)。因此,早就消失在时间流沙中的古代的特征有可能逗留在基因组内。

这是因为生物学家现在认识到基因可以打开,也可以关闭。这意味着古代特征的基因也许仍然存在,只是处于睡眠状态。通过打开这些长期睡眠的基因,也许能够找回这些古代的特点。

例如在远古时代,鸡的脚曾经有蹼。与蹼有关的基因没有消失,只是关闭了。打开这个基因,在原则上就能产生有蹼脚的鸡。类似地,人曾经身上有毛。然而,当我们开始出汗,以便有效调节身体的体温时,我们失去了毛。(狗没有汗腺,只有靠喘气来降温。)与人毛有关的基因显然仍然存在,只是关闭了。但是,打开这个基因,也许能有全身是毛的人。(有人推测这也许是出现狼人传说中的狼人的原因。)

如果我们假定恐龙的一些基因实际上关闭了几百万年,但仍幸存在鸟的基因组里,那么也许可能恢复这些长期睡眠的基因的活动,并在鸟的身上诱导恐龙的特征。这样,道金斯的建议虽然是推测的,但并不是无稽之谈。

未物 来理 产生新的生命形式

这就产生了最后一个问题:我们能根据我们的愿望创造生命吗? 有可能不只是产生一个早已灭绝的动物,也能产生一个从未存在过的动物吗? 例如,我们能够制造一个有翅膀的猪或在古代神话中描写的动物吗? 即使到本世纪末,科学将不能创造订购的动物。然而,科学在经过一条漫长的路程后将能够修改动物王国。

到目前为止,我们的能力有限,还不能随意摆弄基因。只有单个基因可以可靠地修改。例如,有可能发现一个使某些动物在黑暗中发光的基因。可以提取这个基因放到其他动物上,使这些动物也在黑暗中发光。实际上,当前正在进行研究,是不是家庭宠物可以通过增加单个基因修改。

但是创造一个全新的动物,如希腊神话中的狮头羊身蛇尾妖怪(3 种不同种类动物的组合),要求调换几千个基因。为了创造一头有翅膀的猪,必须移动几百个代表翅膀的基因,还要确保所有的肌肉和血管适当匹配。这是远远超过今天能做的事情。

然而,已经取得的进展将会推动在将来实现这个可能性。生物学家吃惊地发现,描述身体布局的基因反映了在染色体中它们出现的次序。这些基因叫做 HOX 基因(同源盒基因),这些基因描述了身体是怎样构造的。显然,自然取了一个捷径,用染色体中它们自己发现的次序去反映身体器官的次序。这又接下来极大地加速了解密这些基因进化历史的过程。

此外,还有显性控制很多其他基因的主控基因。只要掌握少数这些主控基因,就能掌握几十个其他基因的性质。

回顾一下,我们就能看到大自然母亲决定创造身体的布局就像建筑师设计蓝图一样。蓝图的几何布局的次序和建筑物的实际布局相同。此外,蓝图是模块式的,因此在一个主蓝图中包含了子蓝图块。

除了利用基因组的模块性创造整个新的杂交的动物之外,还有可能应用遗传学,利用生物技术找回历史人物。兰札相信,只要能从早已死去的人身上提取完整无缺的细胞,就有可能让这个人复活。在威斯敏斯特修道院(Westminster Abbey)仔细保存着早已死去的国王和王后,以及诗人、宗教人物、政治家,甚至像艾萨克·牛顿这样的科学家。有一天,兰札向我透露,有可能在他们的身体里发现完整无缺的 DNA，让他们回到生活中。

在电影《巴西孩子》(*The Boys from Brazil*)中，有一个阴谋计划要让希特勒复活。然而不会有人相信有人能够复活这些历史人物中的任何一位天才或恶魔。正如一位生物学家说的，如果你让希特勒复活，也许你所能得到的只是一个二流的艺术家(在希特勒领导纳粹运动之前，他是一个二流艺术家)。

治愈所有疾病？

预言影片《必有后福》(*Tings to Come*)是根据 H. G. 威尔斯(H. G. Wells)写的小说，它预计在第二次世界大战造成了无穷的苦难，最终人类的所有成就都化为乌有，一小撮军阀统治着破产和贫穷的人民之后将来的文明。在影片的末尾，一组有远见的科学家，利用超级武器开始恢复秩序。文明最终从废墟之中兴起。在一个场景下，一个女孩子在学习 20 世纪的残酷的历史，并学习某种叫做感冒的事情。她问，什么是感冒？有人告诉她感冒是很久以前就治好的病。

也许不。

治疗所有疾病是我们最古老的目标之一。但是即便到了 2100 年，科学家也不能治疗所有疾病，因为疾病变化比我们治愈它们还快，并且疾病的种类太多了。我们有时忘了我们是生活在细菌和病毒的海洋中，它们在人类出现之前的几十亿年前就存在了，并且在现代人类消亡之后，它们还要存在几十亿年。

很多疾病源来自动物。这是我们大约 1 万年前开始饲养动物所付出的代价。因此在动物身上潜藏着疾病的巨大源泉，它们很可能比人类活得还要长。通常这些疾病只感染一小部分人。但是随着大城市的出现，这些会感染的疾病迅速散布到大量的人群中，达到危机的程度，并在全国流行。

例如，当科学家分析流感病毒的遗传次序时，他们吃惊地发现它的来源:鸟。很多鸟可以携带各种流感病毒而不受感染。但是当猪吃了鸟的排泄物后，它就成了遗传的混合器。然后，农夫通常生活离鸟和猪都近。这就是为什么有人推测流感病毒通常来自亚洲，因为在这里农夫经营农场和从事畜牧，也就是生活在与鸭子和猪都接近的地方。

最近的 H1N1 流感病只是鸟流感和猪流感变异最新的发作。

一个问题是人类不断地开拓新的环境,砍伐森林、建设郊区和工厂,并且在这个过程中遇到在动物中潜藏的古代的疾病。因为人类的人口在不断增长,这意味着我们将发现更多的惊奇来自森林。

例如,有相当多的遗传证据证明,艾滋病毒(HIV)开始时是猿的免疫缺陷病毒(SIV),原来感染猴子,后来跳到人的身上。类似地,汉坦病毒(hantavirus)感染(美国)西南部的人,因为他们蚕食草原牧场啮齿动物的领地。主要由蜱虫散布的莱姆关节炎(lymedisease)疾病现在侵入了(美国)西北部的郊区,因为人们现在靠近蜱虫生活的地方建房屋。埃博拉病毒(Ebola virus)大概影响偏远古老部落的人,只是因为喷气式飞机的出现才把它散布到全世界,成为头版头条新闻。甚至美国退伍军人的疾病大概是一种古代的疾病,是一种在不流动的水中产生的病毒,但是它在空调设备中繁殖,才把这种疾病散布到巡游船只中的中老年身上。

这意味着将会有许多的惊奇出现,新的奇怪疾病的爆发将会成为将来的重要新闻。

不幸的是,治疗这些疾病的方法将会姗姗来迟。

例如,就是现在的普通感冒也治不好。在任何药店都有很多的治疗感冒的药品,但它们只是治表,而不是杀死病毒本身。问题是大概有300多种鼻病毒的变种引起普通感冒,要生产一种能治疗所有300种病毒的疫苗谈何容易。

艾滋病毒(HIV)的情况就更糟,因为可能有几千种不同的病毒菌株。事实上,艾滋病毒的变异是如此之快,即便研制了一种病毒的疫苗,这个病毒很快又变了。而设计一种疫苗就像试图击中一个移动目标一样。

因此,当我们在将来医治很多疾病时,大概总会有一些疾病逃过我们最先进的科学技术。

未来物理 勇敢地进入新世界

到 2100 年,当我们已经能够控制我们的遗传命运时,我们不得不把我们的命运与奥尔德斯·赫胥黎(Aldous Huxley)所设想的社会相比较。这个社会是他在他的预言小说《勇敢的新世界》(*Brave New World*)中设定的,时间是 2540 年。在 1932 年这本书首次发表时引起了普遍的震动和惊慌。

　　然而 75 年后，他的很多预言都已过时。当他写试管婴儿，当他说娱乐和生产将会分开并且吸毒将变得平常的时候，他让英国社会感到反感。然而我们今天却生活在一个体外授精和生育控制药丸被认为是理所当然的世界中。（他作的唯一一个还未过时的主要预测是人的克隆。）他预想一个分等级的社会，在这个社会里医生故意克隆脑残人的胚胎，长大后成为统治阶层的仆人。根据智力损伤的程度从 A 排到 E，A 是智力完善注定成为统治者的人，E 的智力比迟钝的奴隶略强。这样，技术不是把人从贫困、无知和疾病中解救出来，而是变成了噩梦，以奴役整个人民为代价实现人为的和不公平的稳定。

　　尽管这部小说在很多方面是精确的，但赫胥黎（Huxley）没有预计到遗传工程。如果他知道这个技术，那么他也许会担心另一个问题：人类这个种群会分裂成各个部分，有各种各样变幻无常的父母和不光明正大的政府干涉孩子们的基因吗？父母已经给孩子穿上怪异的服装，让他们参加各种愚蠢的竞赛，那么为什么不改变基因去迎合父母的幻想呢？的确，父母大概是一定要通过进化把他们的每一点好处都传给他们的后代，那么为什么不也篡改他们的基因呢？

　　作为一个会产生什么错误的基本例子，我们看超声波图（sonogram）。尽管医生引进超声波图帮助生育是无辜的，但它导致了流产女性胎儿的大流行，特别是在中国和印度。在孟买的一项研究发现，8 000 例流产胎儿中的 7 997 例是女性。在韩国所有第三胎出生的孩子中 65% 是男孩。选择按照性别流产的父母的下一代孩子将很快到了结婚的年龄，有几百万男性将找不到女性。这将引起极大的社会混乱。只想要孩子姓他的姓的父亲将会发现没有孙子。

　　而在美国，人们大量地滥用人体生长激素（HGH），它常常被吹捧为能治疗衰老。原来，人体生长激素是打算用来纠正太矮的孩子的激素缺陷的。结果，人体生长激素变成了一个巨大的地下工业，而它根据的有关衰老的数据是有问题的。实际上，因特网为华而不实的治疗创造了一大群白痴。

　　因此，只要有机会人们常常滥用技术，产生大量伤害。如果他们掌握了基因技术又会发生什么呢？

　　在最坏的情况下，我们也许会有 H. G. 威尔斯在他的经典科幻小说《时间机器》（The Time Machine）里想象的噩梦，在公元 802701 年，人类这个种族分成了明显不同的两类。他写道:"渐渐地,我明白了真相:人类并不是一个种类,而是分成了两种明显不同的动物:我们上界(the Upper World)的漂亮的孩子不是我们这一代人唯一的后裔,这个在我们面前闪烁的、褪色的、淫秽的夜晚出现的精灵也是全部时代的后嗣。"

要想知道有可能多少不同种族的人,只要看一下家里养的狗就知道了。尽管有几千种不同品种的狗,所有的狗都最初是从狼(Canis Lupus),一种在大约 1 万年前上一冰河时代的末期驯养的灰狼传下来的。由于它们的主人选择性的饲养,今天各种各样的狗的大小和形状都不相同。通过选择饲养,身体的形状、性情、颜色和能力全都根本改变了。

因为狗的生长大约比人快 7 倍,我们估计自从它们与狼分离以来,已经存在了大约 1 000 代狗。将此应用到人类,只要 7 万年就可将人类分离为几千个品种,尽管他们仍是同一个种类。有了遗传工程,这个过程可以极大地加快,甚至一代人就可以实现。

幸运的是,有几个理由让我们相信人类的物种形成不会发生,至少在未来的 100 年不会发生。在进化中,一个单一的种类,只有在地理上隔离要分成两个种群时才会分裂。例如,在澳大利亚就出现了这种情况,很多动物种类的实际分离导致了在地球上别的地方找不到的动物的进化,如和袋鼠一样的有袋动物。但相反的是,人类的人口是高机动性的,没有进化瓶颈,并且是高度混合的。

正如加州大学洛杉矶分校的格雷戈里·斯托克说过:"传统的达尔文进化几乎不会产生人的改变,在可以预见的未来也不会有什么变化。人类的人口众多而且混杂,可供选择的地域太有限,时间也太短暂。"

此外还有来自洞穴人原理的约束。

正如前面提到的,如果技术的进步与人类过去 10 万年来所保持的相对稳定的自然习性相矛盾,人们通常会拒绝技术的进步(如,无纸办公室)。人们也许不想创造偏离正常和被同族认为是奇异的设计儿童。这就减小了这类设计在社会上成功的机会。给孩子穿上愚蠢的衣服是一回事,但是永久性地改变他们的遗传则完全是另一回事。(在一个自由的市场上,也许怪异的基因有一席之地,但是很小的,因为市场是由消费者需求驱动的。)更可能的是,到本世纪末会有基因库供一对夫妇选择,大部分人会选择消除了遗传疾病的基因,也有人会选遗传增强的基因。然而,很少有市场资金研究稀奇古怪的基因,因为需求实在太少。

真正的危险将主要不是来自消费者的需求,而是来自专制的政府,他们也许想利用遗传工程服务于他们自己的目的,培养更强的但更听话的战士。

在遥远的将来,当我们在其他行星有了空间殖民地,而那里的重力和气候条件与地球相差很大时,会出现另一个问题。到那个时候,也许是下一个世纪,培养能够适应不同的重力场和气候条件的一个新的人种就可能成为现实的问题。例如,新的人类品种可以消耗不同量的氧气,适应不同长度的日照,有不同的体重和新陈代谢。但是空间旅行在很长的时间里将继续是昂贵的。在本世纪末,我们可能会在火星上建一个小型前哨基地,但绝大多数的人类仍然住留在地球上。在未来的几十年、几百年是属于宇航员、有钱人,也许还有少数勇敢的空间殖民者的。

因此,人类分成居住在太阳系周围和太阳系以外的不同的种族,在这一世纪甚至下一世纪不会发生。在可以预见的未来,除非空间技术有重大突破,我们大部分人将牢牢地被束缚在地球上。

最后,在我们迈向2100年时,我们还面临另一个威胁:这项技术也许会故意转过来,以设计细菌战的形式反对我们。

未物 来理 细菌战

细菌战像圣经一样古老。古代战士把有疾病的人的尸体扔过敌人的城墙,或用得了疾病的动物的尸体往敌人的井里下毒。故意把感染天花的衣服给敌人穿,又是一种消灭他们的方法。但是用现代技术,可以用遗传的方法培育细菌散布到几百万人当中。

在1972年,美国和前苏联签署了一个历史性的条约,禁止将细菌战用于进攻的目的。然而,今天生物工程技术是如此之先进,以致这个条约毫无意义。

首先,说到DNA研究,这里没有进攻技术和防卫技术之分。基因的处理既可用于防卫,也可用于进攻。

第二,有了遗传工程,就有可能创造装有细菌的导弹,而这些细菌是故意修改增加了致命力和扩散到环境中的能力的。人们曾经相信只有美国和俄罗斯存有最后的含有天花的瓶子,在人类历史上天花曾是最厉害的杀手。在1992年,一位苏联的叛逃者声称俄罗斯有装有天花的导弹,实际产量多至 20 吨。随着苏联的崩溃,这里有一种令人不得安宁的担心,有一天恐怖分子集团也许能花钱获得装有天花的导弹。

在 2005 年,生物学家成功地复活了曾经杀死了超过第一次世界大战死亡人数的西班牙流感病毒。引人注目的是,他们能够通过分析已经死去的、埋在阿拉斯加州冻土地带的一个妇女的病毒,以及从疫病流行期间美军士兵身上提取的样本复活了这个病毒。

这些科学家随后将这个病毒的全部基因组公布在环球网上。很多科学家为此感到不安,因为有一天甚至一个有权进入大学实验室的学院学生也能够复活这个在人类历史上最厉害的杀手之一。

就眼前来说,西班牙流感病毒基因组的公布,对于想解开为什么一个微小的变异就会对人造成如此普遍损伤的科学家来说,是一个幸运。答案很快找到了。西班牙流感病毒和其他病毒不一样,它引起身体免疫系统反应过度,释放大量的组织液,最终杀死患者。患者确确实实淹死在他自己的组织液中。一旦理解了这一点,引起致命影响的这个基因可以与 H1N1 流感病毒和其他病毒的基因相提并论。幸运的是,这些病毒中都没有这个致命的基因。此外,可以实际计算一个病毒离开获得这个令人担忧的能力有多远,并且 H1N1 流感病毒距离获得这个能力还有很远。

但是从长远来看,这是要付出代价的。每一年,操控获得生物体的基因变得越来越容易。造价在不断下降,在因特网上的信息到处可见。

在几个几十年之内,有些科学家相信,有可能创造一个机器,只要你输入想要的成分就能创造任何基因。输入 A – T – C – G 符号拼凑一个基因,这个机器就能自动切割和结合 DNA 创造这个基因。如果是这样的话,那么这就意味着甚至高中生有一天也能对生命形式进行高级操作。

一个噩梦是空气传播的艾滋病。例如,感冒病毒具有一些基因可以在气溶胶(和气雾剂)的小液滴中存活,因此打喷嚏可以传染他人。在目前,艾滋病毒暴露在环境中是相当脆弱的。但是如果感冒病毒基因植入到艾滋病毒中,那么可以想象它们就可能在人体外存活。这就可能引起艾滋病毒像感冒病毒一样传播,因此感染众多的人群。已经知道病毒和细菌确实能交换基因,因此也有可能艾滋病毒和感冒病毒自然地交换基因,尽管可能性不是太大。

在将来,一个恐怖分子集团或者一个国家和民族能够将艾滋病毒装在导弹上。唯一能阻止它们释放病毒的是,他们也会因病毒散布到环境中而死去。

就在"9·11"惨剧发生之后这个威胁成了现实。一个不知姓名的人邮寄装有白色粉末的,含有炭疽菌孢子的包裹给这个国家各地的要人。经过对白色粉末的仔细的微观的分析查明,此白色粉末已成为具有最大杀伤力和破坏的武器。突然之间整个国家被恐怖所笼罩,害怕恐怖分子集团已获得先进的生物武器。尽管炭疽菌是在土壤中发现的并在我们的环境中到处都有,但只有经过高级训练和具有疯狂意图的人才能提纯炭疽菌,把它做成武器和摆弄这个技艺。

即使在美国历史上最大一次搜捕之后,甚至到今天罪犯也未能找到(尽管一个主要嫌疑犯最近自杀了)。这里要说的是,即使是一个经过高级生物训练的单个的个人也能对整个国家造成恐怖。

一个能阻止细菌战的抑制因素是自我利益。在第一次世界大战期间,在战场上毒气的效果是好坏参半的。风的状况常常是不定的,因此毒气有时被风刮回到自己的军队。它的军事价值大部分在于恐吓敌人,而不是打败敌人。没有一个决定性的战役是用毒气取胜的。即使是在冷战的高峰,双方都知道毒气和生物武器对战场有不可预知的效果,很容易升级到核对抗。

正如我们所看到的,在这一章提到的所有争论涉及基因、蛋白质和分子的操控。那么自然会提出下一个问题:我们距离能够操控单个的原子还有多远?

就我所知,物理学原理并没有反对有可能一个原子一个原子地控制事物。

——诺贝尔奖得主,理查德·费曼（Richard Feynman）

纳米技术给了我们和自然界一个最终的工具箱——原子和分子的工具箱。每件事物都是由原子和分子组成的,因此创造新事物的可能性似乎是无限的。

——诺贝尔奖得主,霍斯特·斯多莫尔（Horst Stormer）

无限小的作用是无限大。

——路易斯·巴斯德（Louis Pasteur）

4.纳米技术 万物从无产生?

掌握工具是人与动物不同的最高成就。根据希腊和罗马神话,这个过程是从希腊神普罗米修斯可怜人类的困境,从火神伏尔甘(Vulcan)的熔炉中偷了珍贵的火种开始的。为了惩罚人类,宙斯设计了一个鬼把戏。他要火神用金属铸造一个盒子和一个美丽的妇女。火神创造了这个妇女的雕像,叫做潘多拉,然后用魔法让她变活,并告诉她决不要打开这个盒子。出于好奇,有一天她打开了盒子,结果所有的悲痛和苦难夹杂在风中释放到地球上,只有希望留在盒子里。

于是从火神伏尔甘的神炉中既出现了人类的梦想,也出现了人类的痛苦。今天我们正设计革命性的新机器,它是最终的工具,是用单个原子铸造的。但是它们将释放启迪和知识的火,还是混乱的风呢?

在整个人类历史上,工具的掌握决定了我们的命运。当几千年前弓和箭的发明和完善之后,这意味着射出的箭要比用手扔出

155

去快得多,它增加了打猎的效率和增加了食物供应。在大约 7 000 年前金属发明之后,这意味着我们可以取代茅草房,最终建起耸立在地面上的雄伟建筑。很快,用金属铸造的工具建造的帝国开始出现在森林和沙漠中。

现在我们正处在掌握另一种类型工具的边缘,这种工具比我们以前见过的任何事物都要强大得多。这一次,我们将能够掌握创造万物的原子本身。在这一世纪,我们可能具有从未想象过的最重要的工具——纳米技术,它让我们能够操纵和控制单个的原子。这将开创第二次工业革命,就像利用分子技术加工创造我们今天能够梦想的材料一样,纳米技术创造的材料是超强、超轻,具有令人惊异的电磁性能。

诺贝尔奖得主理查德·斯莫利(Richard Smalley)说过:"纳米技术最伟大的梦想是用原子作为建筑砖块进行建造。"惠普(Hewlett-Packard)的菲利普·库克斯(Philip Kuekes)说:"最终目标不只是制造尘粒大小的计算机。我们想要的是制造细菌大小的简单的计算机。然后,像我们今天桌面上的计算机一样强大的计算机可以放到灰尘颗粒之中。"

这不只是眼望星空的幻想家的希望。美国政府严肃地看待这个问题。在 2009 年,由于纳米技术对医学、工业、航空、商业应用有着无穷的潜力,国家纳米研究所(NNI)用了 15 亿美元进行研究。政府的国家科学基金纳米技术报告说:"纳米技术有潜力增强人的性能,带来材料、水、能源、食物的可持续发展,保护不受未知细菌和病毒的侵害……"

最终,世界的经济和国家的命运可能取决于此。在 2020 年左右或此后不久,摩尔定律将开始失灵和最终崩溃。世界经济将进入到无序状态,除非物理学家能够发现硅晶体管的替代品来装备计算机。这个问题的解决方案可能来自纳米技术。

到本世纪末,纳米技术也许能够创造一个只有上帝才能发明的机器,这个机器可以几乎从无生有地创造任何东西。

量子世界

第一位要大家关注这个物理学新领域的人是诺贝尔奖得主理查德·费曼(Richard Feynman),他提出了一个让人迷惑的简单问题:我们造的机器能有多小? 这不是一个学术性问题。计算机变得越来越小,改变了工业的面貌,因此对这个问题的回答显然对社会和经济会有巨大的影响。

在 1959 年他向美国物理学会作了一次生动的讲演,题目是"在基础领域还有许多值得研究的课题"。费曼说:"有趣的是,在原则上一个物理学家可以合成化学家写下的任何化学物质。化学家给出命令,物理学家就合成它。怎么做? 把原子放到化学家所说的地方,物质就产生了。"费曼最后说,由单个原子建造的机器是可能的,新的物理定律可能会使它变得困难,但不是不可能的。

因此,世界经济和各个国家最终的命运可能取决于奇异的和违反直觉的量子理论的原则。通常人们认为在小尺度的空间中物理定律保持相同。在电影《迪斯尼乐园》(*Disney's Honey*)、《我缩成小孩》(*I Shrunk the Kids*)和《奇怪的收缩人》(*The Incredible Shrinking Man*)中,我们没得到错误的印象,以为这些缩微小人所经历的物理定律会与我们相同。例如,在迪斯尼乐园的一个场景中,我们的缩小的英雄在暴风雨中骑在一只蚂蚁的背上。雨滴落在地上形成一个小水坑,就像在我们的世界中一样。但是在现实中,雨滴可能比蚂蚁大。因此当蚂蚁遇到一个水滴时,它看到的是一个巨大的半球水滴。半球形的水滴不会崩溃,这是因为表面张力的作用就像网一样将水滴聚合在一起。在我们的世界中,水的表面张力很小,因此我们不去注意它。但是在蚂蚁的尺度看来,表面张力则相对很大,因此雨珠变成为雨滴。

〔此外,如果你试图放大蚂蚁,让它和马一样大,就出现另一个问题:蚂蚁的腿将会折断。因为蚂蚁的尺寸增加时,它的重量增加比腿的强度增加快得多。如果蚂蚁尺寸变为 10 倍,它的体积和重量为 $10 \times 10 \times 10 = 1\,000$ 倍。但它的强度是与肌肉厚度有关的,仅为 $10 \times 10 = 100$ 倍。因此相对而言,大蚂蚁比普通蚂蚁弱 10 倍。这就意味着,"金刚"(King kong)不会令纽约城恐怖的,而是在它试图爬上帝国大厦时自己吓得发抖。〕

费曼注意到还有其他的力在原子尺度中起支配作用,如氢键结合力和范德瓦尔斯力(the van der Waals force),它是由原子和分子之间存在的微小电磁力引起的。物质的很多物理性质是由这些力确定的。

〔为了进行形象化的说明,考虑一个简单的问题:为什么在美国东北部的高速公路上有这么多的壶穴。每年冬天,水渗透到沥青的裂缝中,水冻结时膨胀,使沥青粉碎,形成一个壶穴。但是认为水冻结时膨胀却违背了常识。由于氢键的原因,水确实在冻结时膨胀。水分子的形状像一个"V"形,一个氧原子在底部(两个氢原子在顶部)。水分子在底部带一点负电荷,在顶部带一点正电荷。因此,在水冻结和水分子堆积时,水膨胀,形成的冰在分子之间有充分空间和有规则的点阵结构。水分子的排列像六角形。在六角形中原子之间有更多的空间,因此当水结冰时膨胀。这也是为什么雪花有6个边,为什么冰能够漂浮在水上的原因,而通常认为它应该沉下去。〕

穿墙而过

除了表面张力,氢键和范德瓦尔斯力在原子的尺度上也有奇异的量子效应。在日常生活中,通常我们看不见量子力在起作用。但是量子力无处不在。例如,因为原子内大部分是空的,所以我们有正当理由认为我们应该能够穿墙而过。在原子中心的核和电子壳之间的空间仅仅是真空。如果原子的尺寸是足球场那么大,那么这个足球场将会是空的,因为核的尺寸大约和一个沙粒一样大。

(我们有时会用一个简单的演示让学生感到吃惊。取一个盖革氏计数器放在一个学生的前面,在他的背后放一个无害的放射性小球。这个学生就会吃惊,一些粒子恰好穿过他的身体并击发了盖革氏计数器,就好像他的身体大部分是空的一样,而他确实大部分是空的。)

但是如果我们大部分是空的,那么我们为什么不能穿墙而过呢? 在电影《鬼》(Ghost)里,帕特里克·斯韦兹(Patrick Swayze)扮演的人被对手杀了,变成一个鬼。每一次他试图触摸由德米·穆尔(Demi Moore)扮演的前未婚妻时都失败了。他的手通过了普通的物质,他发现他已经不是实质性的物质,只是飘过了固态物体的幻影。有一次,他把他的头伸进一辆移动的地铁客车厢。这辆客车带着他伸进车厢的头跑,然而他什么也没感觉到。(影片没有解释为什么重力没拉着他穿过地板落向地心深处。显然,除了地板之外,鬼能穿过任何东西。)

那么为什么我们不能像鬼那样穿过固体呢? 答案在于奇怪的量子现象。泡利(Pauli)的不相容原理(exclusion principle)说,没有两个电子能处于同样的量子状态。因此,两个几乎相同的电子靠得太近时,它们彼此排斥。这就是为什么物体看上去是固体的,这只是幻觉。真实情况是物质基本上是空的。

当我们坐在椅子上,我们认为我们和椅子是接触的。实际上,我们受到椅子的电子和量子力的排斥,飘在椅子上方,离它不到1个纳米的距离。这意味着不论我们"摸"什么东西,我们根本不是直接接触,而是被这些微小的原子力分隔开。(这也意味着,如果我们能够想方设法压制不相容原理,我们就能穿墙而过。然而,没人知道怎样做。)

量子理论不仅防止原子彼此相撞,它也将原子约束在一起形成分子。想象一下原子像一个小太阳系,有若干行星围绕太阳旋转。现在,如果两个这样的太阳系碰撞,那么这些行星或者彼此相撞成一体,或者四面飞出,引起太阳系崩溃。当一个太阳系和另一个太阳系碰撞时,它决不是稳定的,因此有理由认为当一个原子和另一个原子碰撞时,它应当崩溃。

实际情况是,当两个原子离得很近时,它们或者彼此弹开,或者结合形成稳定的分子。原子能够形成稳定分子的原因是电子能在两个原子之间共享。在两个原子之间共享一个电子的想法按常理是荒谬的。如果电子服从通常的牛顿定律的话,这种情况是不可能发生的。但是因为海森堡的测不准原理(uncertainty principle)说不可能精确知道电子在哪儿,而是在两个原子之间跳荡,因此就把两个原子拴在一起。

换句话说,如果没有量子理论,那么分子就会散开,彼此碰撞,溶解成气体粒子。因此量子理论解释了为什么原子能够结合形成固体物质,而不是分解。(欲详解量子,请阅读《量子理论》,中文版本社已出版)

〔这也是为什么不能在一个世界中还有另一个世界的原因。有些人想象我们的太阳系或银河系也许是一个别的巨大宇宙中的一个原子。实际上,这是在《黑衣人》(Men in Black)影片中的最后一幕,在影片中整个已知的宇宙事实上只是某些外星人球赛中的一个原子。但是,根据物理学这是不可能的,因为从一个尺度到另一个尺度,物理学定律是变化的。控制原子的规律与控制星系的规律是完全不同的。〕

一些难以理解的量子理论原理是:

- 不可能知道任何粒子的精确速度和位置——测不准(或不确定性)总是存在。
- 粒子在某种意义上可以同时存在于两个位置。
- 所有粒子的存在是同时存在的不同状态的混合。例如,自旋粒子可以是旋转轴同时向上和向下的混合。

- 你可以消失并重新出现在别的地方。

　　所有这些叙述听起来很荒谬。事实上,爱因斯坦曾说过:"量子理论越成功,它看上去越愚蠢。"没有人知道这些奇异的定律来自何处。它们只是假定,没有解释。量子理论只有一件事情是清楚的:它是正确的。它的精确度测量达到了一百亿分之一,使它成为所有时代最成功的物理理论。

　　我们在日常生活中看不到这些难以置信的现象的原因,是因为我们是由万亿万亿个原子组成的,在某种意义上,这些效应被平均化掉了。

未来物理　移动单个原子

　　理查德·费曼梦想有一天,物理学家能够一个原子一个原子地加工分子。在 1959 年那时这似乎是不可能的,但是今天已部分成为现实。

　　当我访问位于加利福尼亚圣何塞(San Jose)的 IBM 阿尔马登(Almaden)研究中心时,我有机会见证了这个现实。我看到了一个不平常的仪器,扫描隧道显微镜,它使科学家能够看到和操作单个原子。这个设备是 IBM 的格尔德·宾尼格(Gerd Binnig)和海因里希·罗勒尔(Heinrich Rohrer)发明的,为此他们获得了 1986 年的诺贝尔奖。(我记得,当我还是一个孩子的时候,我的老师告诉我们决不能看到原子。他说,原子太小了。在此之前我已决定成为一个原子科学家。我认识到我将花费毕生的精力研究我决不能直接看到的某种东西。但是今天,我们不仅能看到原子,还能用原子镊子摆弄原子。)

　　扫描隧道显微镜实际上根本不是显微镜。它像一架老式的留声机。一个细针(其针尖只有一个原子直径那么大)慢慢划过要分析的材料。一个小的电流从针尖通过材料传到仪器的底部。当针尖划过物体时,每当它划过一个原子,电流就稍稍改变。在多次划过之后,这个机器就打印出原子本身的极好的令人吃惊的轮廓。利用同样的针,这个显微镜就能不只是记录这些原子,也能到处移动它们。用这种方法,我们可以拼出字母,如大写的" IBM ",实际上即使是这些科学家设计的原始机器也是由原子构造的。(另一项近来的发明是原子力显微镜,它能给我们原子排列的极好的 3D 图像。原子力显微镜也使用针头很小的针,但它将一束激光照射在针头上。当针划过研究的材料时,针轻微摇动,这个运动被激光束图像记录下来。)

我发现到处移动单个原子是很简单的。我坐在计算机屏幕前,看到一系列的白球,每个白球像直径大约 1 英寸的乒乓球那样大。实际上,每个球是一个单个的原子。我把光标放在一个原子上,然后移动光标到另一个位置。我按一个按键,它随后激活这个针去移动这个原子。显微镜对物质重新扫描。屏幕变了,显示这个球精确地移动到我想要的位置。

整个过程只花了 1 分钟,我就把每个原子移动到我想要的位置。事实上,我发现在大约 30 分钟的时间内,我就可以在屏幕上实际拼出某些由单个原子组成的字母。在 1 个小时内,我可以做出相当复杂的模式,涉及到 10 个左右的原子。

我不得不从我实际移动了原子的震惊中恢复过来,这是人们曾经认为是不可能的事情。

未来物理　微型机电系统和纳米粒子

尽管纳米技术还处在幼年时期,它已经应用在急速发展的化学涂层商业工业上。将只有几个分子厚的小薄层化学制品喷在商业产品的表面上,就可以使它更耐锈或改变它的光学性质。今天其他的商业应用有抗污染的衣服、增强的计算机屏幕、更强的金属切割工具和抗划伤的涂层。在未来的岁月里,有越来越多的通过微涂层改进性能的新颖的商业产品将上市。

对于大部分的研究来说,纳米技术仍然是非常年轻的科学。但是纳米技术的一个方面已经开始影响每一个人的生活,它已经发展成一个有益的 400 亿美元的世界范围的工业,这就是微型机电系统(MEMS)。它包括从喷墨打印机墨盒、气囊传感器、汽车和飞机陀螺仪显示器在内的各种各样的东西。微型机电系统是一个小的机器,它是如此之小,以致可以很容易装到一根针的针尖上。它们是用计算机工业中所用的同样的蚀刻技术制造的。不同于蚀刻晶体管,而是蚀刻小的机械零件,产生的机械零件是如此之小,只有用显微镜才能看到。

科学家制造了一个原子版的算盘,这种古老的亚洲计算设备由若干垂直的金属柱组成,每根金属柱穿有木珠。在 2000 年, IBM 苏黎世(Zurich)

研究实验室通过用扫描显微镜操控单个原子制造了一个原子版的算盘。原子算盘不是利用木珠沿金属柱上下移动，而是使用巴基球（buckyballs），是由碳原子排列形成像足球形状的分子，比人的头发宽度小 5 000 倍。

在康奈尔（Cornell）大学，科学家甚至制作了一个原子吉他。它有 6 根弦，每根弦只有 100 个原子宽。将 20 个这样的吉他端点对端点地摆在一起，可以放到一根头发里。这个吉他是真的，有着真正的能拨动的弦（尽管这些原子吉他的频率太高，人的耳朵听不见）。

但是这项技术最广泛的实际应用是气囊，安全气囊里面有一个小的微型机电加速计能够检测突然的刹车。这个微型机电加速计由附在弹簧或杠杆上的精微的球组成。当你猛踩刹车时，突然地加速会摇晃这个球，小球的运动产生小的电荷。这个电荷然后击发化学爆炸，在 1/25 秒内释放大量氮气。这项技术已经拯救了几千人的生命。

近期（今天—2030）

未来物理 我们身体里的纳米机器

在不久的将来，会有一种新型的纳米设备出现，它会使医学发生革命，如在遍及全身的血流中巡游的纳米机器。在电影《奇异的旅程》（*Fantastic Voyage*）中，一组科学家和他们的船小型化到一个红血球细胞的尺寸。然后这艘船开始了通过患者血液的流动和大脑的航行，在患者的身体里遇到一系列危险，备受折磨。纳米技术的一个目标是制造分子杀手，瞄准一个癌细胞，干净利落地消灭它们，留下正常的未受感染的细胞。科幻作家早就梦想能有在血液中漂浮的分子搜索-清扫船，不断地监视癌细胞。但是批评家曾经认为这是不可能的，是幻想作家的白日梦。

这个梦想的一部分今天实现了。在 1992 年，布法罗（Buffalo）大学的杰罗姆·申塔格（Jerome Schentag）发明了我们在前面提到的智力丸，一个药丸大小的小器械，吞下之后可以用电子方法跟踪。它可以接受指令把药物送到适当的位置。在智力丸内有电视摄像机,当药丸通过肠胃时可以拍照身体内部。可以用磁铁引导它们。在将来,也许可以用这些智力药丸做很小的手术,从内部清除任何异常和做活组织检查,而无须切开皮肤。

纳米粒子是一个更加小得多的设备,它是一个能将抗癌药物瞄准特定目标的一个分子,将会使癌症的治疗发生革命。这些纳米粒子可以和分子智能炸弹相比,设计用化学药物轰击特定的目标,极大地减小治疗过程中的间接损伤。非智能的炸弹轰击一切,包括健康的细胞,而智能炸弹却是有选择性的,仅导向追踪癌细胞。

任何经历过化学疗法可怕副作用的人,都会理解这些纳米粒子减少病人痛苦的潜力。化疗的工作是将整个身体用致命的生物化学毒素照射,杀死癌细胞的效力仅比杀死正常细胞的高一点。化疗的间接损伤是多方面的。负面作用(如恶心、掉头发、虚弱等)是如此之严重,以致有些癌症患者情愿死于癌症,也不愿意受如此的折磨。

纳米粒子可以改变这一切。药品,如化学疗法药物将放在形状像胶囊的分子中。然后让纳米粒子在血液中循环,直到它找到特定的目标,然后释放药物。

关键是这些纳米粒子的尺寸:要在 10 纳米至 100 纳米之间,因为太大就不能穿过血液细胞,结果纳米粒子碰到正常的血液细胞会被无害地弹回。但是癌细胞就不同了,它们的细胞壁布满了大的不规则的孔。纳米粒子可以自由地进入癌细胞,投递药物,而不与健康组织接触。这样医生就不需要复杂的导向系统驾驭这些纳米粒子,它们将自然地聚集在某类癌的肿瘤上。

这样做的美妙之处在于不需要复杂的、危险的、可能有严重副作用的治疗方法。只要这些纳米粒子的尺寸合适就行:大到不能攻击正常的细胞,但要正好能穿透癌细胞。

另一个例子是马萨诸塞州剑桥的 BIND 生物科学研究所的科学家制造的纳米粒子。这种纳米粒子是由聚乳酸(Polylactic acid)和共聚乳酸(copolylactic acid)或乙醇酸(glycolic acid)制作的,能够在分子网中保存药物。这就产生了纳米粒子的有效载荷。纳米粒子的引导系统是缩氨酸,它涂在粒子上,能专门与靶细胞黏合。

这种方法特别引人之处是:这些纳米粒子是自己形成的,无须复杂的工厂和化学车间。将各种化学药品按适当的顺序慢慢混合在一起,在严格控制的条件下纳米粒子就自我集合了。

"因为自我集合不需要多个复杂的化学步骤,所以这种粒子很容易制造……我们可以以公斤级的规模来生产它,还没有别人能这样做。"哈佛医学院的内科医生,BIND 生物科学研究所的奥米德·法鲁扎德(Omid Farokhzad)说。这些纳米粒子已经在老鼠身上证明了它们有抗前列腺癌、乳腺癌和肺癌肿瘤的价值。利用有色染料可以显示这些纳米粒子是聚集在出了问题的器官上,并按要求的方式释放化学药物。对人类患者的临床试验将在几年内开始。

未来物理 杀死癌细胞

这些纳米粒子不仅能寻找癌细胞,投递杀死癌的化学药品,实际上它们也能就地杀死癌细胞。原理很简单。这些纳米粒子能吸收一定频率的光。将激光聚焦在这些粒子上,它们将发热或振动,在癌细胞附近通过破坏癌细胞壁消灭癌细胞。因此,关键是要让这些粒子距离癌细胞足够近。

有几个小组已经研制了原型。在阿贡(Argonne)国家实验室和芝加哥大学的科学家已经生产了二氧化钛纳米粒子(二氧化钛是在防晒油的遮光剂中发现的)。这个小组发现,他们能够将这些纳米粒子与一种抗体结合在一起,能够自动寻找某种叫做多形性胶质母细胞瘤(GBM)的癌细胞。这样,这些纳米粒子搭载在这个抗体上,被带到癌细胞上。然后用一束白光照射 5 分钟,加热和最终杀死癌细胞。研究表明,80% 的癌细胞可以用这种方法消灭。

这些科学家还发明了杀死癌细胞的第二种方法。他们创造了能够猛烈振动的极小磁盘。一旦这些极小磁盘导入癌细胞,让一个小的外界磁场通过极小磁盘,引起极小磁盘振动和撕开癌细胞的壁。在试验中,90% 的癌细胞仅在振动 10 分钟后就被杀死。

这个结果并不是侥幸成功的。在圣克鲁兹(Santa Cruz)的加利福尼亚大学的科学家利用金纳米粒子设计了类似的系统。这些粒子直径只有 20 纳米到 70 纳米,只有几个原子厚,排列成球形。科学家利用已经知道能攻击皮肤癌细胞的某种缩氨酸。让缩氨酸与金纳米粒子连接,然后将金纳米粒子投送到老鼠的皮肤癌细胞上。用红外线照射,金纳米粒子加热肿瘤细胞,然后杀死它。"这基本上像把癌细胞放到沸水中,把它煮死。金属纳米粒子球产生的热量越多,效果越好。"一位叫张进(Jin Zhang)的研究员说。

因此在将来,纳米技术将在肿瘤形成几年甚至几十年前检测癌细胞群落,并且让纳米粒子在血液中循环以消灭这些癌细胞。基础科学今天已经做到了。

未来物理 血液中的纳米卡车

纳米粒子的下一步是纳米卡车,一个在身体里行进时可以实际导向的设备。纳米粒子只能在血液中自由地免费循环,而纳米卡车就像可以驾驭和控制的遥控无人驾驶飞机一样。

莱斯(Rice)大学的詹姆斯·图尔(James Tour)和他的同事制作了这样一辆纳米卡车。它没有轮子,而是有 4 个巴基球(buckballs)。这项研究的下一个目标是设计一辆分子卡车,能够推着一个小机器人在血液中到处跑,杀死沿途的癌细胞或将救生药物投递到身体的精确位置。

但是分子卡车的一个问题是它没有发动机。科学家创造了越来越多的完善的分子卡车,但是创造分子动力源是主要的障碍之一。大自然母亲解决了这个问题,它用三磷酸腺苷(ATP)这种分子作为能源。三磷酸腺苷(ATP)提供的能量使得生命得以存在。它供给肌肉每一秒钟运动的能量。这个三磷酸腺苷(ATP)的能量是存储在原子之间的原子键中。但是创造一个它的合成替代物被证明是很困难的。

宾夕法尼亚州立大学的托马斯·马卢克(Thomas Mallouk)和阿尤什曼·森(Ayusman Sen)发现了这个问题的潜在解决方案。他们创造了一辆纳米卡车能每秒钟实际移动几十个微米,与大多数细菌的移动速度相当。(他们首先制造了一个由金和铂做成的纳米杆,和细菌一样大。将纳米杆放到水和过氧化氢的混合液中。这就在纳米杆的两端产生了化学反应,引起质子从杆的一端跑到另一端。因为质子推动水分子的电荷,所以推着纳米杆向前跑。只要水中有过氧化氢,纳米杆就能继续向前运动。)

也可以利用磁力驾驭这些纳米杆。科学家把镍盘植入纳米杆,这样它们的作用就像罗盘的指针一样。将普通电冰箱的磁铁靠近这些纳米杆,就可以操纵它们沿着你希望的任何方向移动。

还有另一种方法是利用闪光驾驭分子机器。光能够将分子分离为正离子和负离子。这两种类型的离子以不同的速度在介质中扩散,因此产生一个电场。然后这个分子机器被这些电场吸引。于是,将闪电指向一个方向,就能驾驭分子机器朝这个方向移动。

当我访问加拿大蒙特利尔工学院(Polytechnic Montréal)的西尔万·马特尔(Sylvain Martel)实验室时,我看到了这个演示。他的想法是利用普通细菌尾部来推动一个小芯片在血液中向前走。到目前为止,科学家还不能加工在细菌尾部发现的那种原子马达。马特尔(Martel)问他自己:"如果不能用纳米技术制作细菌的这些小的尾部,为什么不能利用活细菌的尾部呢?"

他首先创造了比本书句末尾的句号还小的计算机芯片。然后他培育一批细菌。他能够把大约8个细菌放到这个芯片后面,使它们的作用就好像推进器一样,推着芯片向前进。因为这些细菌有些磁性,马特尔可以利用外部磁铁驾驭它们到他想要去的任何地方。

我有机会亲自驾驭这些细菌推进的芯片。我看着显微镜,我可以看到微小的计算机芯片被几个细菌推着走。我按一个按钮打开磁铁,这个芯片向右移动。我松开按钮,芯片停止,然后随机移动。用这种方法我可以实际驾驭这个芯片。在我这样做的时候,我意识到有一天医生也可以按同样的按钮,但这一次是指向病人脉管中的纳米机器人。

我们可以想象将来的手术会完全在血液中移动的,被磁铁导向的分子机器所代替。这些分子机器被导向对准有病的器官,然后释放药物或进行手术。切开皮肤将是完全没有必要的。或者,磁铁可以引导这些纳米机器进入心脏,去掉动脉上的堵塞。(图7)

物理未来 DNA 芯片

正如在第3章提到的,在将来,在我们的衣服、身体、浴室里会有微小的传感器,不断监视我们的健康和检测疾病,在癌细胞变得危险之前若干年就发现它们。其中的关键是 DNA 芯片,它提供"芯片上的实验室"。就像《星际迷航》中的三录仪(tricorder)一样,这些微小芯片在几分钟之内就给出医学分析。

今天,筛选癌细胞是一个漫长的、昂贵的和费力的过程,常常要几周时

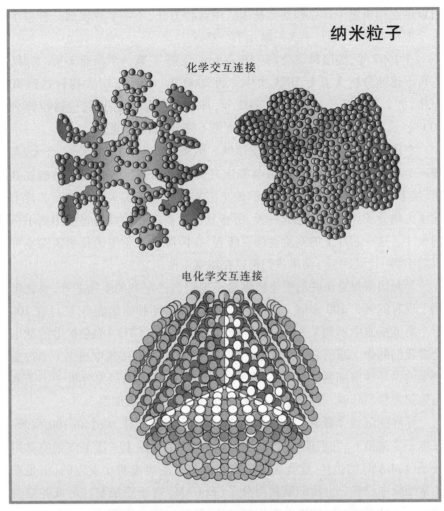

**图7　分子机器人将巡视我们的血液,鉴定和消灭癌细胞与病原体。
分子机器人将使医学发生革命。**

间。这就严重限制了能够进行的癌分析的数量。然而,计算机技术改变了这一切。科学家已经创造了能迅速和廉价检测癌的设备,采用的是寻找癌细胞产生的某些生物学标记。

利用计算机芯片中使用的同样的蚀刻技术,有可能蚀刻一个芯片,在这个芯片上建一个显微镜站点,检测特有的 DNA 次序或癌细胞。

利用晶体管蚀刻技术, DNA 片段可以植入芯片中。当流体流过芯片时,这些 DNA 片段可以和特有的基因顺序捆绑在一起。然后,利用激光束可以迅速扫描整个站点和鉴别基因。用这种方法，不需要像以前一样一个一个地检查基因，而是一次扫描几千个基因。

在 1997 年，美国昂飞公司(Affymetrix)发行了第一个商业 DNA 芯片，它可以迅速分析 5 万个 DNA 次序。到 2000 年，可用的 DNA 探针达到 40 万个，每个只要几千美元。到 2002 年，即便是更强大芯片的价格也降到 200 美元。由于摩尔定律，价格还会继续下降，降到几个美元。

多伦多(Toronto)医学院教授沙纳·凯莉(Shana Kelley)说："今天，需要一个房间才能放下用来评估与临床有关的癌细胞生物标记样品的计算机，结果还不能很快得到。而我们的小组能够在手指尖大小的电子芯片上测量生物分子。"她还预想有一天，所有分析这些芯片的设备将缩小到手机的尺寸。这个芯片上的实验室将意味着，在医院和大学里的化学实验室可以缩小到一个芯片上，结果我们可以在浴室中使用它。

马萨诸塞州总医院的医生已创造了他们自己定制的生物芯片，要比市场上现有的强大 100 多倍。通常，在血液里的循环肿瘤细胞(CTCs)在 100 万个血液细胞中不到 1 个，但是这些循环肿瘤细胞(CTCs)如果扩散的话也会要我们的命。新的芯片足够敏感，能在 10 亿个血液细胞中找出 1 个在血液里的循环肿瘤细胞(CTCs)。结果这个芯片已经证明只要分析一小茶匙血液就能检测肺癌、前列腺癌、胰腺癌、乳腺癌和结肠癌细胞。

标准蚀刻技术雕刻的芯片含有 78 000 个精微的柱，每个高 100 微米。在电子显微镜下，它们像一片圆柱的森林。每个柱涂上一层上皮细胞黏附分子(EpCAM)的抗体，这些抗体是在很多类型的癌细胞中发现的，但是在正常细胞中没有。上皮细胞黏附分子(EpCAM)对于癌细胞在形成肿瘤时彼此感染是必须的。如果血液流过芯片，肿瘤细胞粘在圆柱上。在临床试验中，这个芯片在 116 个患者中有 115 人检测出癌细胞。

这些"芯片上的实验室"的增殖也会根本地影响诊断疾病的费用。目前，需要几百美元和几周时间才能做一次活组织检查或化学分析。在将来，也许只要几分钱和几分钟时间。这将使癌的诊断速度和可达性发生革命。每次刷牙的时候，各种疾病，包括癌就得到透彻的检查。

华盛顿大学的勒罗伊·胡德(Leroy Hood)和他的同事创造了一个芯片，大约 4 厘米宽，能够从一滴血中检测特定的蛋白质。蛋白质是生命的建造砖块。我们的肌肉、皮肤、头发、激素和生物化学酶全都是蛋白质做的。从癌症这样的疾病中检测蛋白质，可以为身体构建一个早期预警系统。目前,这个芯片的造价仅 10 美分,能够在 10 分钟内识别特定的蛋白质,因此它比原来系统的效率高几百万倍。胡德想象,当有一天,一个芯片能够迅速分析几十万种蛋白质时,就能在各种各样的疾病变得严重之前向我们发出警报。

未来物理 碳纳米管

　　纳米技术威力的一个象征是碳纳米管。在原则上,碳纳米管比钢强并且能导电,因此用碳制造计算机是可能的。尽管它们非常之强,但一个问题是它们必须是纯的,并且现今最长的纯碳纤维只有几厘米长。但是总有一天,整个计算机将会是碳纳米管和其他分子结构制造的。

　　碳纳米管是由单个碳原子结合形成一根管。想象一张每一个接头都是碳原子的网。把这个网卷成一个管,就得到碳纳米管的几何形状。每一次产生普通的烟灰时都形成碳纳米管,但是科学家从未认识到可以用这种新颖的方式结合碳原子。

　　碳纳米管近乎神奇的性质在于它们的原子结构。通常,当你分析一块固体的材料时,如岩石或木头,你实际分析的是由很多重叠结构组成的巨大复合物。在这个复合物内很容易产生细小的裂隙,引起复合物断裂。因此,材料的强度与它的分子结构的不完善有关。例如,石墨是由纯碳构成的,但是它极软,因为它是由很多彼此可以相互滑动的层组成的。每一层由碳原子组成,每一个碳原子与 3 个其他的碳原子结合。

　　钻石也是由纯碳构成的,但它们是最强的天然形成的矿石。在钻石中碳原子排列成紧密的、相互连锁的晶体结构,使它们具有显著的强度。类似地,碳纳米管的惊人的性质是出于它们的规则的原子结构。

　　碳纳米管已经在工业上找到它们的用途。因为它们是导电的,可以用它生产电缆以承载巨大的电能。因为它们强度很高,所以可以用来创造比"凯夫拉"(Kevlar)合成纤维还要坚韧的物质。

　　但是也许碳的最重要的应用是在计算机工业上。碳是最终可以替代作为计算机技术基础的硅的若干候选材料之一。将来的世界经济也许最终将依赖这个问题:用什么来替代硅?

后硅时代

正如前面提到的,信息革命最基础的一个定律:摩尔定律,不可能永远持续下去。世界经济的将来和国家的命运,将最终取决于哪个国家能开发出能适当替代硅的产品。

摩尔定律何时崩溃的问题威胁着全世界的经济。在 2007 年有人问戈登·摩尔(Gordon Moore)本人一个问题,是否他认为以他名字命名的这个著名的定律可以永远持续下去。当然不能,他说,并预计将在 10 年到 15 年结束。

这个粗略的估计和英特尔(Intel)的保罗·加尔吉尼(Paolo Gargini)以前所做的估计一致,他在英特尔是负责所有外部研究的。因为英特尔公司设定了整个半导体工业的步伐,所以他的话受到重视。在 2004 年半导体西部年会上,他说:"依我看,至少下一个 15 年到 20 年,我们将可以继续依赖摩尔定律。"

当前基于硅的计算机革命是受一个最重要的事实驱动的:紫外线在硅晶片上蚀刻越来越小的晶体管的能力。今天,在手指甲大小的晶片上的奔腾芯片可以有几亿个晶体管。因为紫外线的波长可以短到 10 个纳米,所以有可能利用蚀刻技术雕刻直径只有 30 个原子的构件。但是这个过程不能永远继续下去。或迟或早,它将会崩溃,理由如下:

首先,强大的芯片产生的热将最终使它们熔化。一个天真的解决方案是将晶片堆叠在一起,一个在另一个之上,产生立方体的芯片。这将会增加芯片的处理能力,但代价是产生更多的热。从这些立方体芯片产生的热是如此强烈,以致可以在它们的顶部煎鸡蛋。问题很简单:在立方体芯片上没有足够的表面积使它冷却。通常,如果用冷水或空气冷却芯片,那么有更多的面与芯片接触后冷却效果会更大。但是如果是立方体芯片,表面面积就不够。例如,如果将立方体芯片尺寸增加 1 倍,产生的热量增加为 8 倍(因为立方体含有的电子构件增加为 8 倍),但是它的表面积仅增加为 4 倍。这意味着立方体芯片产生的热量升高的能力比它冷却的能力要快。立方体芯片越大,越难冷却。因此立方体芯片仅提供了局部的、暂时的解决方案。

有人建议利用 X 射线代替紫外线蚀刻电路,原则上这也许能够工作,

因为 X 射线波长只有紫外线的 1/100 长。但是出现了另一个问题。用 X
射线代替紫外线,光束的能量也增加为 100 倍左右。这意味着用 X 射线蚀
刻有可能烧毁掉想蚀刻的晶片。X 射线平板印刷术可以和艺术家想用喷灯
创造精致的雕刻相比。必须仔细控制 X 射线,因此 X 射线平板印刷术仅仅
是一个短期的解决方案。

第二,有量子理论产生的基本问题:测不准原理,也就是说你不能肯定
地知道任何原子或粒子的位置和速度。今天奔腾芯片一层的厚度大约 30
个原子。到 2020 年,一层的厚度可能只有 5 个原子厚,这样电子的位置是
不确定的,它开始漏过这一层,引起短路。因此,量子理论限制了硅晶体管
可以做到多么小。

正如前面提到的,我曾经在微软西雅图总部顶级工程师的 3 000 人大
会上作主题发言,我强调了摩尔定律减慢的问题。这些顶级软件工程师对
我说,他们现在非常认真地考虑这个问题,他们的最好答案是利用平行处理
增加计算机的处理能力。解决这个问题的最容易的方法是将一系列芯片平
行串连起来,这样计算问题就分成了片,最后再组装起来。

平行处理的关键之一是了解我们自己的大脑是如何工作的。如果在思
索的时候做大脑的磁共振成像扫描,就会发现大脑的各个区域同时变亮,意
味着大脑把任务分成了小片,并同时处理每一片。这就解释了为什么神经
细胞虽然传递电信号的速度很低,只有每小时 200 英里(322 公里),却能胜
过信息传递速度近于光速的超级计算机的原因。我们的大脑在速度上缺乏
的东西,由几十亿个同时进行的小计算,然后再加在一起弥补过来。

平行处理的困难是每一个问题要分成若干片。每一片由不同的芯片处
理,最后问题还要重新组装在一起。这个分解的协调是极其复杂的,具体取
决于每一个问题,很难找到一个通用的程序。人的大脑毫不费力地做到这
一点,但大自然母亲是用几百万年解决这个问题的。而软件工程师却只有
10 年左右。

未来物理 原子晶体管

一个可能的硅芯片的替代品是单个原子制作的晶体管。如果因为芯片
的线和层的尺寸小到原子尺度造成硅晶体管失败,那么为什么不重新开始,

靠原子来计算呢？

认识这个问题的一个方法是用分子晶体管。一个晶体管是一个控制电流流过导线的开关。有可能用轮烷(rotaxane)和苯硫酚(benzenethiol)这样的化学制剂构成的单个分子代替硅晶体管。苯硫酚分子看上去像一个在中部由原子组成的有旋钮或阀门的长管。通常,电流可自由流过这根管,使它导电。但是也可能扭动旋钮关闭电流。用这种方式,整个分子的作用像一个能控制电流的开关。在一个位置,旋钮允许电流通过,可以代表数字"1"。如果旋钮扭转,电流就停止,代表数字"0"。这样,利用分子可以发送数字信息。

分子晶体管已经存在。几家公司宣布他们创造了单个分子做的晶体管。在能够进行商业使用之前,必须能够正确地接线和批量生产。

一个有希望的分子晶体管的候选品来自叫做石墨烯(graphene)的物质,它是2004年由曼彻斯特大学的安德烈·盖姆(Andre Geim)和科什佳·诺沃肖诺夫(Kostya Novoselov)从石墨中首先提取出来的,为此他们获得了诺贝尔奖。它像一个单层的石墨。碳纳米管是碳原子板卷成长的细管,而石墨烯是单一的碳薄片,只有一个原子厚。像碳纳米管一样,石墨烯代表新的物质状态,因此科学家正在研究它的非凡的性质,包括导电性。"你可以研究它一辈子。"诺沃肖诺夫说。(石墨烯也是在科学上曾经试验过的最强的材料。如果你把一支铅笔立在石墨烯薄片上,再将一头大象立在这支铅笔上,石墨烯不会撕裂。)

诺沃肖诺夫小组利用计算机工业使用的标准技术雕刻出一些从未有过的最小的晶体管。狭窄的电子束能够在石墨烯上雕刻出通路,做出世界上最小的晶体管:1个原子厚,10个原子宽。(目前,最小的分子晶体管的尺寸大约30纳米。诺沃肖诺夫的最小的晶体管比这个小30倍。)

这些石墨烯晶体管是如此之小,事实上,它们可代表分子晶体管的最终的极限。任何再小的晶体管,测不准原理将起作用,电将从晶体管漏出,破坏了它的性质。"它大约是我们能得到的最小的晶体管。"诺沃肖诺夫说。

尽管有了若干有希望的分子晶体管的候选品,但真正的问题在于:怎样把它们接线和组装成商业可用的产品。创造单个的分子晶体管还不够。大家都知道分子晶体管是极难操纵和控制的,因为它们比人的一根头发细几千倍。要找出批量加工它们的方法也是一场噩梦。在目前,这些技术还没有到位。

　　例如,石墨烯是这样一种新的材料,以致科学家不知道怎样大量生产它。科学家只能生产大约0.1毫米的纯石墨烯,对于商业使用来说太小了。一个希望是发现能自我装配分子晶体管的方法。在自然界,我们有时发现分子的排列像魔术一样浓缩成精确的模式。到目前为止,没有人能重新创造这个魔术。

⬚ 量子计算机

　　最为雄心勃勃的建议是使用量子计算机(quantum computers),靠单个原子本身进行实际计算。有人声称量子计算机是最终的计算机,因为原子是计算可以倚靠的最小单位。

　　原子像一个旋转的陀螺。通常,指定陀螺旋转向上为数字"0",旋转向下为数字"1",就可以把数字信息储存在旋转陀螺上。把一个旋转陀螺翻个个儿,将0转换为1,就做了一次计算。

　　但是在奇异的量子世界中,一个原子在某种意义上同时向上和向下旋转。(在量子世界里同时位于几个地方是平常的事情。)因此原子可以含有比0或1更多的信息。它可以描述0和1的混合。因此量子计算机使用"量子位"(Quanta Bit),而不是"位"(Bit)。例如,它可以是25%旋转向上和75%旋转向下。用这种方法,一个旋转的原子可以存储比一个单一的"位"更大量的信息。

　　量子计算机的威力是如此巨大,以致中央情报局(CIA)开始窥探它破译密码的潜力。当中央情报局试图破译另一个国家的密码时,它搜索关键词。各个国家设计了巧妙的方式构造对信息进行编码的关键词。例如,关键词可以是根据分解一个大数。很容易将数字21分解为3和7的乘积。现在比如说有一个100位阿拉伯数字的整数,要数字计算机把它重新写为任意两个其他整数的乘积。数字计算机也许要花100年的时间才能分解这个数。然而,量子计算机的威力是如此之大,以致在原则上它可以毫不费力地破译任何这样的密码。在应对这样庞大的任务时,量子计算机很快胜过标准的计算机。

　　量子计算机不是科学幻想,它今天已经实际存在了。当我访问这个领域的先锋之一,麻省理工学院的塞斯·劳埃德(Seth Lloyd)实验室时,我有机会亲眼看到一个量子计算机。他的实验室到处是计算机、真空泵和传感器,但核心是一个像标准磁共振成像的一个机器,但是尺寸小得多。像磁共振成像机器一样,他的装置有两个大的线圈,用于在它们之间的空间中产生均匀的磁场。样品材料放在这个均匀的磁场中。样品内部的原子像旋转陀螺一样排成一行。如果原子指向上,它相应于0。如果指向下,相应于1。然后他发送一个电磁脉冲到样品中,改变原子的排列。某些原子翻了个个儿,于是1变成0。用这种方法,这个机器进行计算。

那么,为什么我们的桌面上还没有量子计算机来解决宇宙的秘密呢?劳埃德(Lloyd)向我承认,真正侵扰量子计算机研究的问题是来自外界的干扰破坏了这些原子的精细的性质。

当原子是"相干的"(coherent)和彼此同相位振动时,来自外部世界的最微小的干扰可以破坏这个脆弱的平衡,使原子"去相干"(decohere),结果它们不再和谐振动。即使是宇宙射线的通过或实验室外汽车的隆隆声,也能破坏这些原子精细的旋转排列和破坏计算。

去相干(decoherence)问题是创造量子计算机一个最困难的障碍。任何能解决去相干问题的人,不仅能获得诺贝尔奖,也能成为世界上最富有的人。

正如你可以想象的,从单个相干的原子创造量子计算机是一个艰巨的过程,因为这些原子很快会去相干,相位变得不一致。到目前为止,在量子计算机上进行的最复杂的计算是 $3 \times 5 = 15$ 。尽管这看上去不咋的,可是请记住,这个计算是靠单个原子进行的。

此外,还有一个来自量子理论的另一个奇异的复杂性,也是测不准原理。在量子计算机上所做的所有计算是不确定的,因此不得不重复试验很多次。这样至少有的时候 $2 + 2 = 4$。如果重复计算 $2 + 2$ 很多次,最后的答案平均是4。于是甚至算数在量子计算机上也变得模糊。

没有人能知道什么时候能解决去相干问题。因特网的原创人之一,温特·瑟夫(Vint Cerf)预计:"到2050年,我们肯定能找到办法实现室温量子计算。"

我们还应该指出比赛的奖金是如此之高,以致科学家在探索各种各样的计算机设计。一些竞争性的设计包括:

- **光学计算机**(optical computers):这些计算机靠光束计算,而不是电子。因为光线可以彼此穿过,所以光学计算机的优点是可以是立方体的,不需要连线。此外,激光可以利用普通晶体管一样的平版印刷技术进行加工,因此在理论上可以在一个芯片上塞满几百万个激光器。

- **量子点计算机**（quantum dot computers）：在芯片上使用的半导体可以蚀刻成很小很小的,由大约 100 个原子集合构成的小点。在这一点,这些原子可以开始和谐振动。在 2009 年,世界最小的量子点由单个的电子构建。这些量子点已经证明有发光二极管和计算机显示的价值。在将来,如果这些量子点适当排列,也许能够创造量子计算机。

- **DNA 计算机**（DNA computers）：在 1994 年,第一台由 DNA 分子制造的计算机在南加利福尼亚大学问世了。因为在氨基酸上的一串 DNA 编码信息是由字母 A、T、C、G 代表的,而不是由 0 和 1 代表的,所以 DNA 可以看做普通的计算机磁带,只是它能储存更多的信息。用同样方法,计算机还能操作和重新安排大的数字,还可以用混合的含有 DNA 的流体管进行模拟操作,因为 DNA 可以用各种方法切割和连接。尽管这个过程很慢,但是有万亿个 DNA 分子同时动作,因此 DNA 计算机能够比数字计算机更便利地解决某些计算问题。但数字计算机很便利,可以放在手机里,而 DNA 计算机看起来不太雅观,包含有含有 DNA 的混合流体管。

中期《2030—2070》

未来物理 **变形**

在电影《终结者 2：审判日》（*Terminator 2：Judgment Day*）中,阿诺德·施瓦辛格受到来自未来的高级机器人 T-1000 的攻击。这个机器人是液体金属做的。它像一块颤动的水银块,能够改变形状,滑过任何障碍。它能渗

175

进最小的裂缝,重新长出手和脚成为致命的武器。然后它能突然变成原来的形状进行谋杀和胡作非为。T-1000 似乎是一个不可阻止、完善的杀人机器。

当然,所有这些都是科幻。今天的技术无法让你随意改变固体物体的形状。然而到本世纪中期,这种改变形状的技术可能会变得普通。事实上,英特尔是推动这项技术的主要公司之一。

出乎意料的是,到 2050 年纳米技术的成果将遍地开花,但却是隐藏着看不见的。几乎每一个产品都要用分子加工技术增强,使它们变得超强,有抵抗力、导电和柔软。纳米技术也给我们传感器,以我们看不见的、隐藏的方式分布在周围环境中,不断保护和帮助我们。我们走过街道,看上去一切相同,但却不知道纳米技术已经改变了周围的世界。

但是纳米技术的一个结果将是明显的。

《终结者》中的 T-1000 杀人机器,也许是来自可设计改变的物质领域的物体的一个最有戏剧性的例子之一,总有一天,这种可设计改变的物质让我们按一下按钮就能改变一个物体的形状、颜色和物理形式。粗略说来,甚至霓虹灯广告招牌也是一种形式的可设计改变物质,因为你可以打开开关让电流穿过气体管。电流激发气体原子,当气体原子回复到正常状态时发出光。一个更常见的例子是到处可见的计算机屏幕液晶显示器(LCD)。液晶显示器含有液晶,通过小的电流就变得不透明。因此,通过按一下按钮调整流过液晶内部的电流,就能在屏幕上产生颜色和形状。

英特尔的科学家的雄心更大。他们设想利用可设计改变的物质去实际改变固体物体的形状,就像科幻中那样。想法很简单:制造小沙粒形状的计算机芯片。这些智能沙粒表面的静电荷可以改变,因此这些沙粒可以互相吸引或排斥。用一组电荷,这些晶粒可以形成某种形式的排列。但是可以重新编制这些晶粒使它们的电荷改变。一瞬间,这些晶粒就自己重新排列了,形成完全不同的布局。这些晶粒被称为"纳米模块原子"〔catoms,纳米级可编程模块物质(Claytronics)原子的简写。暂译名〕,因为只要改变它们的电荷就可以形成各种各样的物体,很像原子。〔可设计改变的物质与第 2 章看到的模块机器人有很多相同之处。模块机器人含有智能模块,尺寸大约 2 英寸(5.1 厘米),自己可以重新安排,而可设计改变的物质把这些建筑块缩小到亚毫米尺度和更小。〕

这项技术的促进者之一是杰森·坎贝尔(Jason Campbell),一位英特尔的高级研究员。他说:"考虑一个移动设备。如果手机太大,就不能轻松地放在口袋里,如果太小,又不方便手指操作。更糟的是不能很好地看电影和发送电子邮件。但是如果我有200到300毫升的纳米模块原子,我就能把它做成我需要的设备。这样在一个时候,我有手机在手。下一个时候又变成别的东西。用这种办法我不需要携带很多的电子器具。"

在英特尔的实验室里已经创造了一大批纳米模块原子(catoms),尺寸大约1英寸。纳米模块原子像一个在表面有均匀分布的小电极的立方体。纳米模块原子独一无二的特点是可以改变每一个极的电荷,这样纳米模块原子可以彼此在不同的方向结合。用一组电荷,这些立方块可以联合产生一个大立方体。改变每一个立方块的电极,这些纳米模块原子将拆开,并重新排列成完全不同的形状,如一艘船。

这里的要点是把每一个纳米模块原子(catom)缩小到沙粒的大小,或甚至更小。如果有一天硅蚀刻技术能让我们创造细胞那样小的纳米模块原子,我们就真的能将一种形状变成另一种形状,只要按一下按钮。英特尔的高级研究员贾斯汀·拉特纳(Justin Rattner)说:"再过大约40年,这将成为日常的技术。"这项技术可立即用在汽车设计者、航线工程师、艺术家、建筑师和设计其项目的三维模型,又要不断修改模型的任何人。例如,一辆4门的私家轿车的模型可以伸展突然变成有仓门式后背的汽车。压缩这个模型又可以变成跑车。这比没有记忆和智力的泥模要优越得多。可设计改变物质有智能,能记住以前的形状,能适应新思想,能响应设计者的愿望。一旦模型做好后,可将设计通过电子邮件发给成千上万的其他设计人员制作精确的复制品。

这可能会对消费产品产生深远的影响。例如,玩具可以编制程序通过插入新的软件指令改变形状。这样到圣诞节时,只需下载新玩具的软件,对旧玩具重新编程,一个完全新的玩具就出现了。孩子们庆祝圣诞节可以不通过打开圣诞树下的礼物,而是下载圣诞老人通过电子邮件发来的他们喜欢的玩具的软件,还有成为市场上最热门的纳米模块原子(catom)做成的年末的玩具。你无须雇用卡车运送新的家具和家电,只需从网上下载软件重新使用旧产品。使用可设计可编程的物质粉刷住宅和公寓不再是繁重的家务劳动。在你的厨房里,换瓷砖、桌面、器具、橱柜也许只是按一下按钮的问题。

此外,这会减少废品处理。你不需要扔掉很多不想要的东西,因为这些东西只要重新编程还可以使用。如果一个用具或一件家具破了，只需重新编程将它变为新的。

尽管英特尔小组承诺很多，但他们也面对很多的问题。一个问题是怎样协调所有这些几百万个纳米模块原子（catom）的运动。当我们试图将所有信息送入可编程物质时将会遇到带宽问题。但是也有捷径可走。

例如在科幻电影中经常会看到"变形金刚"，也就是一个人突然变成了怪兽。在影片中创作"变形金刚"曾经是非常复杂和繁琐的过程，但是现在用计算机来做就变得很容易。首先确定一个向量，它标记人和怪兽脸上的不同的关键点，如鼻子和眼睛。每一次一个向量地移动，脸就渐渐变化。然后计算机编制程序移动这些向量，从一张脸到下一张脸，这样就慢慢从一张脸变成另一张脸。用同样方法，也许有可能利用捷径改变 3D 物体的形状。

另一个问题是纳米模块原子（catom）之间的静电力比将大多数固体保持在一起的强劲的原子力要弱。正如我们已经看到的，量子力可以十分强大，造成金属的韧性和塑料的弹性。用静电力复制这些量子力以保证这些产品的稳定性在将来仍然是一个问题。

在我带领科学频道摄制组访问卡内基梅隆（Carnegie Mellon）大学的塞斯·戈尔茨坦（Seth Goldstein）时，我有机会亲眼见证了可编程物质的显著的、快速的进展。在他的实验室，我看到桌子上到处都是大大小小的大堆的立方块，每块都有芯片在里面。我看到两个立方块靠电动力紧紧绑定在一起，他要我试试用手把它们分开。令人惊讶的是我分不开。我发现将这两个立方体绑在一起的电动力很强大。然后他指出，如果将这些立方体小型化，这些电动力会相对地更大。他把我带到另一个实验室，让我看这些纳米模块原子（catom）可以变得多小。利用在硅晶片上蚀刻几百万晶体管的同样技术，他雕刻出精微的纳米模块原子，直径只有几个毫米。实际上它们太小了，只有在显微镜下才能看清楚。他希望通过控制它们的电动力，最终使它们能在按一下按钮后就排列成任何形状，就像魔术师变出他想要的任何东西一样。

然后我问他，怎么才能给几十亿个纳米模块原子（catom）详细的指令，比如说，让一个电冰箱突然变成烤箱呢？它看上去像设计一个噩梦，我说道。但是他答复说，没有必要给每个单个的纳米模块原子详细的指令。每个纳米模块原子仅必须知道它必须贴在哪个邻居上。如果每个纳米模块原子只需指令它和一小组邻近的纳米模块原子绑定，那么这些纳米模块原子将会魔术般地重新安排形成复杂的结构(很像婴儿大脑的神经细胞,在它们发育时只需要知道怎样与邻近的神经细胞连接就可以了)。

假定规划和稳定性问题能够解决,那么到本世纪末就有可能按一下按钮,整个建筑或甚至整个城市就出现了。只需要布置好建筑物的位置,挖好地基,让万亿个纳米模块原子创造在沙漠或森林中出现的整个城市。

然而,这些英特尔的工程师们幻想有一天这些纳米模块原子可能变成人的形式。"为什么不呢? 这是一件有意思的推测的事情。"拉特纳(Rattner)说。(那时也许 T-1000 机器人可能变成现实。)

远期(2070—2100)

末物来理 圣杯:复制机

到 2100 年,纳米技术的鼓吹者幻想一个更加强大的机器:能够创造任何事物的分子装配机,或"复制机"(replicator)。它或许是一个洗衣机大小的机器。你把基本的原材料放进机器,然后按一下按钮。万亿万亿个纳米机器人将聚集在原材料上,每一个机器人按照程序,一个分子一个分子将它们拆开,然后把它们装配成完全新的产品。这个机器将能制造任何东西。复制机将是自史前开始使用第一个工具以来,工程和科学最高的成就和我们奋斗的最终的顶点。

复制机的一个问题是为了复制一个物体必须重新安排的巨大的原子数量。例如,人体有 50 多万亿个细胞和超过 10^{26} 个原子。这是一个令人惊愕的数字,要求巨量的存储空间才能存储所有这些原子。

但是克服这个问题的一个方法是创造一个纳米机器人,一个仍然是假想的分子机器人。这些机器人有若干关键的性质。首先,它们能复制自己。如果它们能够复制自己,那么在原则上就能产生无数的它们自己的复制品。因此诀窍是只需创造第一个纳米机器人。第二,它们能够识别分子和在精确的位置把它们切开。第三,它们能按照控制码将这些原子重新组装为不同的排列。用这种方法,身体的巨量原子不再是这样一个令人畏缩不前的障碍。真正的问题是创造第一个这样的虚构的纳米机器人,并让它自我复制。

然而,科学界对于纳米制作者这个吹得天花乱坠的梦想是不是实际可能的意见不一。一些人,如纳米技术的先锋和《创造的发动机》(*The Engines of Creation*)的作者埃里克·德雷克斯勒(Eric Drexler),想象在将来所有产品的加工是在分子级别上,创造我们今天只能想象的大量的物品。能够创造任何想要的物品的机器的诞生,将使社会的每一个方面翻个个儿。然而,其他的科学家持怀疑态度。

例如,已故诺贝尔奖得主理查德·斯莫利(Richard Smalley)在 2001 年《科学美国人》(*Scientific American*)的一篇文章上提出一个"黏手指"(sticky fingers)和"胖手指"(fat fingers)的问题。问题的关键是:分子机器人能够制造得这么灵巧,以致能随意重新安排分子吗?他说答案是不能。

斯莫利和德雷克斯勒在一系列信件中进行势均力敌的争论,后来在2003 到 2004 年之间这些信件在《化学和工程新闻简报》(*Chemical and Engineering News*)的活页上再版,使这个争论公之于众。这个争论的回声甚至今天还能感到。斯莫利的立场是分子机器的"手指"不能进行这样精细的任务,原因有两个。

首先,"手指"会面对小的吸引力,使它们和别的分子粘在一起。原子彼此粘在一起部分是由于在它们的电子之间存在的微小的电动力,如范德瓦尔斯力。想想如果你的镊子粘了蜂蜜试图修一块表吧。装配精致到表的零件这样的任何东西是不可能的。现在想一想装配比表更要复杂的东西,如一个分子,它会不断地粘在你的手指上。

其次,这些手指也许太"胖"而无法操作和控制原子。想想戴着棉手套怎么修表吧。因为这个"手指"是单个原子做的,而被操控的物体也是原子,这个手指可能太粗了,无法进行所需要的精细的操作。

斯莫利最后说:"就好像不能只是把一个男孩和一个女孩推到一起他们就会相爱一样,也不能只是通过机械运动就在两个分子物体之间产生要求的精确的化学反应……化学就像爱情一样是更微妙的事情。"

这个争论涉及到一个根本的问题:复制机将有一天使社会发生革命呢?还是将会被当做古玩被扔进到技术的垃圾箱里。正如我们看到的,在我们世界中的物理定律不容易转化到纳米世界的物理学中。我们可以忽略的影响,如范德瓦尔斯力、表面张力、海森堡的测不准原理、泡利的不相容原理等在纳米世界将起主导作用。

要认识这个问题,想象原子的尺寸像玻璃弹珠那么大,并且一个游泳池里到处是这些原子。如果你落入这个原子的游泳池,将会和落入水的游泳池完全不同。这些"玻璃弹珠"由于布朗运动会不断振动和从各个方向撞击你。要想在这个游泳池中游泳几乎是不可能的,因为就好像在蜜糖中游泳一样。每次你试图抓住一个玻璃弹珠,由于复杂的力的联合作用,它要么跑开,要么粘在你的手指上。

最后,两个科学家同意他们的意见不一致。尽管斯莫利不能完全推翻分子复制机,在尘埃落定之后,有几件事变得清楚了。首先,两人同意用切割和黏结分子的分子镊子武装纳米机器人的天真想法必须修改。在原子尺度上新的量子力占主导地位。

第二,尽管这个复制机,或万能加工器在今天是科幻,但是一种版本的万能加工器已经存在了。例如,大自然母亲用汉堡包和蔬菜做原料,在9个月的时间就把它们变成了婴儿。这个过程是DNA分子进行的,它编有这个孩子的蓝图,支配核糖体的作用。核糖体利用血液中存在的蛋白质和氨基酸,按照正确的次序切割和拼接分子。

第三,分子装配器也许能够工作,但是是以更加复杂和精密的形式。例如,正如斯莫利指出的,把两个原子放在一起并不能保证起反应。大自然母亲通常是采用第三方来圆满地解决问题,用水溶液中的酶来促进化学反应。斯莫利指出,在计算机和电子工业发现的很多化学制品不能溶解于水。但是德雷克斯勒反驳说,不是所有的化学反应都涉及水和酶。

例如,一种可能的方法叫自我组装,或从下到上的方法。自古代以来,人们使用自上到下的方法进行建筑。先用锤子和锯子这类工具把木头锯开,再按照计划把木板拼起来建造大的结构,如房屋。你必须从上面一步一步仔细地指导这个过程。

在从下到上的方法中,事物自行组装。在自然界,例如,美丽的雪花全是在下雪中自行结晶的。万亿万亿个原子重新安排创造新的形式。不需要人设计每一个雪花。在生物系统中通常也会发生这种现象。细菌的核糖体是复杂的分子系统,至少含有55种不同的蛋白质分子和若干核糖核酸(RNA)分子,可以在试管中自动地自我复制。

自我复制也用在半导体工业上。在晶体管中使用的构件有时是自行组装的。按精确的次序利用各种复杂的技术和工艺,如淬火、结晶、聚合、蒸汽沉积和凝固等,能够生产各种商业上有价值的计算机构件。正如我们前面看到的,用来杀死癌细胞的一种纳米粒子可以用这种方法生产。

然而,大多数事物不能自我产生。一般只有一小部分纳米材料呈现自我组装的性质。你不能像点菜单一样订购一个利用自我进行组装的纳米机。因此用这种方法创造纳米机的进程将是稳步前进的,但是缓慢的。

总起来说,分子装配机显然没有违背物理定律,但将是极难建造的。纳米机器人现在不存在,在最近的将来也不会存在,但是一旦或如果第一个纳米机器人成功的产生了,它会像我们知道的那样改变社会。

物理未来 建造一个复制机

复制机可能会是什么样子? 没有人能精确地知道,因为我们离开实际能够创造它还有几十年到100年,但是在我实际进行头部检查时,我体验到一个复制机会是什么样子的。他们为科学频道专栏制作了一个我的脸的真正的3D塑料复制品,方法是用激光束水平扫过我的脸。当激光束从我的皮肤弹回时,传感器记录这个反射,将图像送入计算机。然后激光束在我的脸上进行下一行扫描,略微低一点。最终,它扫过我的整个脸,把它分成很多的水平小条。在计算机屏幕上出现了由这些水平条构成的我的脸的3D图像,精确度也许达0.1毫米。

然后这些信息送到一个与电冰箱差不多大的设备中,这个设备能制作融化物体的塑料的3D图像。这个设备有一个水平移动的小喷嘴,能多次来回走动。每走一次,它喷出小量熔化的塑料,复制我原来的激光图像。大约10分钟和多次走动之后,从这个机器中出来一个模子,和我的脸相同得出奇,让我有些害怕。

这项技术的商业应用是巨大的,因为可以创造任何3D物体的真实的复制品,如复杂的机器零件,只是几分钟的事情。然而,我们可以想象再过几十年到100年,会有一种设备在细胞和原子水平上创造一个真实物体的3D复制品。

更进一步,有可能利用这个3D扫描创造人体的活器官。在维克森林(Wake Forest)大学,科学家领先发明了一种用喷墨打印机产生活的心脏组织的方法。首先,他们必须写出软件,控制喷嘴每一次扫描时相继喷出活的心脏细胞。为此,他们用了普通的喷墨打印机,但是墨盒里装的是含有活的心脏细胞的流体混合物。用这种方法,他们控制了每个细胞的精确的 3D 位置。在多次扫描后,他们能够实际产生各层心脏组织。

还有另外一种手段也许有一天能够记录身体的每一个原子的位置:磁共振成像(MRI)。正如前面看到的,磁共振成像扫描的精度大约是 0.1 毫米。这意味着一个灵敏的磁共振成像仪扫描的每一个像素可以包含几千个原子。但是如果考察磁共振成像背后的物理学,就会发现图像的精确度和机器内磁场的均匀性有关。这样,增加磁场的均匀性,精度还能高于 0.1 毫米。

科学家已经预想一个分辨率小到细胞尺度的磁共振成像类型的机器,甚至更小,能够扫描小到单个分子和原子。

总起来说,复制机没有违背物理学定律,但是很难用自我组装的方法制造。到本世纪晚期,当自我组装技术最终掌握之后,我们可以指望复制机应用在商业上。

⊞ 灰黏垃圾

有些人,包括美国太阳(Sun)公司的奠基人比尔·乔伊(Bill Joy),对纳米技术有所保留,他写到,要不了多久这个技术就会变得疯狂,吞噬地球的所有矿藏,吐出无用的"灰黏物质"(Gray Goo),这不过是一个时间早晚的问题。甚至英国王子查尔斯也公然反对纳米技术和灰黏垃圾这种结果。

危险在于这些纳米机器人的关键性质:能够自我繁殖。像病毒,一旦释放到环境中就无法收回。最终,它们能够疯狂地增生扩散,接管环境和毁坏地球。

我自己的想法是,离开这个技术成熟能够创造复制机还有几十年到 100 年,担心灰黏垃圾问题还为时过早。在将来的几十年中,我们有足够的时间设计安全装置,不让纳米机器人变得疯狂。例如,可以设计破损安全系统,按紧急按钮,让所有机器人失去作用。或者可以设计"机器人杀手",专门用来寻找和消灭失去控制的纳米机器人。

再一种办法是看一下大自然母亲是怎样做的,它有几十亿年处理这个问题的经验。我们的世界充满了自我繁殖的分子生命形式,叫做病毒和细菌,它们的繁殖可以失去控制,也能发生变异。然而,我们的身体也产生它自己的"纳米机器人",一种抗体和免疫系统中的白血球,它们能找出和消灭奇异的生命形式。这个系统肯定是不完善的,但是它提供了一个处理这个失去控制的纳米机器人问题的办法。

物理 未来来 复制机的社会影响

《激进演化》(*Radical Evolution*)一书的作者乔尔·加鲁(Joel Garreau)为我曾经主持的BBC发现专栏作了一次讲演,他说:"如果自我组装最终确能变成现实,'天啊!'这就进入历史上最神圣的时刻之一。那时我们将真的谈论把世界变成一个以前从未见过的世界。"

有一个古老的谚语说,要小心你希望得到什么,因为也许它会变成真的。纳米技术的目标是要创造分子装配机或复制机,它可以改变社会本身的根基。在整个人类历史上,有一个贯穿社会的主题,它形成我们的文化、哲学和宗教。在一些宗教中,繁荣被看做是神的赐予,而穷困被看做是惩罚。佛教则相反,它是建筑在普遍的受苦受难和我们应该怎样应付的基础上的。而在基督教中,新遗嘱说:"骆驼穿针易,富人上天难。"

财富的分配也确定了社会本身。封建主义是建立在少数贵族拥有财富和农民贫困基础上的。资本主义是基于这种思想:精力充沛和积极生产的人由于他们开公司、辛勤劳动变得富裕而得到回报。但是如果懒惰、不积极生产的人按一下按钮也能免费得到所需要的东西,那么资本主义就不再有效了。一个复制机将使一整车苹果翻个个儿,人的关系也要翻个个儿。有钱人和没钱人的区别将消失,和它一起还有地位和政治权利的概念也要改变。

在《星际迷航:下一代》(*Star Trek:The Next Generation*)中有一段情节探讨了这个难题。星际飞船发现一个来自20世纪的太空舱飘浮在外层空间。在这个太空舱里是在20世纪受那时无法医治的疾病折磨的人的冰冻的身体,希望将来能够复活。星际飞船"进取"号的医生很快治好了这些人的病,让他们复活。这些幸运的人惊奇他们的赌博债务付清了,但是其中有一个人是精明的资本家。他问的第一件事是这是什么时期? 当他发现他现在是活在24世纪时，他立刻认识到他的投资今天发了。他立刻要求与他地球上的银行家联系。但是"进取"号的机组成员迷惑了。钱？投资？这些在将来不存在。在24世纪，只要你要什么就会给你。

这也产生了一个寻找完美社会，或"乌托邦"的问题。这个词是托马斯·莫尔（Thomas More）先生在1516年写的小说《乌托邦》（*Utopia*）中发明的。他为周围人们的痛苦和悲惨而惊恐，他幻想在大西洋一个虚构的岛上有一个天堂。在19世纪，在欧洲有很多社会运动寻找各种形式的乌托邦，他们中的很多人逃到美国发现了避难所，甚至今天我们在这里还能看到他们定居的证据。

一方面，复制机能给我们19世纪的幻想家幻想的乌托邦。从前的乌托邦失败是由于物资贫乏，结果导致不平等，然后争吵，最终崩溃。但是如果复制机解决了贫乏问题，那么也许乌托邦就可以实现。艺术、音乐、诗歌将会繁荣，人们将自由地寻求他们最喜爱的梦想和希望。

另一方面，没有了贫穷和金钱的激发因素，就有可能导致一个自我纵容的、落入最低水平的退化的社会。除了只有一小部分最喜欢艺术的人在写诗外，其他的人，批评家声称，将成为无所事事的流浪者和懒鬼。

甚至乌托邦使用的定义也成了问题。例如，社会主义的原则是"各尽所能，按劳分配"。共产主义的原则是"各尽所能，各取所需"。

但如果复制机是可能实现的话，那么这句经典之语就仅仅变成："各取所欲。"

然而，这里有第三种方法看待这个问题。根据洞穴人原理，人的基本个性在过去1万年没有多少变化。回到那个时候，这里没有工作这样的事情，人类学家说，原始社会很大程度上是公社的，同等地分享货物和艰难。日常的节奏不是由工作和薪水支配的，因为这两者都不存在。

然而那时的人并没有变成流浪者，原因有几个。首先，他们会饿死。不想做份额内的工作的人将会被部落扔出去，他们将会很快死亡。第二，人们为他们的工作而感到骄傲，甚至在他们的工作中发现意义。第三，存在巨大的社会压力需保持社会有生产能力的人数。有生产能力的人可以结婚，把他们的基因传给下一代，而流浪者的基因通常随他们死去。

因此，为什么当复制机发明了，每个人能够有他们想要的东西以后还能过着积极的生活呢？首先，复制机能保证每个人不挨饿。但是第二，大多数人会继续工作，因为他们为自己的技能骄傲，并在劳动中发现意义。但是第三个原因,没有社会压力,对个人自由的限制就很难维持。代替社会压力,也许需要加强教育,改变人们对工作和报酬的态度,这样复制机就不会滥用了。

幸运的是,因为进展很慢,复制机是100年左右以后的事,社会有充足的时间辩论这项技术的价值和意义,适应这个新的现实,这样社会就不会瓦解了。

更可能的是,第一台复制机将非常昂贵。正如麻省理工学院机器人专家罗德尼·布鲁克斯(Rodney Brooks)说的:"纳米技术,很像照相平版印刷术一样,非常昂贵,将在严格控制的情况下发展,而不是一项随随便便的大量的市场技术。"不受限制地免费使用纳米技术的问题将不会成为一个大问题。由于这些机器完善和复杂,因此在它们创造出来之后,需要几十年时间其价格才能降下来。

我曾经和一位未来学家有过一次有意思的谈话,他花了毕生的精力构思未来的轮廓。首先,他告诉我,他怀疑第2章中提到的奇异性理论,他看到人的性质和社会的动力学是非常杂乱的、复杂的,不可能用一个简单的、整洁的理论就能预计。但是他也承认,纳米技术的显著进展也许最终能产生一个物质极大丰富的社会,特别是用复制机和机器人。因此我问他:当日用品几乎是免费供应的时候,社会会怎样呢?社会最终是如此富裕,还需要工作吗?

他说,有两件事会发生。第一,他认为,将会有足够的财富保证每一个人有像样的最低的收入,即使他不工作。因此,大概会有一小部分人变成永久的懒汉。他预见会有一个永久性的社会安全网。这也许是不需要的,但它是不可避免的,特别是如果复制机和机器人满足了我们所有的物质需要。第二,他认为,这将会激发一种勤奋精神的革命,从而弥补这种情况。没有了陷入贫困和破产的恐惧,更勤奋的人会有更多的主动性承担额外的风险为人类创造新的工业和新的机会。他预见,当创造精神从破产的恐惧中释放出来时,一个新的社会文艺复兴时期将会出现。

在我自己的领域物理学中,我看到我们大多数研究物理学的人不是为了钱,而是为了纯粹的发现和创新的快乐。经常,我们放弃其他领域有利的工作,因为我们想要追寻梦想,而不是金钱。我知道的艺术家和知识分子也有同样的感觉,他们的目标不是聚积越来越多的银行存款,而是创造和使人的精神更高贵。

　　就我个人而言,如果到 2100 年社会变得如此富有,以致我们被物质财富所包围,我感到社会的反应也会是这样。一部分人将形成拒绝工作的永久性的人群。其他的人从贫困的约束中解放出来,追寻创造性的科学和艺术成就。对他们来说,创造、创新和艺术的纯粹的快乐将压倒物质世界的引诱。而大部分的人之所以将继续工作和有用,只是因为它是我们基因遗传的一部分,是洞穴人原理在我们身上起作用。

　　但是这里有一个即使是复制机也不能解决的问题。这就是能源问题。所有这些神奇的技术需要大量的能量驱动它们。这些能量从哪来呢?

石器时代并不是因为缺乏石头结束的。而石油时代在世界用完石油之前就早已结束了。

——詹姆斯·坎顿（James Canton）

在我看来，核聚变可与朦胧的史前历史上火的诞生带给人类的礼物相提并论。

——本·博瓦（Ben Bova）

5. 能源的未来　来自星星的能量

星星是诸神的能源。当阿波罗乘坐在喷火的马拉的战车上驰骋在天空中时，他用太阳的无限能量照亮了天空和大地。只有宙斯本人才能与他的能量匹敌。塞默勒（Semele），宙斯众多的凡间情人之一，乞求想看看他原来的模样时，他勉为其难地同意了。结果耀眼的、宇宙的能量爆发将她烧成灰烬。

在这一世纪，我们将利用星星的能源，诸神的能源。就眼前来说，这意味着将开创一个太阳能和氢能的世纪，代替石油燃料的世纪。但是从长远来看，这意味着利用聚变能和外层空间的太阳能。物理学的进一步进展将会开创一个磁力的时代，由此汽车、火车，甚至溜冰板将乘坐在磁垫上在空中飘浮而过。我们的能量消耗将急剧地降低，因为汽车和火车几乎所有的能量只是消耗在克服道路的摩擦上。

未物 来理 石油将用完吗？

今天我们的行星完全依赖于石油、天然气和煤这些形式的化石燃料。世界消耗的能源总共大约 14 万亿瓦,其中 33% 来自石油,25% 来自煤,20% 来自天然气,7% 来自核能,15% 来自生物质能和水电,只有 0.5% 来自太阳能和其他可再生能源。没有了化石燃料,世界的经济将会停滞不前。

一个清楚地看到石油时代将会结束的人是金·哈伯特(King Hubbert)先生,他是壳牌石油公司的石油工程师。在 1956 年,哈伯特对美国石油研究所作了一次意义深远的讲话,作了一个令人担忧的预计,在当时受到同事们的普遍的嘲笑。他预计美国的石油储备消耗是如此之快,以致很快 50% 的石油将从地底下开采出来,从而在 1965 年到 1971 年之间将会出现不可逆转的石油萧条的时代。他预见,美国的石油总储量可以画成一个钟形的曲线,到那时储量将处在顶点附近。从那时起,情况将会每况愈下。这意味着石油将越来越难以提取,因此想象不到的事情将会发生:美国将开始进口石油。

他的预计似乎有些轻率甚至奇怪和不负责任,因为美国从得克萨斯和国家的其他地方抽取大量的石油。然而石油工程师再也笑不起来了。哈伯特的预计击中下颌,正中要害。到 1970 年美国石油产量达到峰值,每天1 020 万桶(145 万吨),然后就开始下降了。再也没有恢复过。今天,美国 59% 的石油靠进口。事实上,如果比较几十年前哈伯特绘制的曲线和一直到 2005 年实际的美国产量图,就会发现两条曲线几乎是相同的。

现在石油工程师面临的基本问题是:我们是处在哈伯特预测的世界石油储量峰值的顶峰吗? 回到 1956 年,哈伯特也预测在大约 50 年左右全球石油产量将达到峰值。也许他又对了。当我们的孩子回顾这一世纪时,他们看待石油会像我们今天看待鲸油一样,把它们看成是遥远过去留下的不幸的遗迹吗?

我在沙特阿拉伯和整个中东作了多次讲演,谈论科学、能量和将来。一方面,沙特阿拉伯有 2 670 亿桶石油储量,因此这个国家就好像是浮在巨大的原油的地下湖上。在整个沙特阿拉伯和波斯湾国家旅行,我看到过度的能源浪费,在沙漠中间喷出巨大的喷泉,建造巨大的人工池塘和湖泊。在迪拜,甚至有用成千吨人造雪建的室内滑雪斜坡,而室外却是闷热的天气。

但是现在石油部长担心了。在"保证石油储量",在打消人们疑虑说在今后几十年还有充足的石油这些花言巧语背后,实际情况是很多这些权威的石油数据是欺骗性的,是"要你相信的"。"保证石油储量"听起来是权威的和确定的,让人感到宽心,但实际上这些储量常常是当地的石油部长的意愿和出于政治压力得出的。

说到能源方面的专家,我看到一个大家都粗略地一致同意的一个意见:要么世界石油产量已经处在哈伯特预测的石油产量峰值点,要么再过10年到达这个致命点。这意味着在最近的将来,可能进入不可逆转的衰落时期。

当然,石油将不会完全用完。新的油田总会发现。但是提取和精炼石油的成本将逐渐上升。例如,加拿大有巨大的焦油沙(tar sand)储存,足以供给世界今后几十年的石油,但是提取和精炼它的成本就不值得了。美国煤的储量大约可再维持300年,但是由于法律限制,提取所有这些特别的、造成气体污染物质的代价是巨大的。

此外,石油在世界政治不稳定的地区继续被发现,造成外国的不稳定。几十年来,石油价格的曲线像一个滑坡铁轨一样,2008年的峰值点达到吃惊的每桶140美元(超过每加仑4美元),然后由于经济大衰退跌落。尽管由于政治动荡、投机、谣言等原因造成石油价格有剧烈的摇摆,但有一件事情是清楚的:在未来一个长时期里,石油的平均价格将继续上涨。

这对于世界经济有深远的意义。20世纪现代文明的迅速上升催生了两件事情:廉价的石油和摩尔定律。能源价格的上升将会对世界食品的供应和控制污染造成压力。正如小说家杰里·波奈尔(Jerry Pournelle)说过:"食物和污染不是原始的问题:实际的问题是能源问题。有了足够的能源,我们想要多少食物就可以生产多少食物,如果需要的话,可以采用高强度的方法,如水耕法和温室。污染也很简单:有了足够的能量,污染可以转换成易管理的产品,如果需要的话,拆开成构成它们的产品。"

我们还面临另一个问题:在中国和印度这两个战后人口变化最大的国家里中产阶级的兴起,对石油和商品价格产生巨大的压力。他们看见好莱坞电影中的麦当劳(McDonald)汉堡包和能容纳两辆轿车的车库,也想过美国人那种浪费与过度消耗能源的生活。

近期（今天—2030）

[未来物理] 太阳能和氢能经济

在这一方面,历史似乎在自己重复。回到 20 世纪,亨利·福特(Henry Ford)和托马斯·爱迪生(Thomas Edison)两个长期的朋友打赌,哪种形式的能源能为将来提供燃料。亨利·福特把赌注押在石油代替煤,内燃机代替蒸汽机上。托马斯·爱迪生则把赌注押在电气汽车上。这是一个决定性的打赌,其结果对世界的历史会有深远的影响。在一段时间里,似乎爱迪生赢了,因为鲸油极难得到。但是很快在中东和其他地方发现了廉价的石油,很快福特似乎胜了。世界从此以后不再一样。电池敌不过汽油取得的显著成功。(甚至今天,1 磅汽油含有的能量大约为 1 磅电池的 40 多倍。)

但是潮流现在慢慢变了。也许在二人打赌 100 年之后,爱迪生将会赢。

在政府大厅和工业部门间的问题是用什么代替石油?这个问题现在还没有清楚的答案。在近期,没有化石燃料的直接替代物,很可能是一种能量的混合,没有一种形式的能源能支配另一种形式的能源。

但是最有希望的后继者是太阳能和氢能(基于可再生的技术,如太阳能、风能、水利发电和氢能)。

在目前,由太阳能电池生产电的成本是用煤生产电的价格的若干倍。但是太阳能和氢能的价格由于技术稳定进展会逐渐下降,而化石燃料的价格在继续慢慢上升。估计在 10 年到 15 年左右,两条曲线会相交。然后,市场将会决定其余的事情。

[未来物理] 风能

在近期,可再生能源如风能是一个大赢家。在世界范围内,风所产生的能量从 2000 年的 170 亿瓦上升到 2008 年的 1 210 亿瓦。风能曾经被认为是一种次要的能源,现在越来越增加了它的重要性。风力涡轮机技术的最近进展增加了风电场发电的效率和产量,成为能量市场上增长最快的行业。

今天的风力发电场远不是19世纪末为农场提供动力的老式风磨和磨房了。风力发电没有污染和安全问题,一个风力发电机可以产生5兆瓦的电力,足够一个小村子用了。一个风力涡轮机有一个巨大的、圆滑的叶片,大约100英尺(30.48米)长,转动时几乎没有摩擦。风力涡轮机产生电的方式和水电发电机,以及自行车发电机相同。风轮转动旋转线圈内的磁铁。旋转磁场推动线圈内的电流,产生净电流。一个大的风力发电场有100台风机,能够产生500兆瓦,可与单个烧煤的火力发电厂和核电厂产生的1 000兆瓦相比。

在过去的几十年中,欧洲成了世界风力技术的领先者。但是近来,美国在风力发电上超过欧洲。在2009年,美国用风力发电仅生产了280亿瓦电。但是得克萨斯一个州就用风力生产了80亿瓦,还有10亿瓦风力发电场在建,还有更多的在研制。如果一切按计划进行,得克萨斯州将用风力生产500亿瓦电,满足这个州2 400万人用富富有余。

中国在风力发电上将很快超过美国。它的风力发电基地计划将产生6个大的风力发电场,将具备生产1 270亿瓦的能力。

尽管风能看上去越来越有吸引力,并且将无疑会在将来发展,但它不能为世界提供大批的能量。充其量,它可以成为多种能源组合中的一部分。风能面临若干问题。风能的产生是间歇性的,只有在风吹的时候才能发电,而且只在世界上的一些关键地区。此外,由于电能输送的损失,风力发电场不得不靠近城市,这又限制了它们的有效性。

能量来自太阳

最终,所有的能量来自太阳。甚至石油和煤在某种意义上也是集中了阳光,代表着几百万年前洒落在植物和动物上的阳光的能量。结果,储存在1加仑(3.79升)汽油中的集中的阳光能量比电池中储存的能量要大得多。这就是在上一世纪爱迪生面临的问题,也是今天我们面临的同样问题。

太阳能电池的作用是将阳光直接转换成电。(这个过程爱因斯坦在1905年就解释过了。当光粒子或光子打击金属时,它把电子踢出来,因此产生电流。)

　　然而,太阳能电池的效率不高。甚至在工程师和科学家几十年艰苦工作之后,太阳能电池的效率才达到15%。因此,研究工作沿两个方向进行。第一是增加太阳能电池的效率,这是一个非常困难的技术问题。第二是缩小太阳能公园(solar parks)的加工、安装和建造的成本。

　　例如,一个可能提供美国电力需要的方法是把整个亚利桑那州都用太阳能电池覆盖起来,但这是不实际的。然而,对大块撒哈拉沙漠房地产的土地权的问题突然成了热门话题,并且投资者已经在这个沙漠上建了大规模的太阳能公园以满足欧洲消费者的需要。

　　或者在城市里,可以将太阳能电池覆盖在屋子和建筑上以减小太阳能的造价。这样做有几方面的优越性,包括减少从中心电站传输能量的损失。问题之一是需要降低成本。粗略计算表明,你不得不花掉所有的钱才能使这些冒险有利可图。

　　尽管太阳能还做不到它所能承诺的,然而近来石油价格的不稳定刺激了将太阳能最终引入市场。这正在变成一个潮流。每几个月纪录就被打破。太阳能电流的产量每年增加45%,几乎每两年翻一番。在世界范围内,太阳能光伏电源装置的容量现在已达150亿瓦,仅2008年就增长56亿瓦。

　　在2008年,佛罗里达光电公司(Florida Power & Light)宣布了在美国的最大的太阳能电厂项目。合同是太阳能公司(SunPower)给出的,这个电厂将生产25兆瓦的电力。〔当前在美国的纪录是内华达州内利斯(Nellis)空军基地保持的,它的太阳能电厂生产15兆瓦的太阳能。〕

　　在2009年,总部在加利福尼亚州奥克兰的光源能公司(BrightSource Energy)宣布的计划打破了这个纪录,要横跨加利福尼亚、内华达、亚利桑那建14个太阳能电厂,生产26亿瓦电。

　　光源能公司的一个项目是伊万帕(Ivanpah)太阳能发电厂,由3个位于南加利福尼亚的3个热电厂组成,生产440兆瓦的电力。光源能公司还计划与太平洋天然气和电力公司(Pacific Gas)合作,在莫哈韦(Mojave)沙漠建一个13亿瓦的电厂。

　　在2009年,世界上最大的太阳能电池制造商,第一太阳能公司(First Solar)宣布它将在中国长城北面建世界上最大的太阳能发电厂。合同期为10年,具体计划还在酝酿之中,预计建一个巨大的太阳能联合体,含有

2 700 万个太阳能薄膜板,将发 20 亿瓦的电力,或等于两个燃煤的热力发电厂,产生足够的能量供应 300 万个家庭。这个电厂占地 25 平方英里(64.75 平方公里),建在内蒙古,实际上是一个更大的能源公园的一部分。中国官方说,太阳能只是这个设施的一部分,由风力、太阳能、生物质能和水电最终提供的电力为 120 亿瓦。

还要看这些雄心勃勃的计划是否最终能够通过环境检查和财政预算双重考验,但关键是太阳能经济已渐渐经历了巨大的改变,有很多的太阳能公司已认真地将太阳能看做与化石燃料发电厂竞争的对手。

物理未来 电力汽车

因为大约一半的世界石油是用于汽车、卡车、火车和飞机,所以人们对这部分经济的改革有极大的兴趣。现在,当国家面临从化石燃料向电力过渡的历史转变时期,这里有一个竞赛看谁将控制汽车的未来。在这个转变中有几个阶段。首先是混合动力汽车,市场上已经有了,它利用电池的电力和汽油的动力的组合。这个设计使用一个小的内燃发动机解决了使用电池长期存在的一个问题:很难生产一个电池能长距离使用,也很难提供瞬间的加速。

但是混合动力汽车是第一步。例如,插入式混合动力汽车有一个功率大的电池,足以让汽车靠电力跑前 50 英里(80.5 公里),然后转到汽油发动机。因为大多数人上下班和购物在 50 英里范围内,这意味着这些汽车在此期间是完全靠电力推动的。

雪佛兰沃尔特(Chevy Volt)是主要一款插入式混合动力赛车,是由通用汽车公司(General Motor)制造的。只利用锂离子电池的跑程范围是 40 英里(64.4 公里),加上一个小的汽油发动机的跑程范围是 300 英里(483 公里)。

还有一款泰斯拉跑车(Tesla Roadster),是根本没有汽油发动机的。它是泰斯拉汽车公司(Tesla Motor)制造的,这是一家硅谷的公司,是唯一一家在北美完全销售系列电力汽车产品的公司。泰斯拉跑车是一个流线型的跑车,可以与任何汽油发动的汽车并驾齐驱,让电力锂离子电池不能与汽油发动机匹敌的想法休矣。

　　我有机会驾驶一辆两个座位的泰斯拉(Tesla)，车主是约翰·亨德里克斯(John Hendricks)，他是"发现频道"的母公司，"发现通讯与通信公司"(Discovery Communication)的奠基人。亨德里克斯催促我全力踩加速器检验他的车。我按照他的建议将加速器踩到底。我立刻感到一股动力在涌动。当我只用了 3.9 秒就达到每小时 60 英里时(96.6 公里)，我的身体沉重地靠在座位上。听工程师吹嘘全电力汽车的性能是一回事，亲自踩加速器和感受它则是另一回事。

　　泰斯拉的成功销售迫使主流汽车销售商在多年放弃电力汽车后拼命追上。当罗伯特·卢茨(Robert Lutz)还是通用汽车的副总裁时，他说过："通用汽车这里的所有天才总是说锂离子技术还是 10 年后的事，丰田汽车也同意我们这种说法，然而，泰斯拉一出现，电力汽车一下子就繁荣了。因此我说：'一些由不懂汽车生意的小家伙经营的很小的加利福尼亚公司能够做到的事情为什么我们做不到呢？'"

　　尼桑汽车公司(Nissan Motors)是第一个将完全的电力汽车介绍给普通消费者的。它的汽车叫做利夫(Leaf)，跑程范围 100 英里(161 公里)，最高速度可达每小时 90 英里(145 公里)，并且是全电力汽车。

　　在全电力汽车之后，另一种最终出现在展厅里的车是燃料电池汽车，有时被称为是将来的汽车。在 2008 年 6 月，本田汽车公司(Honda Motor)宣布世界第一辆商用燃料电池汽车，福克斯克拉里蒂(FCX Clarity，暂译名)，初次登场。它的跑程范围 240 英里(386 公里)，最高速度每小时 100 英里(161 公里)，有标准 4 门轿车所有的舒适装置。只用氢作为燃料，不需要汽油，也不需要充电。然而，因为氢的基础设施还不存在，所以仅在美国的南加利福尼亚用做出租。本田还开发了一款燃料电池的跑车，叫做 FC 运动型概念车(FC sport)。

　　然后在 2009 年，通用汽车公司在全面废除旧的管理之后，从破产中复苏，宣布它的燃料电池汽车，雪佛兰伊奎诺克斯(Chevy Equinox，暂译名)，在试验期间通过了 100 万英里(161 万公里)的测试。在过去 25 个月，5 000 人测试了 100 辆这样的燃料电池汽车。底特律，在引进小汽车技术和混合动力技术上长期落后于日本，现在正试图在将来获得立足之地。

　　在表面上，燃料电池汽车是完美的汽车。它的运行是通过氢和氧的结合，然后变成电能，仅留下水作为废物。它不产生一丝一毫的烟雾。看着燃料电池汽车的排气管会有一种奇怪的感觉。从尾部排出的不是呛人的有毒的烟雾,而是无色的、无味的水滴。

"你把手放在排气管之上,排出的仅仅是水。这种感觉真酷。"迈克·施维布勒(Mike Schwable)说,他驾驶伊奎诺克斯(Equinox)测试了10天。

燃料电池技术并不是新的东西。其基本原理早在1839年就论证了。美国宇航局(NASA)用燃料电池为它的空间探测仪器提供能源已有几十年了。新的问题是制造商增加产量和降低成本的决心。

燃料电池面临的另一个问题是困扰亨利·福特的同样问题,在他销售T型桥车时,批评家声称汽油是危险的,人会在可怕的汽车事故中死去,在碰撞中活活烧死。此外,还必须在几乎每个街区有一个加油站。批评家所说的这些都是对的。每年有几千人死于可怕的汽车事故,并且我们看到加油站到处都是。但是汽车是如此便利和有用,因此人们忽视这些事实。

现在对燃料电池汽车也提出了同样的反对意见。氢燃料是不稳定的和爆炸性的,在每个街区必须建氢加油站。很可能批评家又对了。但是一旦氢的基础设施到位,人们将发现没有污染的燃料电池汽车是如此之方便,结果他们也会忽略这些事实。今天,全美国仅有70个燃料电池汽车的加油站。因为燃料电池汽车的跑程大约每加一次燃料可跑170英里(274公里),这意味着在行驶中要注意燃料表。但是这种情况将会逐渐改变,特别是如果燃料汽车的价格由于批量生产下降和技术取得进展的话。

但是电力汽车的主要问题是电池不是从无中生有产生能量的。首先必须对电池充电,而这些电通常是来自烧煤的火力发电厂。因此,尽管电力汽车是没有污染的,但最终的能源来自化石燃料。

氢不是纯粹的能量产品,而是一个能量的载体。首先必须产生氢气。例如,必须用电将水分离成氢和氧。因此,尽管电力汽车和燃料电池汽车会给我们一个没有烟雾的未来,问题是它们使用的能量大部分来自燃烧煤。最终,我们是在极力反对热力学第一定律:物质和能量的总和不能消灭,也不能从无中创造。你不付出也就得不到。

这意味着,在从汽油到电的转换过程中,需要用完全新形式的能源代替烧煤的发电厂。

核裂变

产生能量,而不只是转换能量的一种可能性是靠分裂铀原子。其优点是核能不像燃煤和燃油的发电厂那样产生大量的温室气体,但是技术的和政治的问题约束了核能的发展几十年。美国最后一个核电站是在 1977 年开始建造的,是在 1977 年的三哩岛(Three Mile Island)致命的事故葬送了核能的商业前途之前。1986 年切尔诺贝利核电站破坏性的事故决定了核能的命运,影响了整整一代人。核能在美国和欧洲枯竭了,只在法国、日本和俄国由于得到来自政府的补贴还继续存在。

核能的问题是,在分裂铀原子时将产生大量的核废料,这些核废料几千万年到几亿年都是放射性的。通常 1 千兆瓦的反应堆在一年之后产生大约 30 吨的高级核废料。它的放射性是如此之强,以致确实能在黑暗中发光,必须储存在特殊的冷却池里。美国有大约 100 个商业反应堆,每年产生几千吨的高级核废料。

这个核废料引起问题是由于两个原因。首先,甚至在反应堆关闭之后它仍然是热的。如果冷却水意外关闭了,像三哩岛那样,那么反应堆核心开始熔化。如果这个熔化的金属接触到水,就能引起蒸汽爆炸,将反应堆炸开,将成吨的高级放射性碎片抛到空中。在最恶劣的 9 级核事故中,必须立刻将大约几百万人撤离到距离反应堆 10 到 50 英里(16—80 公里)的地方。印第安半岛反应堆仅在纽约城北边 24 英里(38.6 公里)之处。一个政府部门的研究估计印第安半岛的核反应堆发生事故可能会造成 1 万亿美元的财产损失。在三哩岛,反应堆的重大事故在几分钟内就能使东北部瘫痪。由于工人们在反应堆核心达到二氧化铀熔点仅仅 30 分钟之前将冷水重新引进核心,灾难才勉强得以转移。

在基辅外的切尔诺贝利,情况更糟。安全机械装置控制杆被工人手工关闭了。一个小的能量涌出使反应堆失去控制。当冷水突然遇到熔化的金属时,它产生蒸汽爆炸,把整个反应堆顶部掀掉,将反应堆大部分核心抛到空气中。很多送去控制事故的工人最终死于可怕的放射性烧伤。由于反应堆大火的燃烧失去控制,最后调用了红军空军。有特殊屏蔽的直升机被送去向燃烧的反应堆喷洒掺硼酸的水。最后,反应堆核心用固体混凝土包住。

甚至到了今天,这个反应堆核心仍然不稳定,并且继续产生热核放射性。

除了垮塌和爆炸问题,还有废品处理问题。把废品放在哪呢?让人尴尬的是,进入原子时代已 50 年了,仍然没有答案。在过去,有关这些废物的处理存在一连串的错误,让我们付出极大代价。最初,美国和俄罗斯把一些核废物简单地倒到海洋中,或埋在浅的地坑中。在乌拉尔山,在 1957 年一个钚废料甚至灾难性地爆炸了,要求大量人员的撤离,并且在斯维尔德洛夫斯基和车里雅宾斯克之间 400 平方英里(1 036 平方公里)的区域造成根本性的损伤。

最初,在 20 世纪 70 年代美国想把高级核废料埋在堪萨斯州里昂的盐矿里。但是后来发现这个盐矿不能用,因为它们已经到处是油气开采人钻的大量的洞。美国被迫关闭里昂这个地点,受到令人尴尬的挫折。

在后来的 25 年中,美国花了 90 亿美元研究和在内华达州建造巨大的尤卡山(Yucca)废料处理中心,结果在 2009 年巴拉克·奥巴马(Barack Obama)总统把它取消了。地质学家证明尤卡山这个场地不能容纳核废料 1 万年。尤卡山这个场地从未开放,使核电厂的商业运营者没有永久的废料存储设施。

目前,核能的前景不清。华尔街对于是否投资几十亿美元建一个新的核电站举棋不定。但是工业界声称最近一代的核电厂比以往要安全。同时,能源部仍然坚持将核能作为一种选择。

未来物理 核扩散

然而,巨大的威力也随着带来巨大的危险。例如在挪威神话里,海盗崇拜欧丁(Odin)神,它靠智慧和正义统治仙宫。欧丁掌控着一个神的兵团,包括英雄托尔(Thor),北欧神话中的雷神,他的荣誉和勇敢是任何战士最珍爱的品质。然而,还有洛基(Loki),北欧神话中的火神,他被嫉妒和仇恨所毁灭。他总是诡计多端和善于欺骗及谎言。最终,洛基协同天上的巨人们进行了最后的黑暗与光明的战斗。这是一场史诗般地导致世界毁灭的战斗。

今天的问题是国家间的嫉妒和仇恨可能造成核毁灭。历史证明,当一个国家掌握了核能的商业技术,如果它有要求和政治意向,它就可以将这些技术转变成核武器。其危险是核武器技术将会扩散到世界上最不稳定的地区。

在第二次世界大战中,只有地球上的大国有资源、有知识、有能力制造原子弹。然而,在将来,随着新技术的引进,铀浓缩价格的下降,门槛会显著下降。我们面临的危险是:更新的和更廉价的技术可能会让原子弹落入危险分子的手中。

制造原子弹的关键在于要用大量的铀矿和提纯它。这意味着要将占天然铀矿 99.3% 的铀-238 与占 0.7% 的适合造原子弹的铀-235 分离开来。这两种同位素在化学上是相同的,分离它们的唯一可靠方法是利用它们的重量之差,铀-235 比铀-238 轻 1%。

在第二次世界大战期间,分离这两个铀同位素的唯一方法是繁重的气体扩散的过程:将铀制成气体(六氟化铀),然后迫使它们跑过几百英里的管道和隔膜。在这个行程之后,铀-235 轻,跑得快,而重的铀-238 则落在后面。在含有铀-235 的气体提取之后,这个过程重复,直到铀-235 浓缩的级别从 0.7% 达到 90%,成为炸弹级的铀。但是推动气体需要大量的电力。在战争期间,美国总电力供应的一个很大部分为了浓缩目的输入到橡树岭(Oak Ridge)国家实验室。浓缩设备十分巨大,占地 200 万平方英尺(18.58万平方米),雇用 12 000 个工人。

在二战后,只有美国和俄罗斯两个超级大国能够积聚大量的核武器库存,多至 3 万件,因为它们掌握了气体扩散的技术。但是今天,只有 33% 的世界浓缩铀来自气体扩散。

第二代浓缩铀厂利用更完善的、更廉价的技术:超高速离心器,结果造成世界政治的巨大改变。超高速离心器能将含有铀的舱转动的速度达到每分钟 10 万转。这就加大了铀-235 和铀-238 的 1% 的质量差别。最终,铀-238 沉到底部。在转动很多次以后就可以从管道的顶部取出铀-235。

超高速离心器的能量效率是气体扩散的 50 多倍。世界上大约 54% 的铀是用这种方法提纯的。

有了超高速离心器技术,只需要 1 000 台超高速离心器连续运转一年就能产生能够制造一枚原子弹的浓缩铀。超高速离心器技术容易被窃取。在历史上发生的一起最严重的违背核安全的事件中,不引人注意的原子工程师卡迪尔汗(A. Q. Khan)窃取了超高速离心器和原子弹构件的蓝图,出卖它赚取利润。在 1975 年,当他在荷兰阿姆斯特丹为美英德荷铀浓缩公司集团(URENCO)工作时,这个项目是英国、西德和荷兰建立为欧洲反应堆提供铀的,他将这些秘密的蓝图给了巴基斯坦政府,他被当做民族英雄受到热烈的欢呼,他还被怀疑将这类的信息卖给了萨达姆·侯赛因和伊朗政府、北朝鲜与利比亚。

巴基斯坦利用这个窃取的技术生产了小量的原子武器,于1998年开始试验。随后,巴基斯坦和印度之间的核对抗开始,这两个国家都爆炸了一系列的原子弹,几乎导致这两个国家的核对抗。

也许是因为购买了来自卡迪尔汗的这个技术,据传说伊朗加速了它的核计划,到2010年建造了8 000个超高速离心器,还打算再建3万多个。这就加大了中东其他国家要制造它们自己的原子弹的压力,导致了进一步的不稳定。

21世纪地缘政治也许会改变的第二个原因是又一代浓缩技术——激光浓缩——出现了,可能比超高速离心器更廉价。

如果考察这两个铀同位素的电子壳层,显然是相同的,因为核中有相同的电荷。但是非常仔细地分析电子壳的平衡,就会发现在铀-235和铀-238的电子壳之间有细小的能量差别。通过照射极为细微调试的激光束,可以从铀-235的电子壳中把电子踢出来,但是铀-238却不能。一旦铀-235电离了,就很容易用电场从铀-238分离出来。

但是这两种同位素之间的能量差别是如此之小,以致很多国家都试图利用这个技术却没有成功。在20世纪80年代和90年代,美国、法国、德国、南非和日本都试图掌握这个困难的技术,但相继失败。在美国,一次尝试涉及了500位科学家和20亿美元。

但是在2006年,澳大利亚科学家宣布,他们不仅解决了这个问题,而且还试图将其商业化。因为铀燃料30%的成本来自浓缩过程,澳大利亚西勒克斯公司(Silex)认为这项技术会有市场。西勒克斯公司甚至和通用电气签了一个合同开始将这项技术商业化。最后,他们希望用这项技术生产世界上多达三分之一的铀。在2008年,通用电气的日立核能公司(Hitachi Nuclear Energy)宣布计划在2012年前在北卡罗来纳州威尔明顿(Wilmington)建第一个铀商业浓缩厂。这个厂在一个面积为1 600英亩(9 712亩)的场地上占地200英亩(1 214亩)。

对于核能工业来说,这是一个好消息,因为它将使未来几年浓缩铀的成本下降。然而,其他人担心,因为这项技术扩散到世界不稳定地区只是一个迟早的问题。换句话说,我们必须抓住机会签订条约限制和控制浓缩铀的流动。除非我们控制这项技术,否则核炸弹将会继续扩散,甚至落入恐怖分子集团手中。

我的一个熟人是已故的西奥多·泰勒(Theodore Taylor),他为五角大楼设计最大的和最小的核弹头,具有少有的声望。他的一项设计是"戴维·克罗克特"(Davy Crockett),仅重50磅(22.7千克),但是可以将一个小的原子弹扔向敌人。泰勒是一位雄心壮志的核弹的倡导者,曾参加"猎户座"(Orion)项目,目的是用核弹推动太空船飞向最近的恒星。他计算,靠着不断地从尾部扔出核弹,产生的冲击波将推动这样的太空船接近于光速。

我曾经问他为什么不再设计核弹,而转为研究太阳能。他告诉我,他常常做噩梦。他感到,他的工作是核武器,最终导致一件事情:生产第三代原子弹头。(20世纪50年代的第一代弹头很大,很难携带到目标。20世纪70年代的第二代弹头小,而且紧凑,在导弹的鼻子尖端的锥形体中可以安装10枚这样的弹头。但是第三代弹头是"设计家炸弹",专门设计在各种环境下工作,如森林、沙漠甚至外层空间。)这些第三代炸弹之一是微型原子弹,它是如此之小,以致恐怖分子可以在手提箱中携带它们,用它来毁灭整个城市。一想到他一生的工作有一天可能被恐怖分子利用,这个想法使他像鬼魂缠身一样感到害怕。

中期(2030—2070)

未来物理 全球变暖

到本世纪中期,化石燃料经济的影响将充分展现:全球变暖。现在无可争辩的是地球正在变暖。在上一个世纪,地球的温度上升了1.3华氏度(约0.3℃),并且上升的步伐还在加快。我们到处都可见到明明白白的迹象:

- 北极冰的厚度仅在过去50年就惊人地减少了50%。这些北极冰的大部分温度仅在冰点之下,所以漂浮在水上。因此,它对海洋温度的微小变化很敏感,像矿井里的金丝雀一样,是一个早期警告系统。今天,北极冰盖的一部分在夏季的月份里消失,到了2015年在夏季也许会整个消失。到本世纪末北极冰盖可能会永久消失,将会改变海洋的流动和环绕地球的空气的流动,从而干扰世界的气候。

- 在2007年格陵兰的冰架缩小了24平方英里(62.2平方公里)。在2008年这个数字跳到71平方英里(183.9平方公里)。〔如果所有的格陵兰的冰融化,全世界海平面的高度要升高20英尺(6.1米)〕。

- 大块的南极洲的冰在稳定了几万年之后逐渐破裂了。在2000年,一块大小为康涅狄格州的冰破裂了,含有4 200平方英里(10 878平方公里)的冰。在2002年,一块罗德岛大小的冰从特怀特冰川(Thwaites Glacier)脱落开。〔如果所有的南极洲的冰融化,全世界海平面将会升高大约180英尺(54.86米)〕。

- 海平面每垂直升高1英尺(30.48厘米),海洋的水平面扩大约100英尺(30.48米)。在上一世纪海平面已升高8英寸(20.32厘米),主要是海水温度升高膨胀引起的。根据联合国报告,到2100年海平面可能升高7—23英寸(17.78—58.42厘米)。根据科罗拉多大学北极和高山研究所科学家的说法,到2100年海平面可能升高3—6英尺(0.95—1.83米)。地球海岸线的地图将会逐渐改变。

- 在18世纪后期已经开始可靠地记录温度。1995年、2005年和2010年名列曾经记录过的最热的年份。2000年到2009年是最热的10年。同样,二氧化碳的水平也急剧升高。它们是10万年以来最高的水平。

- 当地球温度升高时,热带疾病逐渐向北迁移。最近由蚊子携带的西尼罗河(West Nile)病毒的传播也许是将要发生的事情的前兆。联合国官员特别关心疟疾向北扩散。通常,很多有害昆虫的卵在每个冬天当土壤冻结之后就死掉了。但是随着冬季季节的缩短,这意味着危险的昆虫将无情地向北传播。

未物来理 二氧化碳——温室气体

根据联合国政府间气候变化专家组的研究,科学家有90%的把握相信全球变暖是由人类活动造成的,特别是通过燃烧石油和煤产生的二氧化碳。阳光很容易通过二氧化碳。但是太阳光加热地球产生的红外辐射却不能轻易通过二氧化碳。来自太阳光的能量不能消散在太空中,它被截留了。

我们在温室或汽车里也会看到类似的效应。阳光温暖了空气,玻璃阻挡了热量的散失。

不祥的是,二氧化碳的排放量呈爆炸式增长,特别是在上一个世纪。在工业革命之前,空气中的二氧化碳含量是 270 ppm(一百万分之270)。今天它剧增到 387 ppm。(在 1900 年,全世界消耗 1.5 亿桶石油。在 2000 年上升到 280 亿桶,上升了 185 倍。在 2008 年,94 亿吨二氧化碳从化石燃料和砍伐的森林燃烧中散发到空气中,只有 50 亿吨回收到海洋、土壤和植物中。其余的将在未来的几十年停留在空气中,加热地球。)

未物来理 访问冰岛

地球温度的升高并不是意外的事情,可以通过分析冰的冰芯证明。通过深深的钻探北极古代的冰,科学家能够提取几千年前的空气泡。通过化学分析这些气泡中的空气,科学家能够重新推想 60 万年前的温度和大气中二氧化碳的含量。很快,他们就能确定 100 万年前的气候条件。

我有机会亲眼看到这些。我曾经在冰岛首都雷克雅未克(Reykjavik)作了一次讲演,有幸访问了进行冰芯分析的冰岛大学。当飞机在雷克雅未克着陆时,首先看到的是雪和参差不齐的岩石,很像月球的荒凉的地形。尽管贫瘠和可怕,这个地形使北极的这个地方成了一个分析地球几十万年前气候的理想地点。

当我访问他们的保持在冰冻温度下的实验室时,我必须通过厚厚的冷藏室的门。一旦进入里面,我看到一架一架的放有长金属管的架子,每根管直径大约 1.5 英寸(3.81 厘米),长大约 10 英尺(3.05 米)。每一根空心管曾钻透到一条冰河的冰的深处。当管子穿透冰的时候,它捕捉了几千年前落下的雪的样品。当管取掉之后,就可以仔细考察每一个的冰的成分。开始时我看到的是一个长的白冰柱。但是经过仔细考察,可以看到这块冰有不同颜色的细带构成的条纹。

科学家必须使用各种技术确定它们的年代。有些冰层含有说明重要事件的标记,如火山喷发释放出来的烟灰。因为这些喷发的日期是精确知道的,可以利用这些确定这个冰层有多大年纪。

这些冰芯然后切成各种薄片进行检测。当我在显微镜下凝视一个薄片时,我看到小的、细小的气泡。我激动地认识到,我看到的气泡是在几万年前,甚至是在人类文明出现之前存留下来的。

每个气泡中二氧化碳的含量很容易测量。但是计算这些冰开始沉积时空气的温度要困难得多。(为了做到这一点,科学家分析气泡中的水。水分子可以包含不同的同位素。当温度降低时,较重的水的同位素比普通的水分子浓缩得快。因此,通过测量较重的同位素的量,就可以计算水分子浓缩时的温度。)

最后,在耐心分析了成千个冰芯的含量之后,这些科学家得出了一些重要的结论。他们发现温度和二氧化碳的级别是平行振荡的,像两个过山车一样,在几千年的时间里一起同步运动,当一条曲线上升或下降时,另一条曲线也同样上升或下降。

最重要的是,他们发现仅在上一个世纪里温度和二氧化碳含量发生了突然的升高。这是很不寻常的,因为在过去几千年间大部分波动是缓慢发生的。科学家断定,这个不寻常的升高不是自然加热过程造成的,而是直接说明了人类的活动。

还有其他办法说明这个突然地升高是由人类引起的,而不是自然地循环。计算机模拟现在已经进展到可以模拟存在人类活动和不存在人类活动地球的温度。如果没有人类文明产生的二氧化碳,我们发现一个相当平的温度曲线。但是有了人类的活动,我们能够说明,温度和二氧化碳都应该有突然的升高。预计的升高和实际的升高完全吻合。

最后,可以计算落在地球表面每一平方英尺(0.093 平方米)上的日照量。科学家也能计算从地球反射到外层空间的热量。通常,我们预期这两个量是相等的,输入等于输出。但是实际上,我们发现当前此能量的净余量是使地球加热。如果计算人类活动产生的能量就会发现完全吻合。因此,是人类的活动引起当前地球加热。

不幸的是,即便我们突然停止产生任何二氧化碳,已经释放到大气中的气体也足以在未来的几十年中使地球继续加热。

其结果是,到了本世纪中期,情况可能会变得可怕。

科学家绘制了如果海平面继续升高,到本世纪中期以后沿海城市会变成什么样子。沿海城市可能消失。曼哈顿的大部分不得不撤离,华尔街将在水下。政府将不得不决定哪些大城市和首都值得保留,哪些没有希望保留。有些城市有可能通过建造完美的堤坝和水门保留。其他城市可能注定没有希望保留,只好淹没在海中,造成大量的居民的迁移。由于世界上大多数商业和人口集中的地方靠近海洋,因此可能对世界经济造成灾难性的影响。

即便是一些城市能够挽救下来,却仍然存在危险,大风暴可以将涌浪送到城市,使基础设施瘫痪。例如,在 1992 年巨大的风暴涌浪淹没了曼哈顿,造成新泽西的地铁系统和火车瘫痪,使经济陷入了停顿。

未物来理 淹没孟加拉国和越南

政府间气候变化专家组的报告隔离出 3 个有潜在灾害的热点地区:孟加拉国、越南湄公河三角洲和埃及尼罗河三角洲。

最坏的情况是在孟加拉国,这个国家即使在没有全球变暖的情况下也经常遭受暴风雨引起的洪水泛滥。这个国家大部分是平坦的,并处于海平面的水平。尽管在过去几十年这个国家收获颇丰,但仍然是地球上最贫穷的国家之一,而它的人口密度最高。(它的人口为 1.61 亿,与俄罗斯人口相当,但土地面积只有俄罗斯的 1/120。)如果海平面升高 3 英尺(91.44 厘米),它的一半土地将被永久淹没。在这里自然灾害几乎每年都发生,但是在 1998 年 9 月,世界惊恐地见证了也许会成为经常发生的事情的预演。汹涌的泛滥淹没了这个国家的 2/3,几乎在一夜之间让 3 000 万人无家可归;1 000 人死亡,6 000 英里(9 656 公里)的道路被毁。这是在现代历史上最恶劣的自然灾害之一。

另一个将会被海平面升高毁坏的国家是越南,其中湄公河三角洲最为脆弱。到本世纪中期,这个国家的 8 700 万人口可能会面临它的主要粮食生产区域的崩溃。越南一半的稻米是在湄公河三角洲生长的,它是1 700万人的家,海水升高将会将这个区域的大部分淹没。根据世界银行的估计,如果到本世纪中期海平面升高3英尺(91.44厘米),整个人口的11%将要迁移。湄公河三角洲将会被盐水淹没,永久性地毁坏了这个地区肥沃的土壤。如果洪水使越南几百万人逃离家园,很多人将会蜂拥到胡志明市避难。但是这个城市的1/4也将在水下。

在2003年五角大楼委托全球商业网(Global Business Network)进行了一项研究表明,在最坏的情况下,由于全球变暖引来的混乱可能会扩散到全世界。当几百万难民穿过边界,政府可能失去任何权威和崩溃,因此国家可能陷入抢劫、暴动和混乱的局面。在这种绝望的情况下,当国家面临几百万绝望的人群流入这种前景时,可能会诉诸核武器。

"可以预想巴基斯坦、印度和中国,都武装有核武器,会在边境上就难民、进入共享的河流和可耕土地上发生冲突。"报告说。彼得·舒瓦茨(Peter Schwartz)是全球商业网的奠基人和五角大楼研究的主要作者,他向我透露了这种情景的细节,他告诉我最大的热点地区是在印度和孟加拉国之间。在孟加拉国最严重的危机时刻,多至1.6亿的人可能被赶出家园,成为人类历史上最大的移民。当边界崩溃、地方政府瘫痪、大量暴乱发生时,紧张可能迅速加剧。舒瓦茨认为国家可能使用核武器作为最后的手段。

在最坏的情况下,温室效应可能靠自身产生。例如,北极地区冻土地带的融化可能会从腐烂的植物中释放几百万吨的沼气。在北半球冻土地带覆盖了几乎900万平方英里(2 331万平方公里)的土地,含有自几万年前最后一次冰河时代以来的冻结的植物。这些冻土地带含有比大气还要多的二氧化碳和甲烷,对世界的气候产生巨大的威胁。此外,甲烷气体是比二氧化碳更致命的温室气体。它在大气中停留的时间不长,但是比二氧化碳引起更大损伤。如此多的甲烷气体从融化的冻土地带释放出来将引起温度迅速升高,从而引起更多甲烷气体的释放,引起全球变暖的循环失控。

技术解决办法

这种情景是可怕的,但是还没有到达不可挽回的地步。控制温室气体的问题实际上很大程度是经济和政治问题,而不是技术问题。二氧化碳产生是和经济活动一致的,因此也是和财富一致的。例如,美国产生的二氧化碳大约占全世界的25%。这是因为美国的经济活动大约占全世界的25%。在2009年,在产生温室气体方面中国赶上了美国,这主要是因为其经济的爆炸式的增长。这也正是一些国家非常勉强地对待全球变暖问题的原因:因为它干扰了经济活动和繁荣。

已经设计了各种方案解决这个全球危机,但是最终,迅速修复还是不够的。只有消耗能量的方式发生重大变化才能解决这个问题。一系列科学家提出了一些技术方案,但是都没有得到广泛的承认。这些建议包括:

- **将污染物质送到大气中**。一个建议是将火箭发送到大气中,释放二氧化硫等污染物质,以便把太阳光反射到太空中,从而给地球降温。实际上,诺贝尔奖获得者保罗·克鲁岑(Paul Crutzen)主张,以"世界末日装置"把污染射入太空,为人类停止全球变暖提供一条最后的逃生通道。这种观点起源于1991年,科学家们在仔细监测菲律宾皮纳图博(Pinatubo)火山的巨大爆发时发现,100亿吨的尘埃和碎屑被抛进了上层大气,导致天空变暗,全球平均温度下降1 ℉(华氏度,约0.25℃),并由此可能计算出需要多少污染物才能降低地球温度。虽然这是一个严肃的提议,一些批评家仍表示怀疑,仅依靠这个提议能否解决问题。人们还不太清楚大量污染物是如何影响全球温度的。也许好处是短暂的,或者无意产生的副作用比原有问题还要严重。比如,在皮纳图博火山爆发后,全球降水量曾出现突然下降现象;如果实验出错,也同样会造成大规模的旱灾。成本估算显示,可能需要1亿美元进行现场试验。由于硫酸盐气溶胶(sulfate aerosols)的影响是暂时的,定期把大量硫酸盐气溶胶注入大气层可能每年至少耗费80亿美元。

- **生成藻花**。另一条建议是把铁基化学物倾倒到海洋里。这些矿质养分将使海藻在海洋中茁壮成长,反过来又会增加被海藻吸收的二氧化碳的量。然而,当位于加利福尼亚的浮游生物公司(Planktos)宣布其将单方面采用铁私自给南大西洋部分海域施肥,希望有意引起浮游藻花大量繁殖以吸收空气中的二氧化碳的决定之后,旨在管制向海洋倾倒垃圾的《伦敦公约》各契约国对此发布了一份《关注声明》。另外,联合国某组织要求延缓这样的实验。当浮游生物公司(Planktos)资金耗尽时,该实验也同时终止了。

- **碳封存**。另一种可能性是采用碳封存,即从燃煤火力电厂排放的二氧化碳被液化,然后与环境隔离的过程,可能采用地下埋藏。这种方法原则上是可行的,但却是一个耗资巨大的过程,而且也不能清除已经进入大气的二氧化碳。2009 年,工程师对碳封存首次重大试验进行严密监测。1980 年始建于西弗吉尼亚州的大型发电厂"山地人"(Mountaineer)被改型后能够把二氧化碳从环境中隔离开来,这是美国第一座进行碳封存试验的燃煤发电厂。在地下 7 800 英尺(2 377 米)注入液化气体,最后进入白云石层。液体最后形成一个 30—40 英尺(9.15—12.19 米)高、数百码长的巨块。该电厂的所有者,美国电力公司(American Electric Power),计划在 2—5 年内每年注入 10 万吨的二氧化碳。这只是该电厂年排放量的 1.5% ,但是最终该系统可以捕获的二氧化碳排放量可达 90%。最初的成本约为 7 300 万美元。如果成功,那么该模型可以被迅速推广到其他电厂,如附近 4 座 60 亿瓦产能的大型燃煤电厂(该地区因此被称为"百万瓦特之谷")。未知事项很多:如二氧化碳最终是否迁移,气体是否与水结合并可能产生污染地下水的碳酸等等,都不是很清楚。然而,如果该项目获得成功,那么它就可能成为应对全球变暖问题混合技术的很好组成部分。

- **基因工程**。另一条建议是采用基因工程创造可以吸收大量二氧化碳的具体生物形式。克雷格·文特尔(J. Craig Venter)是该方法的热心发起人,他因提前数年首次开发出对人类基因组成功进行排序的高速技术而获得美名和财富。他说:"我们把基因组看成是细胞的软件或操作系统。"他的目标是改写那个软件,从而对微生物进行基因改良,或者重新建立基因,这样,微生物就可以吸收燃煤电厂排放的二氧化碳并将其转化为有用的物质,如天然气。他指出:"在我们的地球上存在着数千种,甚至数百万种知道如何做到这一点的生物体。"问题是我们要对它们进行修改,让它们提高产量,并在燃煤电厂里健壮成长。他乐观地说："我们认为,该领域具有替代石油化学工业的巨大潜能,在十年内可能实现。"

普林斯顿物理学家弗里曼·戴森(Freeman Dyson)提出另一种变异,即创建善于吸收二氧化碳的转基因树种。他说,万亿棵这样的树可足以控制空气中的二氧化碳。在"我们能够控制大气中的二氧化碳吗?"一文中,他主张建立"速生林"的"碳库"(carbon bank),对二氧化碳的浓度进行控制。

然而,正如大规模使用基因工程的计划一样,我们必须注意其副作用。我们不能用召回缺陷车辆那样的方式去收回一个生物体。一旦进入环境,转基因生物体可能对其他生物体产生意想不到的影响,特别是当它替代了本地植物品种并打破了食物链平衡的时候。

令人遗憾的是,政治家们显然对资助这些计划缺乏兴趣。可是,总有一天,当全球变暖问题令人痛苦不堪并显现出破坏性时,政客们将不得不实施某些计划。

关键时期是接下来的几十年时间。到了本世纪中叶,我们将进入氢时代,聚变、太阳能和可再生能源等综合因素将使我们的经济不再依赖消耗化石燃料。市场力量和进步在氢技术中的结合为我们提供了解决全球变暖的长期性方案。危险时期就是现在,即在氢经济到来之前。从短期来看,化石燃料仍然是发电的最廉价资源,因此全球变暖将在数十年之后造成危险。

未来物理 **聚变能量**

到了本世纪中叶,将出现作为游戏规则改变者的新选择,即聚变(fusion)。到那个时候,聚变就会成为所有技术性修复中最实际可行的方法,可能为这个问题提供永久性的解决方案。核裂变(fission)依靠铀原子爆裂而产生能量(同时产生大量核废料),但是聚变能量则依靠把氢原子与大量热量相融合而释放更多的能量(废料极少)。

与裂变能量不同,聚变能量释放太阳的核能。宇宙的能量源深埋在氢原子中。聚变能量照亮太阳和天空。它是群星的秘密所在。任何能够成功掌握聚变能量的人将释放无限的永恒能量。这些聚变电厂的燃料来自普通的海水。以单位重量而言，聚变释放的能量比汽油多 1 000 万倍。一杯 8 盎司(226.8 克)的水等于 50 万桶(约 7 万吨)石油所含的能量。

聚变(不是裂变)是大自然为宇宙供给能量的最佳方法。在恒星形成阶段，富氢(hydrogen-rich)的气状球体由于地心引力被逐渐压缩，直到它开始加热到很高的温度。当气体达到约 5 000 万度〔随具体情况而变化)时，气体内部的氢原子核相互猛烈碰撞，直到融合而形成氦气。在该过程中，大量能量被释放出来，导致气体燃烧。〔更确切地说，压缩必须符合被称做"劳森标准"(Lawson's criterion)的要求，该标准规定，你必须把具有一定密度的氢气压缩到某个温度，并持续一定的时间。如果满足了密度、温度和时间这三个条件，就会有聚变反应发生，无论是氢弹、恒星或反应器中的聚变。〕

因此，关键就在于：加热、压缩氢气，直到原子核融合，释放无限的能量。

但是，以前努力控制这种宇宙力量的尝试都失败了。把氢气加热到数千万度直到质子融合形成氦气，并释放大量能量是一件非常困难的事。

此外，公众对这些主张愤世嫉俗，由于每隔 20 年科学家就声称聚变能量是 20 年之后的事情。可是在这些过于乐观的主张数十年之后，物理学家愈加相信聚变能量会最终到来，也许最早的时候是在 2030 年。在本世纪中叶的某个时候，我们可能就会看到乡村中布满了聚变发电厂。

由于在过去有那么多的恶作剧、欺骗行为和失败，所有公众有权对聚变持怀疑态度。回到 1951 年，当时美国和苏联深陷"冷战"狂乱中并且都狂热地研发第一枚氢弹，阿根廷总统胡安·庇隆(Juan Person)以炫耀的口气和铺天盖地的媒体闪电战之势宣布，他的国家的科学家已经在控制太阳的力量方面取得重大突破。这件事点燃了媒体宣传的风暴性大火。这似乎令人难以置信，但是却成了《纽约时报》的头版新闻。庇隆总统自豪地说，阿根廷在超级大国失败的领域取得了重大科技突破。一位不知名的讲德语的科学家罗纳德·里克特(Ronald Richter)说服庇隆为他的"热测公司"(Thermotron)项目提供资金支持，该项目有望为阿根廷带来无限的能源和永恒的荣耀。

仍在为制造氢弹而与俄罗斯进行着猛烈核聚变竞赛的美国科学界公开宣称，这样的主张完全是荒诞不经的一派胡言。原子科学家拉尔夫·莱波

（Ralph Lapp）曾说："我知道阿根廷正在使用的另一种材料是什么。纯属无稽之谈。"

新闻界很快称其为"无稽之弹"。有人问原子科学家戴维·利连萨尔（David Lilienthal），阿根廷之言是否有"一丝可能"的正确性。他回答说："一丝可能性都没有。"

在强大的压力下，庇隆只能坚守自己的立场，似乎暗示着美苏两个超级大国对阿根廷抢先一步而嫉妒不已。第二年终于到了关键时刻，庇隆的代表参观了里克特的实验室。遭受了猛烈抨击后，里克特的行为显得更加扑朔迷离又异乎寻常。当检查人员到达时，他用几罐氧气把实验室门吹开，然后在一张纸上胡乱写下"原子能"几个字。他命令员工把火药注入反应堆。得出的结论是他可能患有精神病。当检查人员把一块镭放在里克特的"辐射计数器"旁边时，什么事都没有发生，因此可以证明他的设备是骗人的。后来，里克特被逮捕了。

但是最有名的事例是有关犹他州大学两位颇受人尊敬的化学家史坦利·庞斯（Stanley Pons）和马丁·弗莱斯曼（Martin Fleischmann）的所作所为，这二位在 1989 年声称掌握了"冷聚变"技术，即室温下的聚变技术。他们声称已经把钯金属放入水中，然后钯金属神奇地压缩氢原子，直到氢原子聚变成氦，在桌面上释放出了太阳的能量。

很快产生了轰动效应。世界上几乎所有报纸都把这个发现放在头版。一夜之间，新闻记者都在谈论着能源危机的结束和无限能源新时代的到来。全球媒体掀起了一阵狂热，蜂拥而至。犹他州立刻批准了一项 500 万美元的法案，建立"国家冷聚变研究所"。甚至连日本的汽车制造商也开始捐助数百万美元推动这个新兴、热门领域的研究工作。紧接着，一些基于冷聚变的类似邪教的追随者开始涌现。

与里克特不同，庞斯和弗莱斯曼在科学界备受敬重，很高兴与其他人分享他们的成果。他们对设备和数据做了精心安排，供世人观看。

然而，情况随后变得复杂化了。由于装置过于简单，世界各地的组织试着复制这些惊人的成果。遗憾的是，多数组织未能发现能量的净释放量，只得宣布冷聚变是个死胡同。不过，由于个别组织声称已成功地复制了该实验，这样的传说还在继续。

终于，物理学界人士参与了进来。他们对庞斯和弗莱斯曼的方程式进行分析，发现了不足之处。首先，如果他们的主张是正确的，那么应该是从水杯中猛烈喷射出中子,必定射杀了庞斯和弗莱斯曼。(在标准的聚变反应过程中,两个氢原子核猛烈碰撞,在产生能量后融合成一个氦原子核和一个中子。)如果他们的实验产生了冷聚变,那么他们应该已死于辐射烧伤。其次,庞斯和弗莱斯曼很可能发现了一个化学反应,而不是热核反应。最后,物理学家得出结论是钯金属不可能紧紧地约束氢原子,以致氢融合成氦。这是违反量子理论定律的。

可是,即使到了今天,争论尚未平息。有人时而声称已经实现了冷聚变。问题是还没有人按要求确实实现了冷聚变。毕竟,如果一辆汽车只是偶尔有用,那么制造汽车还有什么意义呢?科学是建立在可再生的、可测试的、总是能够成立的可靠的结果基础之上的。

未来物理 热聚变

可是,聚变能量的优越性如此之大,以至于众多科学家已经听从了它的召唤。

比如,聚变可以使人口降到最低。它是为宇宙提供能量的较为清洁的自然之道。聚变的一个副产品是氦气,氦气实际上具有商业价值。另一个副产品是聚变室的放射性钢,最终会被掩埋掉,它仅在几十年的时间内具有轻微危害性。与一座标准的铀裂变电厂(其可以产生 30 吨高级别的核废料,留存时间多则数十亿年,少则数千万年)相比而言,一座聚变电厂产生的核废料是微不足道的。

另外,聚变电厂不可能遭受灾难性崩溃。而铀裂变电厂,就是由于在其核心部位含有数吨高级别核废料,即使在关机后仍会产生大量挥发性热能。最终熔化固体钢、进入地下水的正是这些残留的热量,这些热量导致蒸汽爆发,造成像电影《中国综合征》(China Syndrome)事故里描写的噩梦。

聚变电厂本身是安全的。"聚变危机"(fusion meltdown)一词是一种自相矛盾的说法。比如,如果某人欲关闭聚变反应堆的磁场,那么炙热的等离子就会撞击反应室的墙壁,聚变过程也就会立刻停止。所以,聚变电厂不会发生失控的连锁反应,在出现事故时它会自行关闭。

位于圣选戈的加利福尼亚大学能源研究中心主任法洛克·纳吉马巴蒂(Farrokh Najmabadi)说:"即使聚变电厂遭受严重破坏,也无须进行人员疏散,因为围墙外 1 公里范围内的辐射强度就已经很低。"

虽然聚变能量的商业价值具有这么非凡的优越性,但是还存着一个小小的细节问题:即它还不存在。尚未有人已经建成一座可正常投运的聚变电厂。

但是物理学家对此仍持审慎而乐观的态度。通用原子公司(General Atomics)的大卫·E. 鲍尔温(David E. Baldwin)对美国最大的聚变反应堆之一 DIII-D(托卡马克装置)进行了监督,他说:"十年前,有些科学家还质疑聚变的可能性,甚至怀疑在实验室里的可能性。现在我们知道了聚变确实可行。问题是它是否在经济上也是可行的。"

物理 未来 国家点火装置——激光聚变

在未来几年,这一切都可能发生巨大变化。

物理学家同时尝试着几种方法,经过起初几十年的失利之后,他们对最终实现聚变深信不疑。在法国有一家"国际热核实验反应堆"(ITER),得到许多欧洲国家以及美国、日本和其他国家的大力支持。在美国,有"国家点火装置"(NIF)。

我曾有机会参观了国家点火装置(NIF)激光聚变设备,它大得惊人。由于与氢弹的密切关系,国家点火装置反应堆位于劳伦斯利弗莫尔国家实验室(Lawrence Livermore National Laboratory)里,那里有军方设计的氢弹头。为了进入其中,我必须通过层层安全检查。

可是当我抵达反应堆时,我感觉真是一次令人难忘的经历。我过去经常在大学实验室里看到过激光(实际上纽约州最大的一座激光实验室,就在我办公室下面的纽约市立大学里),能看到国家点火装置的设施实在是难以忘怀。它被安置在有 3 个足球场那么大的 10 层楼中,沿着一条长长的隧道发射出 192 条巨大的激光束。它是世界上最大的激光装置,释放的能量是以往任何激光装置的 60 倍。

在激光束沿着这条长长的隧道发射后,这些激光束照射在一排镜面上,镜面使每束激光聚焦到一个含有氘和氚(氢的两个同位素)的像针头大小的极小目标上。令人难以置信的是,500 万亿瓦的激光功率被聚焦在一个极小的、肉眼几乎看不见的小球上,把它加热到 1 亿度,其炙热程度远远超过了太阳中心的温度。(巨大脉冲的能量等于半个百万级核电厂在瞬间产生的能量。)这个极小的小球表面很快被蒸发,释放出可以摧毁小球的冲击波,也释放出聚变能量。

该装置是在 2009 年建成的,目前正处在测试阶段。如果一切正常,它可能是第一台产生能量与消耗能量同样多的设备。虽然这台设备并不是为生产商业电力而设计的,但是它的设计目的是证明经过聚焦的激光束可以用于加热富氢材料,并生产净能量。

我与国家点火装置(NIF)设施的一位董事爱德华·摩西(Adward Moses)谈论过他对这个项目的愿望和梦想。他戴着安全帽,看起来更像一个建筑工人,而不像一位负责世界上最大激光实验室的顶尖的核物理学家。他坦诚地对我说,在过去,他起初经历过无数次的失败。但是他相信这次是真正地成功了:他和他的团队正打算获得一项重要成果,一项将被写入史册的成果,即首次在世界上平静地捕获太阳的能量。与他交谈,你会了解忠实的追随者凭借他们的热情和能力如何持之以恒地进行着像国家点火装置这样的项目。他告诉我,他最开心的某一天是他能够把美国总统邀请到实验室宣布历史刚刚被改写。

不过,从一开始,国家点火装置(NIF)就遭遇不好的开端。〔甚至发生了一些奇怪的事情,比如,国家点火装置前任副董事 E. 迈克尔·坎贝尔(E. Michael Campbell)因谎称在普林斯顿大学获取博士学位之事被曝光后于 1999 年被迫辞职。〕然后是竣工日期,最初定在 2003 年,却一拖再拖,导致成本激增,从 10 亿美元增加到 40 亿美元。6 年之后,该项目终于在 2009 年 3 月竣工。

他们说麻烦就出在细节上。比如,在激光聚变中,为了使小球均匀内爆,192 条激光束必须十分精确地投射在极小小球的表面上;激光束必须在 300 万亿分之一秒内相互投射到极小目标上;激光束的最小失准或者小球的最小不规则度都意味着小球因受热不对称而造成向一边爆裂,而不是球状内爆。

如果小球的不规则度超过 50 纳米(或者约 150 个原子),那么小球也不能均匀内爆。〔这就像投手站在 350 英里(563 公里)距离外要把棒球扔进好球区一样。〕因此,激光聚变面临的主要问题是对准激光束和小球的均匀度。(图 8)

除了国家点火装置(NIF)之外,欧盟也在资助其自己的激光聚变项目。

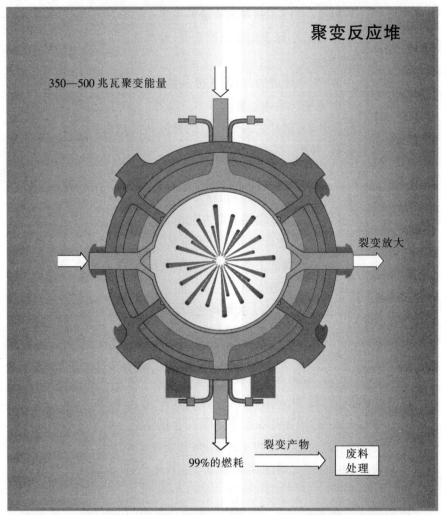

聚变反应堆

350—500兆瓦聚变能量

裂变放大

裂变产物

99%的燃耗

废料
处理

图8 激光聚变反应堆。激光压缩富氢材料的小球。聚变的两种形式之一。

反应堆将建在"大功率激光能量研究设备"(HiPER)中,尽管规模较小,但是比国家点火装置可能更高效。大功率激光能量研究设备(HiPER)建设于2011年开始。

许多人的希望都寄托在国家点火装置上。不过,如果激光聚变不能像预期的那样运行,还有一个更先进的受控聚变建议:即把太阳能量装入瓶子里。

国际热核实验反应堆——磁场中的核聚变

在法国正在开发另一项设计。国际热核实验反应堆（ITER，又称"人造太阳"计划）采用巨型磁场装热氢气。国际热核实验反应堆没有用激光瞬间击爆富氢材料的极小小球，而采用磁场缓慢压缩氢气。设备看起来非常像一块钢制的中空甜面圈，电磁线圈围绕在甜面圈的空洞四周。磁场使氢气保持在环形室里，防止外逸。然后，发送一股电流冲击氢气，对其进行加热。用磁场挤压氢气和用电流冲击氢气，这样把氢气加热到高达数百万度。

用"磁瓶"（magnetic bottle）产生聚变并不是一个新鲜的想法。实际上该想法可以追溯到20世纪50年代。可是，为什么用了那么长时间、延误那么久才实现聚变能量的商业化呢？

问题是必须对磁场进行精确调整，以便在气体压缩时不会出现膨胀或不规则现象。不妨想想看，如果你拿一个气球，用手压它，把它均匀地压平，你将发现气球会在你的手掌缺口处鼓起来，均匀压平几乎是不可能的。所以，难点在于不稳定性，这不是一个物理问题，而是一个工程问题。

这似乎很奇怪，因为恒星很容易压缩氢气，形成我们在宇宙中看到的无数颗恒星。看起来，似乎大自然毫不费力地创造了天空中的恒星，那么，为什么我们不能在地球上做到这一点呢？答案证明了在万有引力与电磁场之间存在着一种简单而深奥的差异。

严格来说，牛顿证明的万有引力具有吸引力。那么在一颗恒星中，氢气的引力把它均匀地压缩成一个球体。（这就是为什么恒星和行星是球形的，而不是立方体的或者三角形的。）但是，电荷有两种形式：正电荷和负电荷。如果我们收集到一团负电荷，它们会相互排斥并四处分散。如果我们把一个正电荷和一个负电荷放在一起，我们就得到所谓的"偶极"（dipole），有一组复杂的像蜘蛛网一样的电场线。同样地，磁场形成一个偶极；因此在环形室中均匀挤压热气是一件非常困难的事；事实上，需要一台巨型计算机对简单电子配置中发射出来的磁场和电场进行绘制。

一切都归结于此。重量具有吸引力，也可以把气体均匀地压缩成球体，从而轻而易举地形成恒星。可是，电磁既具有吸引力也具有排斥性，因此气体在压缩时以复杂的方式鼓起,使受控聚变异常困难。这就是困扰了物理学家50年之久的根本问题。

一直持续到现在。如今,物理学家可以断言,国际热核实验反应堆终于解决了纠结已久的磁约束稳定性难题。

国际热核实验反应堆(ITER)是所有尝试过的最大的国际科研项目之一。设备的核心部分由一个环形金属室构成。它的总重量达23 000吨,远远超过了仅7 300吨的埃菲尔铁塔的重量。(图9)

图9 热核实验反应堆。磁场压缩含氢的气体。聚变的两种形式之二。到本世纪中叶,整个世界的能源可能来自聚变。

设备的组件很重,运输设备的道路必须经过特殊改善。需要一队货车运输这些组件,其中最重的组件达900吨,最高的组件有4层楼那么高。国际热核实验反应堆大楼有19层高,坐落在有60个足球场那么大的巨型陆台上。该项目计划耗资100亿欧元,由七个成员国分摊(欧盟、美国、中国、印度、日本、韩国和俄罗斯)。

在最终点火运行时,该设备将把氢气加热到2.7亿万℉(华氏度,1.5亿万℃),远远超过太阳中心的2 700万℉(华氏度,1 500万℃)。如果一切正常,该设备将生产 500 兆瓦能量,是最初进入反应堆能量的 10 倍。〔聚变能量的现有纪录是 16 兆瓦,由位于英国牛津郡卡拉姆科研中心(Culham Science Center, UK)的欧洲核聚变联合研究计划的 JET 反应堆创造的。〕在某些延误之后,现在把无亏损运营的目标期限定在 2019 年。

国际热核实验反应堆仍然是一个科研项目,其目的不是生产商用电力。但是,物理学家正在为下一步计划奠定基础,即让聚变能量市场化。领导一个工作小组正在研究聚变电厂商用设计的法洛克·纳吉马巴蒂(Farrokh Najmabadi)提出建立比国际热核实验反应堆小的 ARIES-AT 设备,该设备的发电量可以达到 10 亿瓦特,每度电约 5 分钱,比化石燃料更具竞争力。可是,对聚变持乐观态度的纳吉马巴蒂承认,只有到本世纪中叶,才能做好聚变能量广泛商业化的准备。

另一项商用设计是"示范"(DEMO)聚变反应堆。国际热核实验反应堆的设计目标是在最少 500 秒钟时间内发电量达到 500 兆瓦,而示范(DEMO)旨在不断地发电。示范(DEMO)中增加了国际热核实验反应堆中缺少的一个环节。当聚变发生时,形成一个额外的中子,它快速从反应室中逃出。然而,有可能用一种被称为毯子的特殊涂层环绕反应室,它是专门设计用于吸收该中子能量的。然后,毯子加热。毯子内部的管子有水,水开始沸腾蒸发。蒸汽喷出时带动涡轮机叶片发电。

如果一切顺利,示范(DEMO)设备将于 2033 年上线。它将比国际热核实验反应堆大 15%。示范(DEMO)的发电量将是它消耗电能的 25 倍。预计示范(DEMO)的发电量是 20 亿瓦,比传统发电厂更具有优势。如果示范(DEMO)电厂取得成功,将推动该技术的快速商业化。

但是仍然存在着许多不确定因素。国际热核实验反应堆已经确保获得建设所需的资金投入。由于示范(DEMO)反应堆仍处于规划阶段,预计会有些延误。

聚变科学家认为,他们已经终于渡过难关了。在经过数十年的夸大宣传和失败之后,他们相信有能力实现聚变。最终把聚变电能带入老百姓家庭的设计方案可能不是一个而是两个(国家点火装置和国际热核实验反应堆)。可是,由于国家点火装置和国际热核实验反应堆都还没有生产商业聚变电力,所以还有可能出现一些出乎意料的事情,比如桌面聚变和气泡聚变。

未物 来理 桌面聚变

　　由于存在很高的风险,所以,确定从一个完全不同的、意料之外的方向解决问题的可能性也是非常重要的。由于核聚变是一个有严格定义的过程,所以,研究人员在普通主流大型资金之外提出的若干建议仍然具有一定的价值,特别是其中的某些建议可能在某天实现桌面聚变(tabletop fusion)。

　　在电影《回到未来》(*Back to the Future*)的最后一幕中,我们看到疯狂的科学家布朗博士为他的德罗宁(DeLorean)时间机器争抢燃料。他没有给机器加注汽油,而是寻找装有香蕉皮和废物的垃圾桶,然后把所有东西倒入被称为"聚变先生"的小罐中。

　　假如给定100年,是否有突破性的设计能够把像足球场那么巨大的设备简化到咖啡壶的尺寸,就像电影中的那样?

　　桌面聚变的一种非常大的可能性是被称做"声波发光"的技术(sonoluminescence)。该技术采用气泡突然破裂方法产生炽热温度;有时被称为音速聚变或者气泡聚变。科学家对这种神奇效果的认识已有数十年了,可以追溯到1934年,当时科隆(Cologne)大学的科学家正在对超声和感光胶片进行试验,希望加快研发过程。他们在胶片中发现了微小的点,这些小点是超声波在液体中形成气泡时所引起的闪光造成的。后来,纳粹分子发现,从螺旋桨叶片中发出的气泡时常发光,这说明在气泡中由于某种原因而产生了高温。

　　随后经证明,这些气泡发出明亮的光是由于它们均匀地破裂,从而把气泡中的空气压缩到极高的温度。我们以前看到的热聚变受到氢气不均匀压缩的困扰,其原因可能是撞击燃料球团的激光束没有对准,或者是氢气受压不均匀。随着气泡的收缩,分子运动加快,导致气泡内部的空气压力沿着气泡壁迅速均匀分布。原则上来说,如果我们能够在如此完美的条件下击破气泡,那么我们就实现了聚变。

　　声波发光实验已经成功地把温度升到了数万度。如果采用稀有气体,我们就可以增强从这些气泡中发出的光的强度。但是,对此还存在着争议,即:这样能否使温度达到产生核聚变的炽热程度。争议源自美国橡树岭国家实验室(Oak Ridge National Laboratory)前研究人员拉什·塔拉亚克汉

（Rusi Taleyarkhan），他在 2002 年声称，他能够用自己的声速聚变设备实现聚变。他还声称已经在他的实验中发现了中子，清楚地表明核聚变正在发生。然而，其他研究人员经过多年努力之后还是未能复制他的工作，因此，他的研究成果在目前是不可信的。

然而，另一个难以预测的事是电视机的无名共同发明者费罗·法恩斯沃斯（Philo Farnsworth）的聚变机器。在孩提时代，法恩斯沃斯最初对电视机的想法是从农民的一排一排耕作田地的方式中悟出的。在 14 岁那年，他甚至画出了电视机模型的详细草图。他是把该想法转换成能在屏幕上捕捉移动影像的完全电子装置的第一人。遗憾的是，他无法充分利用自己划时代的发明成果，反而陷入与美国无线电公司（RCA）漫长的、难缠的专利权争斗中。这场官司逼得他发疯，只好自愿地进入了精神病院。他对电视机的开创性研究基本上无人问津。

在以后的生活中，他把注意力转向了融合器研究，这其实是一种可以通过聚变产生中子的小型桌面装置。该装置由两个大型球体构成，一个球体在另一个球体的里面，每个球体由线网组成。外层线网含有正电荷，内层线网含有负电荷，这样，从该线网中注入的质子受到外层线网的排斥并被内层线网吸引。然后，质子猛烈撞击富氢小球的中间部位，产生聚变和中子爆发。

该设计很简单，甚至高中学生都能够完成里克特、庞斯、弗莱斯曼等不能做到的事情，即成功地生成中子。然而，该装置不可能总是生成可用能源。被加速的质子数量非常小，因此，该装置产生的能量也非常小。

事实上，采用标准的原子击破器或者粒子加速器也有可能在桌面上实现聚变。原子击破器比融合器更复杂，但是，它可用于加速质子，使质子撞击富氢目标，并产生聚变。但同样地，被融合的质子数量非常小，使得该装置不实用。因此，虽然融合器和原子击破器都能够实现聚变，但是它们的效率太低、光束太稀疏，不能生产可用能源。

考虑到巨大的风险，其他有进取心的科学家和工程师很可能有机会把他们精巧的地下室装置转变成下一个伟大的发明。

远期《2070—2100》

未物 磁力时代
来理

上一个世纪是电力时代。因为电子很容易受控,因此开发了许多全新的技术,使无线电广播、电视、计算机、激光器、磁共振成像扫描仪等成为可能。但是,在本世纪的某个时候,物理学家将可能看到他们的圣杯:室温超导体(room temperature superconductors)。这将标志着一个崭新纪元的开始,即磁力时代。

想象一下,乘坐一辆磁力汽车,在高空中翱翔,以时速数百英里的速度行驶而又几乎不用燃料;再试想一下,列车甚至人都悬浮在磁轨上,在空中旅行,会是怎样奇妙的感觉。

我们忽略了一点,我们汽车中使用的汽油主要用于克服摩擦力。一般而言,开车从旧金山到纽约市几乎不消耗能源。这段行程实际消耗了数百美元汽油的主要原因,是你必须克服车轮与路面的摩擦力和空气的摩擦力。但是,假如以某种方式用一层冰覆盖从旧金山到纽约的路面,那么,你就可以轻松地无偿地滑行这段行程。同样的道理,我们的空间探测器只需消耗几夸脱(10升内)燃料就能飞越冥王星,其原因是探测器滑行穿越了宇宙真空。同样地,一辆磁力车可以飘浮在地面之上,你只要给车吹气,车就开始移动。

超导体是该技术的关键所在。自1911年起,科学家就认识到,当汞被冷却到绝对零度以上的4度(开氏度,−269℃)时,它就失去所有电阻了。(其原因是流经电线的电子在与原子碰撞后就失去能量了。但是,在接近绝对零度时,这些原子基本上处于静止状态,于是,电子就可以轻松地穿过原子而不会失去能量。)

这些超导体具有奇怪而非凡的特性,但是,一个严重的缺点是你必须用液体氢把它们冷却到接近绝对零度(−273.15℃),成本很高。

因此,当1986年宣布已经找到一种无须被冷却到超低温度的新型超导体时,物理学家深感震惊。与以前的汞或铅等材料不同,这些超导体由陶瓷制造而成,从前认为陶瓷不可能用做超导体的备选材料,只能在绝对零度以上92度(开氏度,－181℃)时才能制成超导体。令人尴尬的是,这些陶瓷在原以为不可能的温度下制成了超导体。

迄今为止,这些新型陶瓷超导体的世界纪录是绝对零度以上138度(开氏度,－135℃)。这个意义重大;由于液态氮(其成本和牛奶一样低)的形成温度是77度(开氏度,－196℃),因此可用于冷却这些陶瓷。单单这个事实本身就已经大幅度削减了超导体的成本。所以,这些高温超导体具有直接的实际应用价值。

然而,这些陶瓷超导体只是吊起了物理学家的胃口。这是朝着正确方向迈进的一大步;不过,这远远还不够。第一,尽管液态氮相对廉价,但是你还必须具备某种制冷设备对氮进行冷却。第二,用模具把这些陶瓷制成电线是很困难的。第三,物理学家仍对这些陶瓷的性质感到困惑不解。数十年过去了,物理学家还不确定陶瓷的成型方式。这些陶瓷的量子理论过于复杂,目前仍不能解决,因此,无人知道陶瓷为什么能制成超导体。物理学家对此毫无线索。有一项诺贝尔奖项正在等待着能够解释这些高温超导体的先贤之士。

每位物理学家都知道室温超导体将会产生的巨大影响,它可能再次引发一场工业革命。室温超导体不需要任何制冷设备,所以,它们能够产生具有巨大能量的永久性磁场。

比如说,如果电在铜线回路中流动,那么其能量由于电线阻力的缘故在瞬间就会耗散。然而,实验证明,在超导体回路中的电流能够一次性保持恒定数年之久。实验结果显示,超导线圈内的电流存留期为10万年。某些理论主张,超导体中的电流存留的最大限度就是已知宇宙本身的寿命。

这样的超导体最起码能够降低高压电缆中的电力浪费,从而降低电力价格。输电线路中的损耗正是电厂之所以要靠近城市的原因之一。这也是为什么核电厂距离城市太近而容易造成健康危害的原因,也是为什么风电场不能建在风力最强的地区的原因。

电厂生产的电能中多达30%的能量可能在输电过程中被浪费掉。室温超导导线可以改变这一切,从而大幅度节省电力成本、降低污染,也可能对全球变暖问题产生深远的影响。由于全球二氧化碳的生成量与能源消费紧密相关,以及多数能量是在克服摩擦力时被浪费掉的,因此,磁力时代能够永久性地降低能耗和二氧化碳的生成量。

未物来理 磁力汽车和列车

室温超导体无须任何额外的能源输入就可以生产出能够抬起列车和汽车,使之悬浮在地面之上的超级磁铁上。

在任何实验室都可以对这一能力进行验证。我本人已多次为 BBC-TV 和科学频道亲自证明过。你可以从一家科学供应公司订购一小块高温陶瓷超导体,它坚韧,呈灰色,尺寸约为 1 英寸。然后,你可以从一家奶制品供应公司购买一些液态氮,把陶瓷放在一个塑料盘里,再把液态氮慢慢倒在上面。氮碰到陶瓷后就开始猛烈沸腾。等到氮停止沸腾时,在陶瓷顶部放上一小块磁铁。磁铁就会神奇地飘浮在半空中。如果你轻轻拍打磁铁,它就开始自行旋转起来。在那个小盘子里,你也许正在睁大眼睛看着一个未来的环游世界的交通工具。

磁铁能浮起来的原因很简单。磁力线不可能贯穿超导体。这就是"迈斯纳效应"(Meissner Effect)。(当给超导体施加磁场时,就在其表面形成小量的电流并与之相互抵消,于是,在超导体中产生磁场。)当你把磁铁放在陶瓷上面时,其场力线因不能穿透陶瓷而聚成一团。这样,形成了磁场线"衬垫",磁场线紧紧地挤压在一起,从而把磁铁推离陶瓷,并使其悬浮。

室温超导体还可能预示着超级磁铁时代的到来。我们所看到的磁共振成像(MRI)设备非常有用,但是需要大型磁场。室温超导体将使科学家能够廉价地生成庞大的磁场。这将使未来的磁共振成像设备小型化。科学家已经采用非均匀磁场制造出了 1 英尺(30.48 厘米)高的磁共振成像设备。有了室温超导体,科学家就有可能把这些设备的体积缩减到纽扣那么大。

在电影《回到未来》的第三集中,迈克尔·J.福克斯(Michael J. Fox)扮演的角色就是乘坐一个翱翔板,即飘浮在空中的滑板。该部影片首映之后,不断有小孩向销售商店打电话询问购买翱翔板的事情。可惜的是,翱翔板不存在;不过,有了室温超导体,翱翔板就有可能变为现实。

未物来理 磁悬浮列车和汽车

室温超导体的一种简单应用就是变革交通工具,引入飘浮在地面之上、运行时毫无摩擦力的汽车和列车。

想象一下乘坐一辆采用室温超导体的汽车的感觉。路面不是由沥青而是超导体铺成的。汽车包含一块永久性磁铁或者通过其自有的超导体产生磁场。汽车可以飘浮起来。甚至压缩空气也足以驱使汽车行驶。一旦跑动起来,汽车几乎可以在平坦的路面上不断地滑行。只需要电动引擎或喷射压缩空气就能够克服空气摩擦力,该摩擦力是汽车面对的唯一的阻力。

即使没有室温超导体,几个国家也已经制造出了能够在含有磁铁的轨道上空运行的磁悬浮列车(磁浮列车)。由于磁铁的北极排斥其他北极,所以,可以安排磁铁使列车的底部含有使其恰好浮在轨道上空的磁铁。

德国、日本、中国等在该技术方面处于领先地位。磁悬浮列车甚至创造了几个世界之最。第一辆商用磁悬浮列车是 1984 年往返于伯明翰国际机场与伯明翰国际火车站之间的低速短程火车。磁悬浮列车的最高时速纪录是 2003 年由日本 MLX01 列车创造的每小时 361 英里(581 公里)。〔喷气式飞机飞行速度更快,部分原因是在高空中的空气阻力较小。由于磁悬浮列车飘浮在空中,因此,其能量损耗主要是由空气摩擦力造成的。然而,假如磁悬浮列车在真空室中运行,那么它的时速可能达到每小时 4 000 英里(6 437 公里)。〕可惜的是,处于经济方面的考虑,磁悬浮列车很难迅速在世界范围内推广。室温超导体有可能改变这一切,也有可能给美国的轨道系统带来新生,因为它降低了飞机的温室气体排放量。据估计,2% 的温室气体产生于喷气式引擎,因而,磁悬浮列车能够减低其排放量。(图 10)

到本世纪末,另一种发电的可能性就会出现:来自太空的能量。这被称做太空太阳能发电(SSP),需要发射数百颗太空卫星进入绕地球轨道,吸收太阳辐射,然后以微波辐射的形式把该能量发射回地球。卫星的位置在距离地球 22 000 英里(35 406 公里)之外,与地球同步运转,即以地球自转的速度围绕地球运转。由于太空中的太阳光比地球表面的太阳光多 8 倍,因此,该技术具有真正意义上的可能性。

目前,太空太阳能发电(SSP)计划遇到的最大困难是成本,主要指发射

图 10　室温超导体总有一天可能给我们带来飞在空中的汽车和火车。它们可能飘浮在轨道上，或者飘浮在由超导体铺成的路面上，不存在摩擦力。

这些太空收集器的成本。在物理学定律来看,从太阳那里直接收集能量不算难事,但是,这涉及庞大的工程和艰难的经济问题。到了本世纪末,降低太空航行成本的新方法就可能把这些太空卫星置于力所能及的掌控范围之内,详情请见第6章内容。

基于空间的太阳能发电建议书于1968年首次郑重提出,时任国际太阳能学会(ISES)会长的彼得·格拉泽(Peter Glaser)提议发射体积为一座现代城市那么大的卫星,用于把收集的太阳能发回地球。1979年,美国宇航局(NASA)的科学家对他的提议进行了严格审查并估算其成本高达数千亿美元,最终因此而扼杀了该计划。

由于空间技术的不断完善,美国宇航局在1995年至2003年期间继续为小规模太空太阳能发电研究提供资金支持。该计划的支持者认为,在太空太阳能发电技术和经济状况使其成为现实之前,这只是时间问题。纽约大学原物理学家马丁·霍福特(Martin Hoffert)说:"太空太阳能发电为我们提供了真正可持续的、全球范围的、零排放的电源。"

这项雄心勃勃的计划面临着一些既现实又虚幻的艰巨问题。一些人对该计划存在担心是因为从太空发回的能量可能击中有人居住的地区,从而造成大量的人员伤亡。然而,这种担心被夸大了。如果我们计算一下来自太空的撞击地球的实际辐射量就明白,辐射量很小,很难导致任何健康危害。因此,那些向地球发射杀伤性射线、烧毁整个城市的凶猛太空卫星的幻想,只是好莱坞制造噩梦般景象的手段罢了。

科幻小说作家本·博瓦(Ben Bova)于2009年在《华盛顿邮报》上撰文,指出了有关太阳能发电卫星的令人沮丧的经济问题。据他估算,每颗卫星会产生千兆瓦电能,远远超过了传统燃煤电厂的发电量,每度电成本为8—10分钱,很有竞争优势。每颗卫星都是个庞然大物,直径约1英里(1609米),造价约为10亿美元,大致等于一座核电厂的造价。

要启动该技术,他请求目前的管理当局建立示范项目,发射一颗发电量为10兆—100兆瓦的卫星。据推测,如果现在开始实施这些计划,这样的卫星可能在奥巴马总统第二任期结束时成功发射。

日本政府宣布了一项重大倡议就是对这些评论的呼应。2009年,日本贸易部公布一项计划,准备对太空发电卫星系统的可行性进行调研。三菱电机公司(Mitsubishi Electric)以及日本其他几家公司将参与一项价值100亿美元的方案,可能向太空发射一座太阳能发电站,其发电量为10亿瓦。

该电站非常庞大,面积约为1.5平方英里(3.89平方公里),上面覆盖着太阳能电池。

日本一家政府研究机构,能源经济研究所的狷介兼清(Kensuke Kanekiyo)曾说:"听起来像一部科幻动画片,但是,随着化石燃料的消失殆尽,太空太阳能发电可能是下一个世纪重要的替代能源。"

考虑到这项宏伟工程的重要性,日本政府对此持审慎态度。一家研究组织将首先花费今后4年的时间从科学性和经济学角度对该计划的可行性进行研究。如果该组织给出绿灯放行结论,那么日本贸易部和日本航空研发署将计划在2015年发射一颗小型卫星,对从外层空间向地球发回的能量进行试验。

最主要的难题可能不是科学性,而是经济问题。东京空间咨询公司(Excalibur KK)的吉田广志(Hiroshi Yoshida)曾警告说:"这些费用应降低到当前估计成本的百分之一。"一个问题是这些卫星必须是在距离地球表面22 000英里(35 406公里)的太空中,比处于300英里(483公里)近地轨道的卫星遥远了很多,因此,输电线路中的损耗可能非常大。

然而,最大的难题是助推火箭的高昂成本。这与困扰月球返回和探测火星等计划的难题相同。

除非大幅度削减火箭发射的成本,否则该计划将悄然夭折。

令人欣慰的是,日本的计划可能在本世纪中叶开始实施。然而,一想到助推火箭的诸多问题,该计划更有可能不得不等到本世纪末才实施,因为到那时,新一代的火箭成本已大幅降低了。如果太阳能发电卫星的主要问题是成本,那么,接下来的问题就是:我们能够降低太空旅行成本,以便我们将来的某一天到达恒星吗?

我们已经在宇宙海洋的岸上徘徊太久了。我们终于做好了准备，扬起风帆，向恒星挺进。

——卡尔·萨根（Carl Sagan）

6. 未来的太空旅行　星际遨游

神话故事中的众神乘坐在强大的战车中遨游奥林匹亚山神圣的天宇。古挪威众神乘坐着强大的海盗船越过浩瀚的宇宙之海驶向阿斯加德仙宫（Asgard）。

到了 2100 年，人类将同样迎来太空探索新时代的到来：到达恒星。在夜晚，星星似乎近在咫尺，却又遥不可及；而到了本世纪末，对于火箭专家来说，它们将是清晰可见的。

然而，建造星际飞船的道路却布满荆棘。人类就像一个想伸手摘取星星而双脚深陷泥潭的人一样。一方面，由于我们发射卫星在太空中寻找类地行星，探索木星的卫星，甚至拍摄宇宙大爆炸最初形成时的照片等，所以本世纪将目睹机器人探测太空的新时代。几代梦想家和幻想家对外层空间载人探险迷恋已久，不过，这将给他们带来某种失望。

近期(今天—2030)

未物 来理 太阳系以外的行星

太空计划最了不起的成果之一是用机器人对外层空间进行的探测,极大地拓宽了人类的视野。

这些机器人探测任务中最重要的任务是在太空中寻找有生命存在的类地行星,这是空间科学的圣杯。迄今为止,陆基望远镜已经探测到大约500颗在遥远星系中沿轨道运转着的行星;现在新的行星不断被发现,每一至二周发现一颗新行星。然而,令人非常失望的是,我们的仪器只能探测到巨大的、像木星那么大的、不能维持生命的行星。

为了发现行星,天文学家在恒星运行的轨道中寻找细微的晃动痕迹。我们可以把这些太阳系之外的星系比做旋转着的哑铃,它的两个球相互绕转,一端代表着望远镜清晰可见的恒星,另一端则代表着像木星那么大的行星,其模糊度约为前者的10亿倍。当太阳和木星般大小的行星围绕哑铃中心旋转时,望远镜可以清楚地看到恒星在摇摆。通过这种方法,我们已经成功地在太空中探测到了数百颗气态巨行星,可是,这个方法还太简陋,不能探测到微小的类地行星的存在。

2010年,陆基望远镜发现了一颗最小的行星,它是地球的3—4倍大。不同寻常的是,这颗"超级地球"是其他的太阳中有生命迹象区的第一颗行星,即在适当距离存在着液态水。

所有这一切都是随着2009年"开普勒任务"太空望远镜和2006年"科罗"(COROT)卫星的成功发射而发生的变化。这些空间探测器旨在寻找一颗小行星,因从恒星面前经过而使其光线受阻时所产生的微小的星光波动。这些探测器采用仔细搜索数千颗恒星光线微小波动的方法,也许能够找到数百颗类似地球的行星。一旦找到,科学家将很快对这些类地行星进行分析,看看它们是否含有液态水,这也许是太空中最宝贵的日用品了。液态水是一种通用溶剂,也可能是发现第一个 DNA 的混料罐。假如在这些类地行星上发现液态水海洋,那么将会彻底改变我们对宇宙中的生命的理解。

寻找丑闻的记者常常说:"跟着钱走。"而寻找空间生命的天文学家却常说:"跟着水走。"

开普勒太空望远镜卫星将会被其他灵敏度更高的卫星代替,如"类地行星搜寻者"卫星。尽管类地行星搜寻者卫星的发射日期几次推迟,但是它依然是进一步实现开普勒目标的最佳替代者。

类地行星搜寻者卫星将采用更好的光学系统在太空中寻找类地行星。首先,它的反射镜比哈勃太空望远镜的反射镜大 4 倍,灵敏度高 100 倍。其次,它采用红外传感器,可以把恒星的强辐射减弱 100 万倍,从而揭示围绕其运转的暗淡行星的存在。(红外传感器选取两种恒星辐射波,小心组合,于是两种波相互抵消,以此排除不需要的恒星。)

因此,在不久的将来,我们将有一本关于数千颗行星的百科全书,也许其中的数百颗行星在尺寸与构成方面与地球非常类似。反过来说,总有一天,这将使更多的科学家有兴趣向这些遥远的行星发射探测器。科学家将更加努力地探索这些类地行星是否含有液态水海洋,是否存在着来自智能生命形式的无线电波信号。

未来物理 宜居区之外的欧罗巴

在太阳系中还有一个对探测器有诱惑力的目标:欧罗巴(Europa),即木卫二。数十年来,天文学家认为太阳系中的生命只能在太阳周围的"宜居区"(Goldilocks zone,又称金凤花带)生存,那里的行星既不太热也不太冷,适合维持生命。地球具有液态水,因为它围绕太阳旋转的距离恰到好处。在水星等行星上,液态水会沸腾蒸发,由于它距离太阳太近;而在木星等行星上,液态水会冻结凝固,由于它距离太阳太远。液态水也许是 DNA 和蛋白质初次形成的液体。长期以来,天文学家认为太阳系中的生命只能在地球或者可能在火星上存在。

可是,天文学家都错了。在"旅行者"号宇宙飞船驶过木星的卫星之后,很显然,还有一个能够让生命茁壮成长的地方:即在木星的卫星冰盖之下。木卫二是伽利略在 1610 年发现的木星卫星之一,很快引起了天文学家的关注。虽然其表面永久性地覆盖着冰层，但是在它的下面是一片液体海洋。由于木卫二上的这片海洋比地球上的海洋深很多，所以，估计木卫二海洋的总体积是地球海洋体积的两倍。

意识到在太阳系中还存在着与太阳不同的丰富能源，多少有些令人震惊。在冰层之下，木卫二表面不断被潮汐能加热。当木卫二在围绕木星的轨道中飞速运转时，庞大木星的引力从各个方向挤压木卫二，在其核心深处形成摩擦；摩擦产生热，热反过来融化冰层，于是形成了稳定的液态水海洋。

该重大发现意味着，遥远的气体巨行星的卫星也许比行星本身更引人关注。〔这或许是詹姆斯·卡梅隆（James Cameron）选择木星般大小行星的卫星作为其 2009 年影片《阿凡达》（Avatar）的场景的原因之一吧。〕天文学家原以为在遥远的气体巨行星的卫星上的黑暗太空中罕有生命存在，现在看来，在那里也许确实存在着生机勃勃的生命。突然间，有生命存在的地方的数量翻了好几倍。

作为这个重大发现的结果，"欧罗巴木星系统任务"（EJSM）暂计划在 2020 年启动，设计的目的是围绕木卫二运转，并在可能情况下着陆其上。除此之外，科学家还梦想着发射更高级的设备对木卫二进行探测。科学家已经考虑了多种方法在冰盖之下搜寻生命迹象。其中一种可能性是"木卫二破冰船任务"，把球体掉落在覆满冰的冰面上。对于在撞击区产生的羽状云雾和碎片云雾，将由飞越它的航天器进行仔细分析。另一个更为雄心勃勃的计划是把遥控水栖机器人潜艇放在冰层的下面。

对地球海底研究的新成果也激发了科学家对木卫二的兴趣。在 20 世纪 70 年代之前，大多数科学家认为太阳是生命存在的唯一能源。可是在 1977 年，"阿尔文"（Alvin）号潜艇在从未有人怀疑的地方发现了新生命形式存在的证据。在对太平洋"加拉帕戈斯裂谷"（Galapagos Rift）进行探测之后，"阿尔文"号潜艇发现了巨大的管蠕虫、贻贝、甲壳纲动物、蛤蚌纲动物以及其他生命形式，它们用火山口的热能维持生命。有能源的地方就可能存在着生命；水下火山口为漆黑的海底提供了一种新能源。实际上，有些科学家曾暗示说，第一个 DNA 并不是在地球海岸的潮水池中形成的，而是在深海的火山口形成的。DNA 某些最原始的排列形式（也许是最古老的）是在海洋底部发现的。如果真是这样的，那么，木卫二上的火山口就可能为类似 DNA 的物质的形成提供能量。

我们可以推测一下在木卫二冰盖之下可能形成的生命形式。如果这些生命的确存在,那么它们可能是采用声呐而不是光线进行导航的游泳生物;因此,它们对宇宙的认识仅限于冰盖之下的"天空"。

未来物理 激光干涉仪空间天线——宇宙大爆炸之前

另一种能够引起科学知识巨变的是"激光干涉仪空间天线"(LISA)空间卫星及其继任者。这些探测器能够做一些不可能的事情:揭示宇宙大爆炸之前所发生的事情。

目前,我们能够测量遥远的星系远离我们而去的速度。(这应归因于多普勒频移,即当恒星向你移动或远离你时,光被扭曲了。)这让我们了解了宇宙的膨胀率。于是,我们"倒放录像带",并计算原始爆炸发生的时间。这类似于我们对爆炸产生的炽热碎片进行分析,从而确定爆炸发生的时间。我们就是这样确定宇宙大爆炸大约发生在 137 亿年之前。然而,令人沮丧的是当前的"威尔金森微波各向异性探测器"(WMAP)空间卫星仅能追溯到原始爆炸之后不足 40 万年。所以,卫星只能告诉我们曾爆发过一声巨响,却不能告诉我们为什么爆发巨响、是什么发出的巨响,以及引起巨响的原因是什么等等。

这就是激光干涉仪空间天线(LISA)激发了科学家浓厚兴趣的原因所在。激光干涉仪空间天线将测量一种全新的辐射,即在大爆炸的一瞬间产生的引力波。

每当一种新型的辐射被利用的时候,我们的世界观也随之被改变了。在伽利略第一次使用光学望远镜绘制行星和恒星地图时,光学望远镜就开辟了天体研究之科学。当射电望远镜在第二次世界大战结束不久被改进之后,为我们揭示了宇宙间的恒星爆炸和黑洞。现如今,能够探测引力波的第三代望远镜将展现一幅更令人激动的远景,即由"碰撞黑洞"(colliding black holes)、更高维度和多元宇宙等组成的世界。

激光干涉仪空间天线(LISA)的发射日期暂定在 2018—2020 年之间。它由 3 颗卫星构成,3 颗卫星组成一个 300 万英里(483 万公里)宽的三角形,相互之间用三条激光束相连。这将是发送到轨道中的最大的空间设备。大爆炸产生的引力波在宇宙中回荡,使卫星产生轻微抖动。这种干扰会改变激光束,然后传感器会记录下干扰的频率和特征。这样,科学家就能够进入原始大爆炸发生后的一万亿分之一秒之内。(爱因斯坦认为,时空就像一块可以被弯曲也可以被拉伸的布料。如果受到碰撞黑洞或大爆炸等的巨大干扰,那么,就会形成波纹,在这块布料上不断扩展。波纹或引力波实在太小,很难用普通的仪器检测到;不过,激光干涉仪空间天线灵敏度高、体积庞大,足以探测到引力波产生的振动。)

激光干涉仪空间天线(LISA)不仅能够检测到碰撞黑洞发出的辐射,也可能对大爆炸以前的时代进行探测,这在从前被认为是不可能办到的事。

目前,关于大爆炸之前的时代有几种观点,都出自超弦理论,这是我的专长。在一定情况下,我们的宇宙就像是某种不断膨胀的巨型气泡。我们生存在这个巨型气泡的皮肤上(就像苍蝇被粘在捕蝇纸一样粘在了这个气泡上)。但是,我们的气泡宇宙与许多其他气泡宇宙一起共存,构成了多元宇宙的世界,就像同洗一次泡泡浴。这些气泡偶尔可能会碰撞〔形成所谓的"大劈开理论"(Big Splat Theory)〕,或者裂变成许多小气泡后再膨胀〔形成所谓的"永恒暴胀"(Eternal Inflation)理论〕。有关大爆炸之前时代的每种理论都预测,在初始爆炸后的刹那间,宇宙会如何释放引力辐射。激光干涉仪空间天线(LISA)能够测量大爆炸后释放的引力辐射,并与超弦理论的各种预测结果相比较。激光干涉仪空间天线以这种方式可以排除或接纳某些理论。

即使激光干涉仪空间天线(LISA)的灵敏度不足以执行这样复杂的任务,但是,也许下一代探测器(比如"大爆炸观察者")会超过激光干涉仪空间天线,完成这项任务。

如果成功的话,这些空间探测器就可以回答数世纪来一直无法解答的问题:宇宙最初来自哪里?因此,在近期内揭开大爆炸起源的奥秘显然是可能的。

载人航天

尽管机器人航天任务继续为太空探索打开新的前景,但是,载人航天将面临更大障碍。其原因是,与载人航天任务相比,机器人航天任务的优势是花钱不多而用途广泛,能在危险环境中执行探测任务,不需要昂贵的生命补给,最重要的是不必返回地球。

回到 1969 年,我们的宇航员似乎信誓旦旦地准备探索太阳系。尼尔·阿姆斯特朗(Neil Armstrong)和巴兹·奥尔德林(Buzz Aldrin)刚登上月球,人们就已经梦想着登上火星及更远的行星。似乎我们就站在恒星的门槛处。人类正进入一个新时代。

然后,美梦破灭了。

正如科幻小说家艾萨克·阿西莫夫(Isaac Asimov)曾写到的那样,我们触地得分了,拿起橄榄球,然后回家。如今,原来的"土星"助推火箭在博物馆里闲置着,或者在垃圾场上慢慢腐烂着。整个一代顶级火箭专家被解散。太空竞赛的冲劲也渐渐消散而去。今天,你只能在落满灰尘的历史书籍中才能找到月球漫步的资料了。

到底发生了什么事? 发生的事太多了,包含越南战争、水门事件,等等。但是,追根究底,就是一个字:成本。

有时候我们会忘记一点:太空旅行是昂贵的,非常之昂贵。仅把 1 磅(0.45 千克)重的物体送入近地轨道,就要花费 1 万美元。想一想用纯金打造的约翰·格伦(John Glenn),你就会理解太空旅行的代价了。要到达月球,每磅重量就需要约 10 万美元。要到达火星,每磅重量需要 100 万美元(大致相当于重量为你体重的钻石的代价)。

然而,所有这一切都被与俄罗斯竞争的兴奋劲和气势所掩盖了。由于在国家荣誉处于危险时国民愿意付出高昂的代价,勇敢的宇航员所表演的惊人的太空绝技掩饰了太空旅行的真实成本。不过,甚至超级大国也不能连续数十年承受如此高昂的代价。

遗憾的是,艾萨克·牛顿爵士首次写下运动定律已经过去 300 多年了,而我们仍然被一个简单的验算困扰着。想要把物体送入近地轨道,你必须以每小时 18 000 英里(28 968 公里)的速度发射它才行。而要把它送入外层空间并摆脱地球的引力场,你必须以每小时 25 000 英里(40 234 公里)的速度推进。(要达到时速 25 000 英里这个"幻数",我们必须采用牛顿运动第三定律,即每一个作用力,都有一个大小相等、方向相反的反作用力。)因此,从牛顿定律到计算太空旅行成本,只有简单的一步。没有哪一条工程法则或物理学定律会阻止我们探索太阳系;只是成本问题。

令人更遗憾的是,火箭必须携带自己的燃料,这必然导致其重量的增加。飞机基本上可以规避这个问题,因为它们可以从外部空气中获得氧气,然后在引擎中燃烧。可是,太空中没有空气,因此火箭必须携带自己的氧气箱和氢气箱。

这不仅是太空旅行如此昂贵的原因,而且也是我们没有喷射式背包和飞行汽车的原因。科幻小说家(不是真正意义上的科学家)幻想着将来有一天我们都穿上飞行背包飞着去上班,或者乘坐家用飞行汽车,点火起飞进行周末旅游等。许多人的幻想都被未来学家打破了,因为这些预言从来没有应验过。〔这就是为什么我们会一下子看到一系列文章和书籍都带有冷嘲热讽的标题,像"我的飞行背包究竟在哪?"(*Where's My Jetpack?*)〕但是,如果你简单想一想就明白其中的缘由了:飞行背包其实已经存在了;在第二次世界大战期间,纳粹曾短暂地用过飞行背包;只不过是常用的燃料过氧化氢并很快耗尽了,因此,穿着飞行背包的代表性飞行仅持续了几分钟。另外,利用直升机螺旋桨原理的飞行汽车会烧掉大量燃料,因此成本太高,不适用于普通郊区通勤者。

物理来未 取消登月计划

基于太空旅行成本太高的原因,未来载人空间探索计划目前还不能确定。前任总统乔治·W. 布什曾提出一个明确而大胆的太空计划。第一,2010 年,航天飞机退役,2015 年由一种被称为"星座"(Constellation)的新型火箭系统取代航天飞机。第二,2020 年之前,宇航员重返月球,最终在那里建立永久性载人基地。第三,为最终的火星载人探索任务做好准备。

然而,从那以后,太空旅行的经济问题就发生了巨大变化,尤其因为经济大萧条耗尽了未来太空任务的全部经费。奥古斯丁委员会(Augustine Commission)于 2009 年给巴拉克·奥巴马总统提交的报告中总结说,鉴于当前的资金水平,之前的太空计划难以为继。2010 年,奥巴马总统批复表示赞同奥古斯丁报告中的调查结果,即取消航天飞机以及为重返月球建立空间基地的替代计划。在近期内,美国宇航局(NASA)不得发射火箭把宇航员送入太空,而被迫依赖俄罗斯人。在此期间,私营企业抓住良机制造火箭,继续载人航天计划。由于突然改变过去的一贯做法,美国宇航局将不再制造用于载人航天计划的火箭了。航天计划的支持者认为,当私营企业接管航天计划时,将预示着太空旅行新时代的到来;而批评家却认为,航天计划将使美国宇航局处于"无名机构"的境地。

未物
来理 **在小行星上着陆**
来理

　　奥古斯丁报告提出了所谓的迂回路线,内容包含几个不需要耗费太多火箭燃料的适度目标;比如,旅行去碰巧飘过地球附近的小行星,或者去火星的卫星等。报告指出,这样的小行星也许还不在我们的星空图上,它也许是一颗不久就会被发现的在太空漫游的小行星。

　　奥古斯丁报告认为,问题是用于月球(特别是火星)着陆和返回任务的火箭燃料将会非常昂贵。不过,由于小行星和火星的卫星具有较弱的引力场,这些任务不会需要如此多的火箭燃料。奥古斯丁报告中还提到,我们有可能去访问"拉格朗日点"(Lagrange Points),即外层太空中地球和月球引力相互抵消的地方。(这些点可能是宇宙垃圾场,聚集着早期太阳系产生的远古残骸碎片;因此,访问这些点,宇航员可以发现地-月系统形成初期的有趣的岩石。)

　　由于小行星具有较弱的引力场,因此在一颗小行星上着陆将必定是一次低成本的任务。(这也是小行星呈不规则形状而没有呈圆形的原因。在浩瀚的宇宙中,恒星、行星、月球等庞大物体都因为引力的均匀作用而呈圆形。行星出现的任何不规则形状都会在引力压缩其地壳时逐渐消失。但是,小行星的引力场太弱,不足以把小行星压缩成球体。)

　　我们可能访问的一颗小行星是"阿波菲斯"(Apophis),它在2029年将会令人不安地近距离掠过地球。阿波菲斯的直径约为1 000英尺(304.8米),相当于一个大型橄榄球场,将会非常接近地球,其实是从地球某些人造卫星的下方穿过;根据近地飞行对小行星轨道的扭曲程度,它还可能在2036年朝着地球方向回归,到那时它撞击地球的可能性极小(十万分之一的概率)。假如碰撞真的发生,那么它的威力相当于10万枚广岛原子弹,其强大的风暴性大火、冲击波、炽热碎片等足以摧毁像法国那么大的区域。〔相比之下,1908年,差不多有一座公寓楼那么大的更小物体猛烈撞击了西伯利亚的通古斯,其威力约为1 000枚广岛原子弹,摧毁了1 000平方英里(2 590平方公里)的森林,在数千英里之外都能感觉到它所造成的冲击波;它还发出了一种奇怪的白热光,在亚洲和欧洲都能看见,伦敦人在晚上都能够阅读报纸了。〕

因为阿波菲斯总会靠近地球,所以访问这个小行星将不会令美国宇航局预算吃紧;但是,在这个小行星上着陆可能引发一个问题。它的引力场太弱,我们可以与它对接,而不是传统意义上的登陆。另外,这个小行星也许在不规则地旋转,因此在登陆之前必须进行精确测量。测试这个小行星到底有多坚固,一定会是很有趣的。有些人认为,小行星可能是由一些靠微弱的引力场松散地连接在一起的岩石组成的。还有一些人认为,小行星是坚固的。总有一天,测定小行星的密度会是一项重要的事项,但是我们是否必须采用核武器炸开一颗小行星呢。小行星不是被粉碎成细粉末,而是可能分解为几大块。如果这样,那么这些分解的碎片可能比原来的威胁更大。一个较好的主意是,在它接近地球之前,把它推离轨道。

未物来理 在火星的卫星上着陆

虽然奥古斯丁报告没有支持火星载人探索任务,但是它提出了一个有趣的可能性,即发送宇航员访问火星的卫星——火卫一和火卫二。这些卫星比地球的卫星小多了,因此引力场非常弱。除了节省成本外,登陆火星的卫星还有几个有利之处。

1. 第一,这些卫星可以被用做空间站,并提供一种较低成本的方式分析太空中的行星,而无须访问行星。
2. 第二,它们最终能够提供访问火星的简便方法。火卫一距离火星的中心不足 6 000 英里(9 656 公里),因此在数小时之内就能快速到达这颗红色行星。
3. 这些卫星可能含有被用做永久性载人基地的洞穴,保护宇航员不受流星和辐射的危害。特别是火卫一,在其一侧有巨大的"斯蒂克尼"(Stickney)陨石坑,这说明该卫星曾遭受巨大流星的撞击,差一点就几乎爆裂;不过,引力作用慢慢地把碎片吸回来,重新聚集成卫星。这次远古的碰撞也许在火卫一上留下了大量洞穴和裂口。

未来物理 重返月球

奥古斯丁报告中还提到了"月球第一"计划,意味着我们可以重返月球;但是,只有提供更多资金才可行,至少连续10年提供300亿美元。这是不可能的,因此月球计划实际上被取消了,至少在以后的几年里。

被取消的月球探索任务叫做"星云计划",它由几大部件组成。首先是"阿瑞斯"(Ares)助推火箭,这是自20世纪70年代被封存的老式"土星"火箭之后美国第一枚主要助推火箭。阿瑞斯的顶部是"猎户座"登月舱,可以搭载6名宇航员进入空间站,或者搭载4名宇航员登上月球。然后是"牛郎星"着陆器,实际在月球上着陆的就是它。

在原来的航天飞机上,运载火箭被放在助推火箭的旁边,所以有很多设计缺陷,比如火箭容易使大块泡沫材料脱落。"哥伦比亚"号航天飞机灾难性的后果就是这样造成的,2003年,它在再次发射途中爆炸解体,损失了7名勇敢的宇航员,其原因就是助推火箭的一块泡沫材料在脱落时撞到航天飞机并在机翼上撞了个洞。在再次发射时,热气穿透"哥伦比亚"号航天飞机的外壳,杀死了里面的所有人并导致飞船爆炸解体。在"星云计划"中,船员舱被直接安排在助推火箭上面,以确保不再出现问题。

由于"星云计划"看起来非常像20世纪70年代的登月球火箭计划,所以新闻媒体曾称之为"针对小行星的阿波罗计划"。"阿瑞斯一号"的助推火箭高达325英尺(99.06米),可与363英尺(110.64米)高的"木星五号"火箭相比。期望它取代原来的航天飞机,把"猎户座"登月舱送入太空。要不是起飞重量太大,美国宇航局原打算采用"阿瑞斯五号"火箭,它高达381英尺(116.13米),而且能够把207吨有效载荷送入太空。"阿瑞斯五号"火箭本应该是月球或火星飞行任务的主要火箭。(虽然阿瑞斯已被取消,但是,据称可能在以后的航天任务中要利用其某些部件。)

未来物理 永久性月球基地

虽然奥巴马总统取消了"星云计划",但是他对几个选项还没有做出最终决定。原计划用于把宇航员送回月球的"猎户座"登月舱,现如今被考虑用做国际空间站的分离舱。在经济复苏以后的未来某个时候,另一届政府可能会重新制定月球探索目标,包括月球基地。

在月球上建立一个永久性基地的任务面临着很多障碍。首先是微小陨石。由于月球没有空气,因此太空中的巨石会经常撞击它。我们看看它的表面就清楚了,陨星碰撞形成斑斑凹痕,有些陨星可以追溯到数十亿年之前。

当我在加州大学伯克利分校读研究生时,我曾亲自看到过这样的危险。20世纪70年代初,从太空带回的月球岩石曾在科学界轰动一时。我受邀进入一个从事显微镜分析月球岩石的实验室。我看到的月球岩石似乎很普通,非常像地球上的岩石;但是在显微镜下,我惊呆了!岩石中有微小的陨石坑,坑中甚至还有更小的凹痕。坑中有坑,我以前可从来没有见过这样的事情。我立刻意识到,在没有大气层的条件下,即使最小的一粒尘埃,当以每小时40 000英里(64 374公里)的速度撞击你,那么,它杀死你易如反掌,或者至少穿透你的宇航服。(科学家能够明白这些微小陨石所造成的巨大伤害,因为他们可以模拟这些冲击,而且他们在实验室里已经研制出能发射金属小球的巨型炮筒,用于研究这些陨石的撞击力。)

一种可能的解决方案是建立地下月球基地。由于月球上存在着年代久远的火山活动,所以宇航员有可能找到一条通向月球内部的熔岩洞。(熔岩洞是由古老的熔岩流形成的,熔岩流蚀刻出地下洞穴形构造和隧道。)在2009年,宇航员发现了一个像摩天大楼那么大的熔岩洞,可以用做永久性的月球基地。

这种天然洞穴可以低成本地保护宇航员免受宇宙射线和太阳耀斑的辐射。即使是从纽约到洛杉矶横穿大陆的飞行,也可以使我们遭受每小时1毫雷姆的辐射(相当于受到1个牙科X光的辐射量)。对于月球上的宇航员而言,辐射非常强烈,他们需要生活在地下基地里。由于没有大气层,一连串太阳耀斑和宇宙射线的致命辐射会造成宇航员早衰,甚至罹患癌症等直接风险。

还有一个问题,即失重,特别对长时间的太空飞行任务。我曾有机会参观位于俄亥俄州克利夫兰市的美国宇航局训练中心,宇航员要在那里接受各种测试。在我观察的一次测试中,受训宇航员被吊带悬挂起来,身体与地面平行,然后他开始在带有垂直轨道的踏旋器上奔跑。通过在踏旋器上的奔跑训练,美国宇航局科学家在测试受训宇航员的耐力的同时也可以模拟失重状态。

在我与美国宇航局的医生交谈后才了解到,失重状态比我以前想象的更具损坏性。一位医生向我解释说,在美国和俄罗斯宇航员数十年来长期处于失重状态之后,科学家现在意识到他们的身体经受了严重的变化:肌肉、骨骼、心血管系统等发生了明显的退化。数百万年来,我们生活在地球的引力场中,我们的身体也在不断地进化。当长时间置身于较弱的引力场时,我们身体中所有的生物进程就突然陷入紊乱状态。

在太空度过大约一年时间的俄罗斯宇航员,返回地球后他们的身体如此虚弱,只能缓慢地爬行。即使他们在太空中每天进行锻炼,肌肉还是会萎缩,钙从骨骼中流失,心血管系统的机能开始减弱。去一趟火星可能花费两年的时间,也可能耗尽宇航员的精力,于是,当他们到达火星时已经无力执行任务了。(解决这个问题的方案之一,是让航天器旋转起来,这样就能够在太空船中产生人造重力。这与一桶水在你脑袋上方旋转而水没有溢出来是相同的道理。不过,这样做的成本无比昂贵,因为需要有重型机械来使航天器旋转起来。对于该任务来说,每增加 1 磅的额外重量就会多增加 1 万美元的成本。)

未来物理 月球上的水

发现月球上亘古的冰是一个意义重大的转折点,这些冰可能是远古彗星撞击时留下的。2009 年,美国宇航局的"月面环形山观测与传感卫星"(LCROSS)探测器及其"半人马座"助推火箭撞击了月球的南极区域,撞击速度为每小时 5 600 英里(9 012 公里),产生约 1 英里(1 609 米)高的烟柱,形成一个直径约 60 英尺(18.29 米)的坑。尽管电视观众对于月面环形山观测与传感卫星(LCROSS)撞击未能引发像预测的那么壮观的爆炸场面而略感失望,但是,它却提供了大量的科研数据。在烟柱中发现了约 24 加仑(90.85 升)的水。于是,在 2010 年科学家发布了一项震惊世界的公告,百分之五的爆炸残片都含有水。因此,与部分撒哈拉大沙漠相比,月球其实更湿润。

这可是一项重要的发现,因为这可能意味着未来的宇航员可以获取地下冰沉积物,用做火箭燃料(在水中提取氢气),用于呼吸(提取氧气),用于防护(由于水可以吸收辐射),以及净化后用做饮用水。因此,这项发现可能为所有探月任务节省数亿美元的成本。

该重大发现意味着,宇航员以后有可能通过获取月球上的冰和矿物质,建立并供应永久性基地,从而生活在这片陆地上。

中期《2030—2070》

未来物理 火星探索任务

2010 年,当奥巴马总统行至佛罗里达州宣布取消探月计划时,他指出,他期待着火星探索任务取代探月计划。他为一枚尚未指明的重型助推火箭提供资金支持,这枚火箭在未来的某一天会把宇航员送入月球之外的深层空间。他沉思后说,他也许能看到这一天,或许在 21 世纪 30 年代中的某一天,到那时我们的宇航员将会在火星上行走。巴兹·奥尔德林等宇航员一直是奥巴马总统计划的支持者,因为该计划将略过月球。奥尔德林曾对我说,美国已经登上月球了,所以真正的冒险是登上火星。

在太阳系的所有行星中,只有火星看起来与地球相似,可能有某种生命形式的存在。〔水星因太阳照射而枯萎,众所周知,不可能有生命存在。而木星、土星、天王星和海王星等气态巨行星都太冷,不能维持生命。金星是地球的双胞胎,但是,其失控的温室效应把它变成了一座地狱:温度高达 900 ℉(华氏度,482℃),其大气层的主要成分,二氧化碳的密度是地球的 100 倍,而且还有硫酸雨。假如你在金星表面上行走,你会窒息,会被压碎而死,而你的遗骸将被高温烧成灰烬,然后被硫酸溶解掉。〕

相反,火星曾经是一颗像地球一样的湿润的行星,有着在很久以前就消失了的海洋与河床。如今,火星成了一片冰冻的沙漠,毫无生机。也许在数十亿年之前,微生物曾在那里繁衍生息,或者仍然生活在温泉之下。

一旦我们决定开始火星之旅,那么可能需要再花费 20—30 年的时间才能真正地完成这项任务。但是,到达火星将比到达月球更加困难。与月球相比,火星在难度上要上一个量级。到达月球只需 3 天,而到达火星则需要6 个月到 1 年的时间。

2009 年 7 月,美国宇航局科学家罕见地研究了现实的火星任务看起来到底像什么。宇航员将用大约 6 个月或更多时间抵达火星,然后在火星上度过 18 个月,最后再用 6 个月时间完成返回航程。

需要把总重量约为 150 万磅(680 吨)的设备送到火星上,超过了价值1 000 亿美元的空间站所需的总重量。为了节省食物和水,宇航员在旅途中和在火星期间不得不净化他们自己的垃圾,然后利用这些处理过的垃圾为植物施肥。没有空气、土壤和水,这一切都必须从地球带过来。由于火星上没有氧气、液态水、动物、植物等,所以,宇航员不可能在这片陆地上生活。火星的大气层几乎纯粹是二氧化碳,大气压力仅为地球的百分之一。太空服上任何一个小裂缝都将导致快速降压和死亡。

火星探索任务非常复杂,必须分解成若干步骤。由于返回地球飞行任务中携带火箭燃料的成本非常之高,所以,可能提前向火星发射一枚独立火箭,它携带的火箭燃料将被用于给航天器补充燃料。(或者,如果能够从火星上的冰层里提取足够的氧气和氢气,那么,也可以用于火箭燃料。)

宇航员一旦登上火星,可能需要用数周的时间适应在另一个星球上的生活。火星上的昼夜循环周期与地球上差不多相似(火星上的一天是 24.6小时),但是,一年几乎是地球上的两倍。火星温度从不会超过冰的融点。火星上的沙尘暴非常凶猛。火星上砂子的密度与滑石粉的密度一样,经常发生肆虐整个火星的沙尘暴。

末来物理 火星地球化?

假设宇航员在本世纪中叶访问火星并建立了一个简单的火星前哨基地,那么,他们有可能考虑把火星地球化,也就是说,对火星进行改造,使其更适宜生命的存在。也许将在 21 世纪末期开始这项工作,最早或者更可能在 22 世纪初期开始。

科学家已经分析了几种对火星实施地球化的方式。最简单的方式也许是向火星大气层注入甲烷或者其他温室气体。由于甲烷是一种比二氧化碳更强效的温室气体,因此,它能够捕捉太阳光,从而把火星表面温度提升到冰融点之上。除了甲烷之外,科学家还对氨、氯氟烃等其他温室气体进行了分析,看看是否可用于火星地球化实验。

一旦火星表面温度开始上升,那么,地下的永久冻土就开始融化,这可是数十亿年以来第一次解冻。随着永久冻土的融化,河床将开始充满水。最终的结果是,当大气层逐渐变浓密时,湖泊甚至海洋就可能在火星上再次形成,这将释放更多的二氧化碳,从而引发一个良性的反馈循环。

2009 年,科学家发现甲烷气体从火星表面自然逸出。甲烷气源仍然是个秘密。在地球上,多数甲烷气体是由有机材料腐烂而形成的。但是在火星上,甲烷也许是地质过程的副产品。如果我们能够找到甲烷气源,那么就有可能提高其产气量,从而改变火星大气层。

还有一种可能性是使彗星转向进入火星大气层。如果我们能对遥远的彗星实施拦截,那么,即使火箭引擎轻轻的推动、航天器的撞击或者宇宙飞船引力的牵引等都足以使彗星偏转。彗星主要由水冰构成,并周期性穿过太阳系。〔比如,哈雷彗星包含形状类似花生的核心,直径约 20 英里(32.2 公里),由冰和岩石构成。〕当彗星渐渐靠近火星表面时,它会遇到来自大气层的摩擦,使彗星慢慢分解,从而向大气层释放蒸汽状态的水。

如果无法使用彗星,还可以使木星的冰卫星之一或者含有冰的小行星转向,譬如"谷神星"(Ceres),据说它含 20% 的水。(这些卫星和小行星很难转向,因为它们一般处于稳定的轨道中。)除了让彗星、卫星或者小行星在围绕火星运转的轨道中慢慢解体从而释放水蒸气之外,还有一种选择是设法操纵这些星体对火星冰盖进行受控制撞击。火星的极地区域由冰冻的二氧化碳和冰层组成,二氧化碳在夏季会消融,而冰则形成了永久性的冰盖。如果彗星、卫星或者小行星撞击这些冰盖,那么就会释放大量的热能,从而使干冰汽化。由于二氧化碳是一种温室气体,所以它会使大气层变浓密,有助于加速火星全球变暖。它也可能形成良性的反馈循环。从冰盖中释放的二氧化碳量越大,火星将变得更暖和;反过来,变暖的火星将会释放更多的二氧化碳。

另一个建议是在火星冰盖上直接引爆核弹,其缺点是所产生的液态水可能含有放射性沉降物。或者,我们可以在火星上建立聚变反应堆,以此融化火星极地的冰盖。核聚变设备用水做基本燃料,而火星上有大量的冰冻水。

火星温度一旦升高至冰融点,那么将形成水池,于是我们可以把地球南极地区生长的藻类植物引进到火星上。这些藻类植物也许可以在含有95%的二氧化碳的火星大气层中真正旺盛地存活下来。我们也可以对藻类植物进行基因改良,以最大限度地提高它们在火星上生长的可能性。藻类池以几种方式加速火星的地球化进程:首先,它们能够把二氧化碳转换成氧气;其次,它们能够使火星表面颜色变深,从而吸收更多的太阳热量;第三,由于藻类无须外部作用而自行生长,所以,这是改变火星环境条件相对廉价的方法;第四,收获藻类后可用做食物;最后,藻类湖能够产生植物必需的土壤和养分,进而提高氧气的产出量。

科学家已经研究了制造绕火星运转并把太阳光反射到火星上的太阳能卫星的可能性。太阳能卫星本身也许能够使火星表面温度升至零度以上。一旦成功,而且永久冻土开始融化,那么火星就将持续地自行变暖。

经济效益?
<small>未来物理</small>

我们不应当幻想着通过向月球和火星开拓殖民地就能立刻获得经济效益。1492 年,当哥伦布抵达"新大陆"时,他打开了获取历史性"意外之财"的大门。不久,征服者们就把从美洲原著人那里掠夺来的大量黄金运回国内,而移居者把珍贵原料和农作物运回"旧大陆"。向"新大陆"派遣远征探险队的成本远远低于他们赚得的这些巨大财富。

然而,月球或火星上的殖民地与此完全不同。这里没有空气、液态水或肥沃的土壤,因此一切都必须由火箭飞船带过来,其成本非常的昂贵。

再者,月球殖民至少在近期内没有多大的军事价值。这是因为,通常情况下从地球到达月球需要花费 3 天的时间,反之亦然;而用洲际弹道导弹发动一场核战争仅需 90 分钟的时间。火星上一支太空装甲部队不可能及时抵达地球参战并决定战役的胜负,因此,五角大楼并没有任何资助将武器运到月球上的应急计划。

这意味着,如果我们真的在其他星球上开始大规模的采矿作业,将会对太空殖民地有利,而不是对地球有利。殖民者将开采金属和矿产为己所用,因为成本太高,他们不会把金属和矿产运回地球。只有当我们建立了能够使用这些原材料的自给自足的殖民地时,在小行星上进行采矿作业才会具有经济效益,而这一切只有在本世纪末期或者更有可能在本世纪之后才能实现。

未来物理 太空旅游业

普通的老百姓何时才能进入太空呢?普林斯顿大学已故的杰拉德·奥尼尔(Gerard O'Neill)等一些幻想家把太空殖民地想象成一个巨大的轮盘,上面有居住单元、水净化装置、空气循环装置等等,目的是解决地球人口过剩问题。可是在 21 世纪,认为太空殖民地将会缓解人口问题的观点充其量只不过是一种天真的幻想而已。对多数人类而言,至少在一个世纪或更长的时间里,地球将是我们唯一的家园。

然而,普通人可能真正进入太空的一种方法:以游客的身份进入。对美国宇航局的巨大浪费和官僚主义持批评态度的一些企业家认为,他们能够用市场力量把太空旅行成本降下来。2004 年 10 月 4 日,伯特·鲁坦(Burt Rutan)及其投资者因在两周内连续两次成功地把"太空船一号"(SpaceShipOne)发射至距地球仅 60 英里(96.6 公里)的高空而赢得了"安萨里 X 大奖"(Ansari X Prize)的 1 000 万美元奖金。"太空船一号"是第一个装有火箭发动机的宇宙飞船,成功地完成了由私人资助的太空探险任务。研发成本约为 2 500 万美元。微软公司的亿万富翁保罗·艾伦对此项目提供了担保。

如今,又有了"太空船二号"(SpaceShipTwo),鲁坦计划开始进行试验,希望实现太空飞行的商业化。英国维珍大西洋航空公司(Virgin Atlantic)的亿万富翁理查德·布兰森(Richard Branson)已经创立了"维珍银河公司"(Virgin Galactic),把太空站设在新墨西哥州,有许多人准备花费 20 万美元实现自己太空旅行的梦想。作为第一家提供商业太空飞行的大公司,维珍银河公司已经订购了 5 枚"太空船二号"火箭。如果成功,就可能使太空旅行的费用下降百分之十。

"太空船二号"采用若干方法降低成本。鲁坦没有采用巨型助推火箭携带有效载荷进入太空,他把太空船放在一架飞机背上,使其由一架标准喷气式飞机背负运载。用这种方式,飞机仅消耗大气层中的氧气就能达到一定的高度。到达距离地球约 10 英里(1.6 万米)高空时,太空船从飞机上脱离,开启自己的火箭发动机。虽然该太空船不能环绕地球飞行,但是它携带的燃料足以抵达距离地球约70英里(112.7公里)的高度,超越大部分的大气层,于是,乘客可以看到天空先变成紫色,然后变成黑色。该太空船的发动机功率非常强大,可以使飞行速度达到3马赫或音速的3倍〔大约每小时2 200英里(3 541公里)〕。当然,这样的速度还不能把火箭送入轨道〔需要达到每小时18 000英里(28 968公里)才行〕,不过,足以把你送到大气层的边缘和外层空间的入口处。在不久的未来,一次太空之旅的成本也许仅等于一次非洲之旅的成本。

〔然而,想要完全围绕地球飞行,你得支付更多费用才能完成登上空间站之旅。我曾经问过微软公司亿万富翁查尔斯·西蒙尼(Charles Simonyi),他花了多少钱购买了一张去空间站的票。媒体报道中估计的票价是2 000万美元。他说不愿透露准确的价格,但是他告诉我,与媒体估计的价格相差不远。他竟然两次进入了太空,真是一段美好的时光啊。因此,即使在不久的将来,太空旅行仍将是富人专享的特权。〕

然而,波音公司在2010年9月宣布,根据计划他们将从2015年开始进军太空旅游行业,为游客提供商业太空旅行服务,这等于是给太空旅游业注射了一针兴奋剂,同时也有力地支持了奥巴马总统把载人航天飞行计划转交给私人企业的决策。根据波音公司的计划,航天飞机将从位于佛罗里达州的卡纳维拉尔角被发射至国际空间站,每次飞行搭载4名机组人员,留出3个座位供太空游客乘坐。可是,波音公司对私人探险自筹资金问题直言不讳:纳税人必须承担大部分费用。波音公司商业船员小组的项目经理约翰·埃尔伯说:"这还是一个不稳定的市场。如果我们不得不仅依靠波音公司的投资做这件事而又明知其中的风险因素,那么,我们将不能结束这件商业案例。"

未来物理 百搭牌(无法预料之事)

太空旅行高昂的费用已经阻碍了太空旅行的商业进程和科研进程,因此,我们需要一个革命性的新设计方案。到本世纪中叶,科学家和工程师将进一步完善助推火箭技术,力争降低太空旅行的成本。

物理学家弗里曼·戴森(Freeman Dyson)已经缩小了试验性技术的范

围,这些技术也许有一天会为普通老百姓开启太空旅游之门。虽然这些提案都具有高风险性,但是,它们可能大幅度地降低成本。第一个提案是激光推进发动机;它能在火箭底部发射出大功率的激光束从而引发微爆炸,爆炸产生的冲击波推动火箭上升。一连串稳定的速射激光脉冲使水汽化,从而把火箭推进太空。激光推进系统的主要优势是能量来自陆基系统。激光火箭不携带任何燃料。(相比之下,化学火箭在把燃料重量带入太空时浪费了大量的能量。)

激光推进系统技术已经得到了验证;1997 年,模型试验已成功完成。纽约伦斯勒理工学院(Rensselaer Polytechnic Institute)的雷克·迈拉博(Leik Myrabo)已经建立了这种火箭的实用样机,他称之为"光船技术示范者"。早期设计的一个雏形的直径为 6 英寸(15.24 厘米),重量只有 2 盎司(56.7 克)。10 千瓦的激光能够在火箭底部产生一连串的激光脉冲,并当气浪以 2 g 的加速度〔是地球重力加速度的两倍,或者每秒钟 64 平方英尺(5.95 平方米)〕推动火箭时,发出机关枪的声音。他已经能够制造光船火箭,升空高度达 100 多英尺〔相当于 20 世纪 30 年代罗伯特·戈达德(Robert Goddard)早期液体燃料推进火箭的升空高度〕。

戴森梦想着这么一天,激光推进系统能够把巨大的有效载荷送入地球轨道,每磅重量只花费 5 美元,这将给太空旅行带来重大变革。他设想用 1 000 兆瓦的巨型激光把 2 吨重的火箭送入轨道。(这是一座标准核电厂的功率输出。)火箭底部携带有效荷载和水箱,水缓缓地从水箱的细孔中漏出。有效荷载和水箱各自重 1 吨。当激光束冲击火箭底部时,水顷刻汽化,产生一连串的冲击波,把火箭推向太空。火箭加速度达到 3 g,并在 6 分钟之内脱离地球引力。

由于火箭没有携带任何燃料,因此,不存在助推火箭发生灾难性爆炸的危险。而化学火箭,即使有 50 年进入太空时代的功绩,仍然具有约 1% 的事故率;而且这些事故都是非常惊人的,因为挥发性氧氢燃料会产生巨大的火球,并在发射场到处降下大量的碎片。相比之下,该系统既简单又安全,只用水和激光器,而且可以反复使用,只需短暂的停机检修即可。

此外,该系统最终实现的盈利会大于投资。如果每年采用该系统发射 50 万艘宇宙飞船,那么发射酬金将会轻松地补偿生产成本和研发成本。然而,戴森明白,这样的梦想是未来数十年之后的事情。巨型激光发射器的基础研究所需要的经费远远超过一所大学所能承受的数额。除非该项研究得到大公司或政府的担保,否则将永远不能建成激光推进系统。

下面谈谈 X 奖金的有用之处。X 奖项是由彼得·戴曼迪斯(Peter Diamandis)在 1996 年设立的。我曾与他交谈过,他对化学火箭的局限性了如指掌。他直言不讳地告诉我,即使是"太空船二号"也面临着化学燃料火箭摆脱地球引力高昂费用的同样问题。因此,以后的 X 奖金将授予能够制造出由能量束推进火箭的人。(但是,不是用激光束,而是采用类似的电磁能源,如微波束。)X 奖项的大力宣传和数百万美元奖金的巨大诱惑力,足以鼓舞企业家和发明家研制出微波火箭等非化学燃料火箭。

还有其他试验性的火箭设计,但是这些设计都具有不同程度的风险。其中一种可能性是气枪,它可以从巨型气枪中发射抛射物,有点像儒勒·凡尔纳的小说《从地球到月球》中的火箭。然而,凡尔纳的火箭决不能飞行,因为火药不可能以每小时 25 000 英里(40 234 公里)的速度发射抛射物,该速度是摆脱地球引力的必要速度。相比之下,气枪利用长枪管中的高压气体高速推进抛射物。西雅图华盛顿大学已故的亚伯拉罕·赫茨伯格(Abraham Hertzberg)曾制作过一个气枪雏形,直径为 4 英尺(1.22 米),长度为 30 英尺(9.15 米)。枪里的气体是甲烷和空气的混合体,增压到大气压力的 25 倍。当气体被点燃时,有效载荷以惊人的 30 000 g 的加速度顺着爆炸力攀升,这样的加速度足以摧毁大多数金属物体。

赫茨伯格已经证明气枪是可行的。不过,要把有效载荷送入外层太空,气枪管必须更长,约 750 英尺(228.6 米),还必须沿弹道采用不同的气体。要使推进有效载荷达到逃逸速度,必须在五个阶段采用不同的气体。

该气枪的发射费用甚至低于激光推进系统的发射费用。然而,用这种方式发射宇航人员就太危险了;只有能够承受强烈加速度的固体有效荷载才能采用这种形式发射。

第三个实验设计是"大型离心机"(Slingatron),就像吊在绳子上的球,使负荷沿圆圈旋转,然后抛向空中。

德里克·蒂德曼(Derek Tidman)曾建造了一个雏形,他建造的桌面模型可以在几秒内以每秒 3 000 英尺(914.4 米)的速度把物体抛向空中。大型离心机由一个直径为 3 英尺(91.44 厘米)的甜面圈形状的管子构成。管子自身直径是 1 英寸(2.54 厘米),包含一个小钢珠。当钢珠围绕管子滚动时,小发动机把钢珠推起,速度越来越快。

能把负荷抛进外层空间的真正的大型离心机必须特别大,直径应达到数百或数千英尺,可以为钢珠输送能量,直到钢珠达到每秒 7 英里(11.27公里)的速度。钢珠将以 1 000 g 的加速度离开大型离心机,足以压扁任何物体。有许多技术问题需要解决,最主要的问题是钢珠与管子之间的摩擦力,摩擦力必须最小。

如果政府或私人企业能提供资金,那么上述三种设计将需要数十年的时间进行完善。否则,这些模型只能永远停留在设计阶段。

远期(2070—2100)

未来物理 太空升降机

到本世纪末,纳米技术也许可以把传说中的太空升降机变为现实。就像起重器和豆茎一样,我们或许能够攀入云层,甚至更高。我们只要坐进电梯,按下按钮,然后就沿着数千英里长的碳纳米管纤维不断上升。这种技术可能将太空旅行的经济理论颠倒个个儿。

回到 1895 年,俄罗斯物理学家康斯坦丁·齐奥尔科夫斯基(Konstantin Tsiolkovsky)从修建当时世界上最高建筑的埃菲尔铁塔中受到启发。他问了自己一个简单问题:为什么不能修建一座通向外层空间的埃菲尔铁塔?他进行了计算,如果足够高,那么用物理学原理支撑的它将永远不会倒塌。他称之为天上的"空中城堡"。

想想悬挂在绳子上的球。使球旋转起来后,离心力足以防止它掉下来。同样地,有足够长的缆绳,那么,离心力将防止它掉回地球。地球的自转也足以使缆绳保持在空中。一旦缆绳延伸到天空,那么沿缆绳上升的电梯厢就能飞入太空。

在理论上这种技术似乎是可行的。但遗憾的是,用牛顿运动定律计算一下缆绳的张力就会发现,比钢的抗拉强度还大:缆绳会突然折断,使太空升降机的梦想化为泡影。

数十年来,人们周期性的重新考虑太空升降机的想法,每次都被这个原因否定了。1957 年,俄罗斯科学家尤里·阿特苏塔诺夫(Yuri Artsutanov)对此进行了改进,他提出太空升降机应该自上而下地修建,而非自下而上,即,太空飞船首先被送入轨道,然后将缆绳向下延伸,固定在地球上。还有,科幻小说家阿瑟·克拉克(Arthur C. Clarke)1979 年在其小说《天堂喷泉》(The Fountains of Paradise)和罗伯特·海因莱因(Robert Heinlein)1982 年在其小说《弗里达》(Frida)中的描述,都使太空升降机颇受人们喜欢。

碳纳米管帮助人们重新唤醒了这个想法。正如我们已看到的,纳米管的抗拉强度是任何材料中最强的,比钢的强度更大,甚至可以承受太空升降机的拉力。

然后,问题是如何制造出一根 50 000 英里(81 467 公里)长的纯碳纳米管。这是个巨大的障碍,由于科学家们到目前为止只能制造出仅几厘米长的纯碳纳米管。把数十亿股碳纳米管织在一起制成片材和缆绳是有可能的,但是,这些碳纳米管纤维是不纯的,因为它们是压织在一起的。难题是所制造的碳纳米管中每个碳原子都要在适当的位置上。

2009 年,莱斯大学的科学家宣布了一项突破性技术。尽管他们的纤维不纯而且是合成的(即它们不适合太空升降机),但是其方法是通用的,足以制造出任何长度的碳纳米管。他们经过反复试验后发现,碳纳米管可以在氯磺酸(chlorosulphonic acid)溶液中溶解,然后从喷嘴喷出,类似于淋浴喷头。这种方法可能制造出 50 微米粗,数百米长的碳纳米管纤维。

电力线就是纳米管的一种商业应用,由于碳纳米管比铜线更具导电性、更轻,而且不容易断。莱斯大学工程学教授马特奥·帕斯夸里(Matteo Pasquali)说:"用做电力传输线时,需要制造数吨重的碳纳米管,而现在还没有办法做到这一点。但我们距离奇迹不远了。"

尽管这些缆绳不纯,不适合用于太空升降机,但是,该研究表明,总有一天我们或许能够制造出纯的碳纳米管线,其强度足以把我们送入太空。

假如我们在将来能够制造出很长的纯碳纳米管线,但是,仍然会遇到一些实际问题。比如,缆绳超越了大多数卫星的轨道,这意味着卫星轨道在环绕地球多圈之后将最终与太空升降机相交,发生碰撞。这意味着,升降机必须配备特殊火箭才能使缆绳躲避卫星的飞行路线。(图 11)

另一个问题是狂暴的天气,如飓风、雷雨和狂风。太空升降机必须固定在地球上,也许是固定在太平洋中一艘航空母舰上或石油钻探平台上,但是它必须具有灵活性才能避免被强大的自然力量损坏。

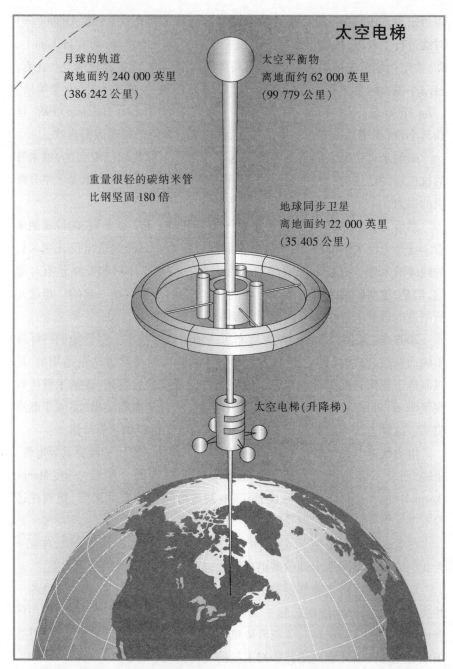

太空电梯

月球的轨道
离地面约 240 000 英里
（386 242 公里）

太空平衡物
离地面约 62 000 英里
（99 779 公里）

重量很轻的碳纳米管
比钢坚固 180 倍

地球同步卫星
离地面约 22 000 英里
（35 405 公里）

太空电梯(升降梯)

图 11 通往天空的太空电梯也许有一天将会极大地降低太空旅行的成本。而实现太空电梯的关键或许是纳米技术。

还必须配备应急按钮和逃生舱,以防缆绳断裂。如果缆绳突然断裂,为了挽救乘客生命,升降机厢必须能够滑翔或跳伞,返回到地球表面。

为了启动太空升降机的研究,美国宇航局举办了几次竞赛。美国宇航局太空升降机比赛颁发的奖金总额高达 200 万美元。根据美国宇航局制定的规则,要赢得"光束能挑战赛"(Beam Power Challenge)冠军,你必须制造一个仅 50 千克重的设备,在 1 公里距离的攀爬速度为每秒钟 2 米。该挑战赛的难度在于设备内不能携带燃料、电池或电线;能量必须从外部束射到设备上。

我曾有机会亲自看到了研制太空升降机、梦想获得该奖项的工程师们所表现出的巨大热情和干劲。我飞到西雅图,在"激光发动机"小组见到了年轻的有创业精神的工程师们。他们听从了美国宇航局竞赛的号召,开始研制有朝一日能启动太空升降机的模型。

他们租用一间大仓库,检验他们的想法;走进仓库后我看到强大的激光能发射出强烈的能量束。在仓库的另一侧,我看见他们的太空升降机,大约 300 英尺(91.44 米)宽的一个盒子,配有大型镜面。激光束射到镜面上,再被反射到一排太阳能电池上,把激光能转化成电能;启动电机,升降机厢就会沿着一根短缆绳缓缓爬升。这样,就不需要电缆从太空升降机上悬吊下来提供能量。我们只要向地球上的升降机发射一束激光,升降机就会自己沿缆绳爬升。

激光很强大,我们都必须戴上特殊护目镜保护眼睛。要经过无数次试运行,不过,他们最终能够发射激光,使设备沿缆绳爬升。至少在理论上来说,太空升降机的一个问题已经被解决。

最初,由于任务难度太大,没有人能赢得该奖。然而,2009 年"激光发动机"小组领取了该奖项。竞赛在加利福尼亚州莫哈韦沙漠的爱德华兹空军基地举行。一架直升机飞过沙漠,牵引着一根长长的缆绳。"激光发动机"小组能够让他们的升降机在两天内沿缆绳爬升 4 次,最短时间是 3 分钟 48 秒。于是,我看到这些年轻的工程师们的艰苦努力最终如愿以偿。

未来物理 星际飞船

尽管最近载人航天任务遇到资金问题,但是到本世纪末,科学家将有可能在火星上,也许在小行星带中建立前哨站。他们下一步将瞄准具体的星球。虽然今天星际探测器无望飞得更远,但是在100年之内有望实现。

第一个难题是找一个新的推进系统。传统的化学火箭可能需要用大约7万年时间才能到达最近的恒星。比如,1977年发射的两架"旅行者"(*Voyager*)号宇宙飞船就是在把物体送入深层太空方面创造了世界纪录。目前,它们处于大约100亿英里(161亿公里)的空间,但是仅仅是到恒星距离的一个很小的部分。

科学家为星际飞船提出了几种设计方案和推进系统:

- 太阳帆
- 核火箭
- 冲压式喷气聚变
- 纳米飞船

当我在俄亥俄州克利夫兰市参观美国宇航局的李子沟站(Plum Brook Station)时,我有机会见到了一位太阳帆幻想家。在那里,工程师建立了世界上最大的真空室,对人造卫星进行测试。真空室真像个洞穴:100英尺(30.48米)宽,122英尺(37.19米)高,很大,可以容纳几栋多层公寓楼,其面积之大足够在真空空间测试卫星和火箭零部件。走进真空室后,我为如此庞大的项目而感到震慑。不过,我还感到非常荣幸,自己能走进这间曾测试过美国标志性卫星、探测器和火箭的真空室。

我在那儿会见了一位太阳帆的主要研发者,美国宇航局科学家雷斯·约翰逊(Les Johnson)。他告诉我,自从他还是一个阅读科幻小说的小孩起,他就梦想着建造能够到达恒星的火箭。约翰逊曾编写过有关太阳帆的基础教科书。尽管他认为要在数十年之内才能实现,但是,他不得不接受这一事实:甚至在他将来去世后很长时间,都不可能建造出真正的星际飞船。像修建了中世纪大教堂的石匠一样,约翰逊意识到,可能需要几代人才能建造出可以到达恒星的飞船。

太阳帆利用了这一事实:尽管光没有质量,但是它有动量,因此可以施加压力。来自太阳的光压非常小,小到手都无法感觉到,但是,如果有足够大的帆,我们又有足够的时间等待的话,它就能够驱动星际飞船。(太空中的太阳光强度是地球上太阳光的8倍。)

　　约翰逊告诉我,他的目标是建造一个巨大的太阳帆,由极薄的但有弹性的塑料制成。太阳帆将有数英里宽,在外层空间修建。一旦组装起来,它会慢慢地围绕太阳旋转,获得越来越多的动量。绕太阳旋转几年之后,它就旋转脱离太阳系,到达恒星上。他对我说,这样一个太阳帆能够使探测器的速度达到光速的 0.1%(每秒 300 公里),也许在 400 年后到达最近的恒星。

　　为了缩短抵达恒星的必要时间,约翰逊经过研究决定给太阳帆增加一个推进器。一种可能性是在月球上放置一组大型激光装置。激光束射到帆上,在帆朝着恒星飞行时增加帆的动量。

　　由太阳帆驱动的宇宙飞船面临的一个问题是很难停止和转向,因为光是从太阳向外运动的。一种可能性是使太阳帆的飞行方向倒过来,利用目标恒星的光压让飞船减速。另一种可能性是围绕远距离恒星飞行,利用该恒星的引力在返回途中产生弹弓效应。还有一种可能性是在卫星上降落,建造激光电池,然后背对恒星光和卫星激光束飞行。

　　尽管约翰逊有着远大的星球梦想,但是他知道现实比梦想更实际。1993 年,俄罗斯人从"和平"号空间站在太空部署了一个直径为 60 英尺(18.29 米)的聚酯反射镜,不过,其目的仅是演示展开。第二次尝试失败了。2004 年,日本人成功地发射了两个太阳帆模型,不过还是为了对展开进行测试,而不是推进。2005 年,宇宙工作室、行星协会以及俄罗斯科学院进行了一次大胆尝试,在太空部署了被称为"宇宙 1 号"的真正的太阳帆。它是从俄罗斯一艘潜艇上发射的。然而,"波浪"号火箭点火失败,未能到达轨道。2008 年,一个美国宇航局小组尝试发射所谓的"纳米帆 D",不过当"猎鹰 1 号"火箭失败时,它失踪了。

　　2010 年 5 月,日本太空开发署最后成功地发射了"伊卡洛斯"(IKAROS)太阳帆,是利用太阳帆技术在星际空间发射的第一艘宇宙飞船。该帆呈正方形,对角线长 60 英尺(18.29 米),利用太阳帆推进系统向金星飞去。日本人希望,最终能够利用太阳帆推进系统向木星发射另一艘飞船。

未物来理 核火箭

　　科学家还考虑用核能驱动星际飞船。从 1953 年开始,原子能委员会就着手认真研究携带原子反应堆的火箭,从"漫游者计划"开始。在 20 世纪五六十年代,核火箭实验基本都以失败告终,因为它们太不稳定、太复杂,无法处理。再者,我们可以很容易地证明,普通的聚变反应堆不能产生驱动星际飞船的能量。一座典型的核电厂的发电量约为 10 亿瓦,这样的能量不足以抵达恒星。

但是在 20 世纪 50 年代,科学家提议采用原子弹和氢弹而非反应堆为星际飞船提供动力。比如,"猎户座计划"提出的火箭是由原子弹爆炸所产生的一连串核冲击波推进的。星际飞船可以从其后面丢下许多原子弹,产生一系列强大的 X 射线冲击波,然后冲击波会推动星际飞船向前飞行。

1959 年,通用原子公司的物理学家估计,一艘先进的"猎户座"号飞船重量可达 800 万吨,直径 400 米,需要 1 000 颗氢弹提供动力。

弗里曼·戴森是"猎户座"号飞船计划的一位热心支持者。他说:"对我而言,猎户座计划意味着让整个太阳系对生命开放。这将改变历史。"也许这是清除原子弹的简便方法。他说,"一次太空之旅,我们可以清除掉 2 000 颗原子弹。"

然而,1963 年出台的《全面禁止核试验条约》扼杀了"猎户座计划";该条约禁止实行核武器地面实验。没有了实验,物理学家无法对"猎户座"项目的设计进行改进,于是该项目终止。

未来物理 冲压喷气聚变

1960 年,罗伯特·W.巴萨德(Robert W. Bussard)提出了另一个核火箭建议;他把聚变发动机想象成类似普通的喷气式发动机。冲压喷气式发动机吸取前面的空气,然后与燃料进行内部混合。点燃空气和燃料混合物后,产生化学爆炸,形成推力。他设想着把相同的基本原理应用于聚变发动机上。冲压喷气聚变不吸取空气,而吸取星际空间到处可见的氢气。氢气被电场和磁场挤压、加热,直到氢气融合成氦,这个过程释放大量的能量,引发爆炸,然后产生推力。由于在深层空间存在着取之不尽的氢气,因此,我们可以想象得到,冲压喷气聚变发动机能够永久运行。

冲压喷气聚变火箭的各种设计方案就像冰激凌蛋卷。铲勺收集氢气,送入发动机,在发动机里,氢气被加热并与其他氢原子融合。根据巴萨德的计算,如果 1 000 吨的冲压喷气式发动机能够保持 32 英尺(9.75 米)/秒²

的加速度(或者在地球上感到的重力),那么,仅在一年之后,它就能接近77%的光速。由于冲压喷气式发动机可以永久运行,所以,根据火箭飞船宇航员推测,从理论上说,在仅23年之后它可以摆脱太阳系,到达距离地球200万光年的仙女座星系。(正如爱因斯坦的相对论所述,在高速运行的火箭中,时间就会变慢,于是,即使在地球上过了数百万年,而宇航员的年龄仅增长23岁。)

冲压喷气式发动面临着几大问题。第一,由于质子主要存在于星际太空中,所以聚变发动机必须燃烧纯氢气,不可能生产那么多的能量。(融合氢气的方法很多。在地球上,最好的方法是融合可以产生大量能量的氘和氚。科学家发现,外层空间中的氢是单个质子,因此,冲压喷气式发动机只能用质子融合质子,其产生的能量不如融合氘和氚所产生的能量多。)然而,巴萨德表示,如果我们给燃料混合物添加一些碳对其进行改良,那么,作为催化剂的碳就能够产生大量的能量,足以推动星际飞船。

第二,铲勺必须足够大,近似于160公里,才能收集足够的氢气,因此,必须在太空中组装铲勺。

还有一个尚未解决的问题。1985年,罗伯特·祖布林(Robert Zubrin)、丹纳·安德鲁斯(Dana Andrews)等工程师表示,冲压喷气式发动机受到的拖曳力必须非常强大,以防止发动机加速至接近光速。拖曳力是星际飞船在经过氢原子场时所遇到的阻力形成的。但是,他们的计算结果主要基于可能不适用于未来冲压喷气发动机的某些假设。(图12)

目前,在我们更好地掌握聚变过程(以及太空离子的牵制效应)之前,冲压喷气聚变发动机仍然没有定论。不过,如果能够解决这些工程设计问题,那么,冲压喷气聚变发动机必将指日可待。

未来物理 **反物质火箭**

另一个不同的可能性是利用宇宙中最强大的能源,反物质,为飞船提供动力。反物质,即物质的对立面,带有反电荷;比如,一个电子带有负电荷,而反物质的电子(正电子)则带有正电荷。反物质与普通物质接触后就会毁灭。事实上,一茶匙反物质所具有的能量足以摧毁整个纽约市区。

反物质具有的能量是如此之大,以致丹·布朗(Dan Brown)在其小说

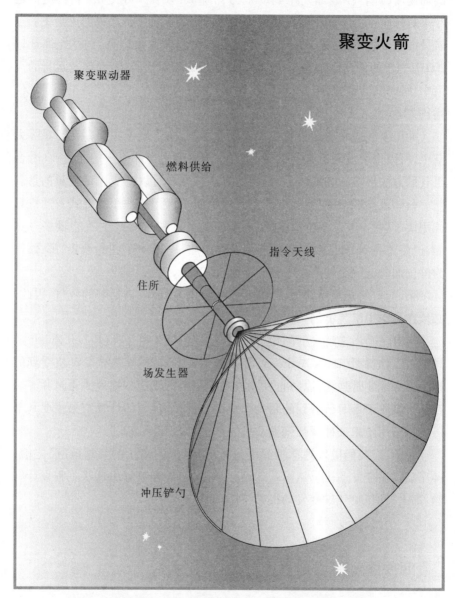

聚变火箭

聚变驱动器

燃料供给

指令天线

住所

场发生器

冲压铲勺

图 12　聚变火箭。由于冲压喷气式发动机从星际空间汲取氢气，
因此从理论上说，它可以永久运行。

《天使与魔鬼》(*Angels and Demons*)中塑造的一群反派角色,利用从瑞士日内瓦郊外的欧洲核子研究组织(CERN)偷来的反物质制造了一颗炸弹,准备炸毁梵蒂冈。与有效率仅为 1% 的氢弹不同,反物质炸弹的有效率可达 100%,它利用爱因斯坦 $E=mc^2$ 方程式把物质转化成能量。

原则上,反物质可以用做星际飞船火箭的理想燃料。宾夕法尼亚大学的杰拉尔德·斯密斯(Gerald Smith)估计,4 毫克反物质可以把我们送上火星,100 克反物质或许就把我们送上最近的恒星。在相同重量条件下,反物质释放的能量是火箭燃料的 10 亿倍。看起来反物质发动机似乎很简单。我们只要把一些反物质粒子稳稳当当地放入火箭燃烧室,反物质与普通物质结合,就会发生巨大的爆炸;然后,爆炸气体从燃烧室一端喷出,形成推力。

我们的梦想还很遥远。到目前为止,物理学家已经能够制造反电子、反质子和反氢原子,其反电子围绕反质子旋转。欧洲核子研究组织(CERN)做到了这一点,还有位于芝加哥郊外的费米国家加速器实验室(费米实验室)在其粒子加速器——世界第二大原子击破器或粒子加速器(排名仅次于 CERN 的大型强子碰撞加速装置)中也做到了这一点。两家实验室的物理学家都把一束高能粒子射向目标,产生一大批含有反质子的碎片。用强大的磁铁把反物质从普通物质中分离。然后,反质子减慢速度,与反电子混合,形成反氢原子。

费米实验室的物理学家戴夫·麦金尼(Dave McGinnis)对反物质的实用性进行了长期艰难的思考。站在粒子加速器旁边时,他对我说明了令人望而生畏的反物质经济问题。他强调说,已知唯一的生产大量稳定反物质的方法是利用类似于粒子加速器的原子击破器;这些设备极其昂贵,而且只能生产小量的反物质。比如,2004 年,欧洲核子研究组织的原子击破器以 2 000 万美元的代价仅生产出了几万亿分之一克的反物质。按照这样的速度,要生产出为星际飞船提供动力的反物质,可能要耗尽地球全部的经济。他强调说,反物质发动机并非一个不着边际的想法,而是符合物理定律的。但是,在近期来看,建造一台反物质发动机的成本令人望而生畏。

反物质之所以如此昂贵的原因之一,是生产反物质的原子击破器非常之昂贵。然而,这些原子击破器都是多用途设备,设计的目的是生产奇异的亚原子粒子,不是用于生产被大家熟知的反物质粒子。他们只是研究工具,不是商业设备。可以想象,如果我们能设计出可以生产大量反物质的新型原子击破器,那么其成本就会大幅度下降。因此,大量制造这些设备,就有可能制造出大量的反物质。美国宇航局的哈罗德·格瑞斯(Harold Gerrish)认为,反物质的成本可能最终降到每毫克5 000美元。

另一种可能性是在外层太空中寻找一颗反物质陨星。如果找到这样一颗陨星,我们就可以为星际飞船提供足够的能量。实际上,2006年发射的欧洲卫星"PAMELA"(反物质物质有效载荷探索与轻核天体物理学),具体任务就是在外层太空寻找自然生成的反物质。

如果在太空找到大量反物质,那么我们就能设想采用大型电磁网收集反物质。

尽管我们可以肯定反物质星际火箭符合物理定律,但是,也许要到本世纪末才可以降低其成本。如果可以做到一点,那么,我们大家就有望看到用于推动星际飞船的反物质火箭诞生的那一天。

未来物理 纳米飞船

当我们被电影《星球大战》或《星际迷航》中的特技效果搅得眼花缭乱时,我们立刻想到一个充满了最新高科技的、巨大的、未来的星际飞船。不过,另一种可能性是利用纳米技术制造一艘小型星际飞船,或许不如一个顶针或针头那么大,甚至更小。我们带有偏见地认为,星际飞船一定非常庞大,就像"奋进"号航天飞机那么大,能够容纳一组宇航员。但是,星际飞船的基本功能是可能被纳米技术小型化的,这样,我们就可以把数以百万计的微型纳米飞船送上附近的行星,不过只有其中的一小部分能真正抵达恒星。一旦它们到达附近的恒星,它们就会建造一个工厂,无限制地自我复制。

互联网原创者之一的温特·瑟夫(Vint Cerf)认为,小型纳米飞船不仅能探测太阳系,还能最终对行星本身进行探测。他说:"建立小而强大的纳米级设备将能有效地对太阳系进行探测,这些纳米设备运输简便,很容易被送到与我们相邻的恒星和卫星大气层的表面、表面之下或进入大气层……我们甚至可以推断出进行星际探索的可能性。"

在自然界,哺乳动物仅生育少许后代,并确保它们全部成活。昆虫能够生育大量后代,仅极少部分可以成活。两种不同的方法可以让这两个物种生存数百万年之久。同样的道理,我们不是向恒星发送单一的、昂贵的星际飞船,而是发送数百万艘小型星际飞船,每艘花费不多而且又不消耗太多火箭燃料。

这种想法是在发现自然界一个非常成功的适应性变化之后形成的。鸟类、蜜蜂和其他飞行动物往往都是成群或蜂拥飞行。成群飞行不仅能够保证物种数量的安全性,而且还能起到预警作用。如果蜂群某部分发生危险的扰动,如食肉动物的袭击等,危险信息就会很快传到蜂群的其他部分。它们还能十分有效地利用能量。当鸟以典型的 V 字形图案飞行时,危险信息引起的警觉和扰动会使每只鸟减少飞行时的必要能量。

科学家把成群动物称为"超个体"(superorganism),即似乎具有自己的智慧的群集动物,不受任何单个个体能力的影响。比如,蚂蚁具有非常简单的神经系统和微小的大脑,但是当它们聚集到一起时就能够构筑复杂的蚁冢。科学家希望借鉴自然界中的这些经验,设计成群的机器人,有朝一日让它们完成通向其他行星和恒星之旅。

这类似于五角大楼追寻的一个假想概念,即智能微尘:数十亿微粒被送入大气,每颗粒子配有微型传感器,进行探测工作。单个传感器不是很智能的,但是,众多传感器一起就能分程传回大量的数据。位于五角大楼的国防高级研究规划局(DARPA)已经为该项研究提供资金,用于可能的军事目的,比如在战场上监视敌军阵地。在 2007 年和 2009 年,美国空军发布了形势分析文件,详细阐述了未来几十年的计划,提纲式地描述了"掠夺者"(Predator)号航天飞机(目前单架的成本是 450 万美元)的高级设计方案,以及比飞蛾还小的、成本低廉的微型传感器群等情况。

科学家对此概念也有兴趣。他们可能会发射智能微尘,在发生飓风、雷暴、火山喷发、地震、洪灾、森林火灾以及其他自然现象时,即刻监测成千上万的位置。比如,在电影《龙卷风》(Tornado)中,我们看到一帮勇敢的追逐风暴者,冒着生命危险把传感器放在龙卷风周围。这不是非常有效的方法。无须让少数科学家在火山爆发或龙卷风发生时放置几个测定温度、湿度和风速的传感器,智能微尘可以在数百英里范围内一次性给我们提供成千上万个不同位置中的数据。数据被输入计算机后,就会立刻告诉我们有权威的飓风或龙卷风爆发的实时 3D 资料。已经成立了商业化合资企业推销这些微型传感器,有的传感器还没有大头针针头那么大。

纳米飞船的另一个优势是,需要非常少的燃料就能把它们送入太空。以令人难以置信的速度把微型物体送入太空是相对容易的,不需要使用大型助推火箭就能达到每小时 25 000 英里(40 234 公里)的速度。实际上,利用普通的电场就能很容易地以接近光速的速度发射亚原子粒子。纳米粒子携带较小电荷,用电场很容易加速。

无须使用大量能源把一个探测器送上另一颗卫星或行星,单个探测器也许能够进行自我复制,建造整个工厂甚至卫星基地。然后,这些自我复制探测器点火起飞,对其他世界进行探测。(问题是如何制造第一个自我复制的纳米探测器,这仍然是遥远的未来的事情。)

1980 年,美国宇航局对自我复制机器人探测器想法的态度非常认真,在圣克拉拉(Santa Clara)大学成立了"航天任务高级自动化"特别研究小组,研究了几种可能性。美国宇航局科学家研究的一种可能性是把小型的自我复制机器人送上月球。机器人在月球上利用其土壤进行无限制的自我复制。

多数报告是关于在月球上修建化学工厂加工月球岩石(被称为风化层)的细节问题。以机器人为例,在月球上登陆后,机器人自行解体,然后重新排列其部件,建造新工厂,就像一个变形机器人玩具。比如,机器人可以制造抛物面反射镜,使太阳光聚集,融化风化层;然后,利用氢氟酸以水蛭吸血法开始加工风化层,提取可用矿物质和金属;再用金属建造月球基地。最终,机器人修建一座小型月球工厂,完成自我复制。

2002 年,美国宇航局"高级概念研究所"在这个报告的基础上,开始为一系列基于自我复制机器人的项目提供资金。康奈尔大学的梅森·佩克(Mason Peck)是对在芯片上建造星际飞船的提案非常重视的一位科学家。

我曾有机会在实验室里拜访了佩克,他的工作台上布满了可能最终被送入轨道的各种零部件。他的工作台旁边是一间小而干净的房子,整个墙面用塑料遮盖,那是组装卫星的精密零部件的地方。

他对太空探索的幻想与好莱坞电影呈现给我们的幻想完全不同。他设想的太空探测器是一个微芯片,尺寸只有 1 厘米,重量仅为 1 克,可以被加速到光速的 1%—10%(每秒 3 000—30 000 公里)。他利用美国宇航局使用的能让宇宙飞船加速到巨大速度的弹弓效应。这种重力助推的方法包括发射一艘宇宙飞船使之围绕行星运行,就像从弹弓射出的石子,然后利用行星的引力再提升宇宙飞船的速度。

但是佩克不想用引力,而用磁力。他的想法是发射微芯片宇宙飞船,围绕木星的磁场运行,木星磁场比地球磁场大 2 万倍。他计划采用在原子击破器中使亚原子粒子达到数万亿电子伏的磁力给纳米星际飞船加速。

他给我看了一个芯片样品,他认为,有一天该芯片可以围绕木星运行。芯片呈方形,体积比手指尖还小,上面密密麻麻地布满了系统电路。他设计的星际飞船非常简单。芯片的一面是太阳能电池,为通讯提供电能;另一面上有无线电发射器、摄像机和传感器。芯片没有发动机,因为它仅靠木星的磁场推进。(自1998年以来,为该项目和其他创新型项目提供资金的美国宇航局高级概念研究所因预算削减而令人遗憾地于2007年关闭。)

因此,佩克设想的星际飞船与我们在科幻小说中看到的星际飞船截然不同。科幻小说描写的巨型星际飞船由一组鲁莽的宇航员驾驶着涌入太空。比如,如果在木星的一颗卫星上修建了基地,那么,我们可以把大量的微型芯片送入围绕那颗巨行星运行的轨道。如果在这颗卫星上也修建了激光电池,那么这些芯片与激光碰撞后就会被加速,直到其速度达到零点几的光速。

随后,我问了他一个简单的问题:你能利用纳米技术把芯片缩小到分子那么小吗? 这样,我们不用木星的磁场加速这些芯片,而采用在卫星上建立的原子击破器以接近光速发射分子那么小的探测器。他表示同意,这是一种现实的可能性,只不过他还没有想出详细方案。

于是,我们拿出一张纸,一起开始思考这种可能性的方程式。(这就是我们的研究科学家相互协作的方法,走到黑板跟前,或者拿出一张纸,记下方程式,解决一道难题。)我们写下佩克用于加速其芯片围绕木星运行的洛伦兹力方程式,然而,我们把芯片的尺寸缩减到分子那么小,把它们放入类似于欧洲核子研究组织(CERN)大型强子对撞机的假想加速器。我们很快看到,方程式允许仅用基于卫星的传统原子加速器就能加速几乎达到光速的纳米星际飞船。由于我们把星际飞船的尺寸从一枚芯片缩减到一个分子,因此,我们就能够把加速器的尺寸从木星尺寸缩减到传统的原子击破器。看起来这个想法有实现的可能性。

然而,我们在对方程式进行分析之后一致认为,唯一的问题是这些精密的纳米星际飞船的稳定性。加速度最终会把这些分子撕裂开吗? 像一个球悬吊在一根绳子上一样,这些分子在被加速至接近光速时会经受离心力的作用。而且,这些分子会带电,所以即使是电动力也能把它们撕开。我们得出的结论是纳米飞船的可能性是有把握的,不过,还需要数十年的研究才能把佩克的芯片尺寸缩减到分子尺寸并对其进行加固,使之不会在被加速至接近光速时解体。

梅森·佩克的梦想是把一大群芯片送上最近的恒星,他希望其中的某些芯片能够飞越星际太空,实现在恒星上登陆。但是,它们抵达恒星后该做些什么呢?

硅谷卡内基梅隆大学的张佩(Pei Zhang)就是从事这方面研究工作的。他制造了一个迷你型直升机机群,某一天,这个机群可能登上另一个行星。他自豪地向我展示了他的微型机器人,类似于玩具直升机,看起来似乎靠不住。我看到每个机器人的中心有一个布满了精密电路系统的芯片。只要按下按钮,他就能把 4 个微型机器人发射升空,它们在空中朝着各个方向飞行,并传回资料。不久,我就被一群微型机器人包围了。

他告诉我,这些微型机器人的目的是在发生火灾、爆炸等紧急事件时进行侦察、监测,并提供重要援助。这些微型机器人最终会配有电视摄像机和传感器,对紧急情况时反映危险程度的温度、压力、风向等资料进行监测。我们可以把成千上万个微型机器人送入战场、火灾现场,甚至地球之外的领域。微型机器人之间也保持相互通讯。如果一个微型机器人碰到障碍物,它就会用无线电把信息发送给其他微型机器人。

因此,对太空之旅的一种设想,是把由像梅森·佩克这样的人设计的、成千上万个成本低廉的一次性芯片,以接近光速的速度发射到太空。一旦少量的芯片抵达目的地,那么它们就展开翅膀和桨叶,飞越外星人的领域,就像张佩的微型机器人一样。然后,它们用无线电把数据传回地球。一旦发现有希望的行星,我们就发射第二代微型机器人,在这些行星上建造工厂,复制更多的微型机器人,它们再飞向其他恒星。这个过程无限期地持续下去。

未来物理 离开地球?

到 2100 年,有可能我们已经把宇航员送上火星和小行星带,也完成了对木星卫星的探测,开始把探测器送上恒星的第一阶段探索。

但是,人类该怎么办? 我们是否要在外层空间寻找一个新的家园,建立缓解世界人口压力的太空移民区? 到 2100 年人类将开始离开地球吗?

答案是否。考虑到这样做的成本,到 2100 年甚至更远,大多数人类将不会登上一艘宇宙飞船访问其他行星。尽管少数宇航员已经在行星上建立了小型前哨基地,人类本身将留在地球上。

鉴于地球将在以后的几个世纪里仍然是人类的家园,另一个问题就出现了:文明本身将如何进化? 科学将对我们的生活方式、工作和社会造成怎样的影响? 科学推动繁荣,那么,科学将如何重塑我们未来的文明和财富呢?

技术和意识形态正在动摇21世纪资本主义的基础。技术正在把技能和知识变成可持续性战略优势的唯一资源。

——莱斯特·瑟罗（Lester Thurow）

7. 未来的财富　赢家与输家

在神话故事中，大帝国的兴衰取决于其军队的力量和机敏程度。罗马帝国的军事统帅在进行果断的军事行动之前都在战神马尔斯(Mars)神庙拜神。雷神托儿(Thor)的赫赫传奇战功鼓舞着维京人(北欧海盗)进行英勇的战斗。古人为众神修建了庞大的庙宇和纪念碑，纪念他们抗击敌军战斗的胜利。

但当我们分析伟大文明的实际兴衰时，我们发现完全不是那么回事。

假如你是来自火星的外星人，在1500年时访问地球，而且看到了各种伟大文明，你认为哪种文明会最终统治人类世界？答案可能很简单：除欧洲文明之外的任何文明。

在东方，你会看到延续了一千年的伟大的中华文明。中国人首创的发明无与伦比：纸张、印刷术、火药、指南针等。中国的科学家是世界上最了不起的科学家。中国实行统一政府，中国大陆一派和平景象。

在南方,你会看到差一点就征服欧洲的奥斯曼帝国。伟大的伊斯兰文明发明了代数学,推动了光学和物理学的进步,命名了许多恒星,艺术和科学处于鼎盛时期,庞大的军队无可匹敌。伊斯坦布尔是世界上学术科学的重要中心之一。

你还可以看到备受宗教原教旨主义、巫女审判、宗教裁判所等蹂躏不堪的可怜的欧洲诸国。自罗马帝国衰落后持续一千年萎靡不振的西欧,极其落后,成了技术净进口国。这段时期就是中世纪黑洞时期。罗马帝国的知识早已丧失殆尽,取而代之的是令人窒息的宗教天条。反对派或异议者常常遭受拷问或更残酷的折磨。不仅如此,欧洲城邦之间频频爆发战乱。

到底发生了什么?

当伟大的中华帝国和奥斯曼帝国进入 500 年的技术停滞期时,欧洲开始史无前例地热衷于科学和技术。

从 1405 年开始,中国的明成祖(中国明代第三朝皇帝)下令庞大的海军舰队,当时是世界上规模最大的舰队,远征世界各地进行探测。(仅一艘军舰就可以容纳哥伦布的三只小型军舰。)明成祖共派遣了七次庞大的远征舰队,每一次的规模都比前一次大。舰队航行绕过东南亚海岸,抵达非洲、马达加斯加岛,甚至更远,从地球遥远的另一端带回了大量的货物、精美的食物、异国情调的动物等。有一些绝好的非洲长颈鹿的木刻精品摆放在明朝的动物园中以示炫耀。

可是,中国的统治者也感到有些败兴。那里就这么多东西吗?那些可以与中国人对抗的大军去哪儿了?外部世界给我们提供的仅仅是这些新奇的食物和奇怪的动物吗?后来的中国统治者没有了远征的兴趣,任由伟大的海军舰队腐朽糜烂,最后被烧毁。中国逐渐与外部世界隔离,当世界进步时,它却停滞不前。

奥斯曼帝国的态度与中国一样。在征服了大多数他们知道的世界之后,奥斯曼帝国开始自我封闭,信奉宗教原教旨主义,从此进入长达数世纪的停滞期。马来西亚前首相马哈迪尔·穆罕默德(Mahathir Mohamad)曾说:"伟大的伊斯兰文明的衰落是由于穆斯林学者把《古兰经》教诲的知识解释为唯一的宗教的知识,而其他知识都是非伊斯兰教的。因此,穆斯林教徒停止学习科学、数学、医学以及其他被称之为世俗的学科。相反,他们花费大量的时间争论伊斯兰教义及其释义,争论伊斯兰法学理论和伊斯兰教修炼仪式,导致伊斯兰公社的解体,促成无数教派、邪教和学派的诞生。"

　　然而,在欧洲开始了一场大觉醒运动。在古登堡(Gutenberg)印刷机的大力推进下,贸易带来了新观念和革命思想。宗教在统治欧洲一千年之后,其影响力开始减弱。各大学不再关注《圣经》晦涩难懂的释义,转而关注牛顿物理学和道尔顿化学以及其他学科的应用。耶鲁大学的历史学家保罗·肯尼迪(Paul Kennedy)还给出了一个欧洲迅速崛起的因素:势均力敌的欧洲强国之间几乎恒定的战争状态,使它们都不能统治欧洲大陆。相互间战事不断的君主们为进一步实现扩展领土的野心,为科学和工程提供了资金。科学不仅仅是一种学术活动,而且是制造新式武器和创造新财富的有效途径。

　　不久,欧洲在科学技术上的崛起开始唤醒中国和奥斯曼帝国的力量。当欧洲船员开辟通往新大陆和东方的贸易航道,特别是绕过非洲和中东时,曾经因作为东西方贸易的必经之道而辉煌数世纪的穆斯林文明已经摇摇欲坠了。中国发现自己被欧洲战舰瓜分了,然而具有讽刺意味的是,欧洲的战舰正是利用了两项中国最重要的发明:火药和指南针。

　　"发生了什么?"这个问题的答案非常清楚明了:就是科学和技术。科学和技术是繁荣的动力。的确,谁忽视了科学和技术,必定自食其果。这个世界不会因为你朗读几句宗教经文就停止不前。如果你不能掌握最新的科学技术,你的对手就会掌握主动。

物理 未来 掌握四种力

　　但确切地说,这匹欧洲黑马在经过数世纪的愚昧无知时期后,是如何突然超过中国和穆斯林世界的呢? 在这次非凡的超越里,存在着社会和技术的因素。

　　我们分析了1500年之后的世界历史后才明白,欧洲为下一次巨大进步做好了充分准备。随着封建主义社会的衰落,商业阶层快速崛起,文艺复兴之风迅速盛行。然而,物理学家从支配宇宙的四种基本力上观察这次伟大的转变。这四种基本力可以解释我们周围的任何事情,包括机器、火箭、炸弹以及恒星和宇宙本身。也许改变社会趋势已经为转变创造了条件,但是,最终把欧洲推向世界强国前茅的原因是他们掌握了这些力量。

　　第一种力量是把我们固定在地球上的引力,它防止太阳发生爆炸,确保太阳系结合在一起。第二种力量是电磁力,它点亮我们的城市,激活我们的发电机和发动机,给我们的激光器和计算机提供能量。第三种和第四种力量分别是弱核力和强核力,核力使原子核聚集在一起,照亮天空中的恒星,并在太阳中心产生核火力。在欧洲,这四种力先后被拆开和阐明。

每当其中一种力被物理学家理解时,人类的历史就发生巨大变化,而欧洲具有开发这种新知识的理想条件。当艾萨克·牛顿看到苹果落地、凝视月亮的时候,他问了自己一个永远改变人类历史的问题:如果苹果可以掉下来,那么,月球也会掉下来吗?在他20岁时他就具有敏锐的洞察力,他意识到,抓取苹果的力量与伸手抓取天空中行星和彗星的力量是相同的。他开始应用自己发明的新数学理论,微积分,绘制行星和卫星的轨迹,并首次解开了天体运动的奥秘。1687年,他出版了自己的经典之作《自然哲学的数学原理》(Principia),可以说是科学著作中最重要的一本书,位列人类历史中最有影响力的书籍前茅。

更重要的是,牛顿引入了一种新的思维方式——力学,即我们可以通过各种力,计算出移动物体的运动情况。我们不再受制于心灵术、心魔、幽灵等荒诞的念头;相反,我们知道了物体因明确定义的力而运动,这些力是可测量的,也是可驾驭的。这就是牛顿力学。有了力学,科学家可以准确地判断机器的运行特性;反过来,又为蒸汽机和机车奠定了基础。以蒸汽为动力的复杂机器的复杂的动力学可以用牛顿定律,系统地一个螺栓一个螺栓、一个杠杆一个杠杆地拆开。因此,牛顿对引力的论述是欧洲"工业革命"的理论基础。

19世纪,还是在欧洲,迈克尔·法拉第(Michael Faraday)、詹姆斯·克拉克·麦克斯韦(James Clerk Maxwell)以及其他科学家掌握了第二种强大的力量——电磁力,宣告了又一次伟大革命的到来。当托马斯·爱迪生在曼哈顿下城的珍珠街发电站中修建发电机并为世界上第一条街道供电时,他为整个人类开启了电气化之门。今天,当整个世界被照亮时,我们可以在晚上从外层太空目睹地球的美景了。外星人如果从太空注视地球,他们会立刻意识到,地球人已经掌握电磁力了。每当突然停电时,我们深深地领会到我们对电磁力有多么依赖。停电时,我们似乎一下子又回到了100年前的过去,没有信用卡、计算机、灯光、电梯、电视、收音机、互联网、汽车等等。

最后两种力——核力(强核力、弱核力)也被欧洲科学家掌握了,正在改变着我们周围的一切。我们不仅能够解开天空之谜,揭示恒星闪耀的能源,而且还可以在医学中利用这些知识借助磁共振成像(MRI)扫描、造影扫描(CAT)、正子断层扫描(PET)、放射疗法、核医学等解开我们身体内部的奥秘。由于核力控制着原子中储存的巨大能量,因此,核力可以最终决定人类的命运,要么人类在掌握了聚变的无限能量后继续繁衍生息,要么在核地狱中消亡。

近期(今天—2030)

技术发展的四个阶段

社会状况的改变以及四种力的掌握,共同把欧洲推向世界的前列。技术是动力,时刻在变化着,从诞生、进化、兴盛到衰落。要想看看特定的技术如何改变不久的未来,有必要看看技术是如何遵循进化规律的。

大规模应用技术的进化一般分为四个阶段。我们可以从纸、自来水、电力和计算机等发展过程中理解这几个阶段。在第一阶段,技术产品非常珍贵,受到严密的保护。几千年前,古埃及人发明的莎草纸和中国人发明的纸非常珍贵,一卷莎草纸就需要十几个牧师进行严密保护。这种低劣的技术推动古代文明不断地进化。

纸进入第二阶段大约是在1450年,当时古登堡(Gutenberg)发明了活字版印刷。"私人书籍"(personal book)应运而生,于是,一个人能够拥有一本包含着数百卷知识的书。在古登堡之前,整个欧洲只有3万本书。到了1500年,欧洲有900万本书,激起了强烈的求知欲望,也引发了文艺复兴运动。

大约在1930年,纸进入第三阶段,当时纸的价格降到每张一分钱。于是,出现了私人图书馆,一个人可以拥有数百本书。纸成为了普通商品,按吨出售。纸无处不在而又无处可寻,看不见而又随处可见。接下来我们进入第四阶段,纸成了一种时尚的用品。我们用各种颜色、形状和规格的纸装饰我们的生活。纸也成了城市垃圾的最大来源。因此,纸的进化过程是从受到严密保护的商品变成了垃圾。

自来水也经过同样的四个阶段。第一阶段,在古代,水很珍贵,整个村子的人只有一口水井。这种现象持续了数千年,直到 20 世纪,逐渐引入供个人使用的水管和自来水,因此进入第二阶段。在第二次世界大战之后,自来水进入第三阶段,价格低廉,不断壮大的中产阶层都可以用上自来水。如今,自来水处于第四阶段,成为一种时尚用品,呈现出许多形式、规模和用途。我们用水制作喷泉和用水景装饰我们的生活。

电也经过了相同的四个阶段。第一阶段,在托马斯·爱迪生等科学家完成开创性的研究时,一座工厂只有一盏灯泡和一台电动机。第一次世界大战之后,进入第二阶段,出现了供个人使用的灯泡和电动机。如今,电似乎消失了,无处不在而又无处可寻。甚至,"电"(electricity)这个单词也从英语词汇中消失了。过圣诞节时,我们用数百盏闪闪发光的灯装饰我们的家。我们认为,电隐藏在墙里,无处不在了。电是时尚用品,点亮百老汇,装饰我们的世界。

第四阶段,电和自来水成了实用品。它们的价格非常低廉,我们消费得很多,我们用电表和水表测量进入家中的电量和水量。

计算机遵循相同的发展模式。认识到这一点的公司迅速发展壮大,而没有认识到这一点的公司却濒临破产。IBM 公司在 20 世纪 50 年代以大型计算机主宰着计算机发展的第一阶段。一台大型计算机是如此珍贵,以至于 100 位科学家和工程师共用一台。然而,IBM 公司的管理层没有认识到摩尔定律的重要性,所以,在进入第二阶段后,当个人电脑在 20 世纪 80 年代问世时,这个公司差点破产。

可是,个人电脑制造商洋洋自得,他们想象着每个办公桌上堆放着一台独立操作的计算机,对计算机第四阶段的到来感到猝不及防,即个人可以与数百台计算机相互作用的互联网计算机出现了。如今,我们只能在博物馆里看到独立操作的计算机了。

因此,未来的计算机最终会进入第四阶段,即计算机消失了,然后又作为时尚用品重新流行起来。我们将用计算机装饰我们的生活。"计算机"(computer)这一单词将逐渐从英语词汇中消失。将来,构成城市垃圾的最大成分将不是纸张,而是芯片。未来的计算机会消失,变成日用品,像电和水一样销售。随着"云"计算的出现,计算机芯片将逐渐消失。

计算机的发展不是秘密;它延续着前任的老路子,像电、纸和自来水一样。

但是,计算机和互联网仍在发展。曾有人问经济学家约翰·斯蒂尔·戈登(John Steele Gordon),这种进化是否已结束。他回答说:"天哪,没有。计算机的进化还需要 100 年才能完成,正如蒸汽机的进化一样。我们现在所处的互联网时代就像 1850 年蒸汽机的铁路时代一样。只是刚刚开始。"

我们应该指出,并非所有的技术都进入了第三和第四阶段。比如说机车。19 世纪初期,蒸汽驱动机车的问世标志着机械化运输进入了第一阶段。100 个人可以享有一台机车。20 世纪初期出现的被称为汽车的"私人机车"表示我们进入了第二阶段。但是,在过去数十年里,机车和汽车(主要是指在轨道或轮子上运行的车厢)尚未发生太大的变化,发生变化的是改进品,比如更加强大和有效的发动机和智能化。因此,不能进入第三和第四阶段的技术将会被美化;比如,装上芯片的技术就智能化了。有些技术一直朝着第四阶段发展,如像电、计算机、纸和自来水,但是,它们依靠芯片和提高效率等渐进性改进才能继续发展。

未来物理 为什么会出现泡沫和危机?

如今,随着 2008 年经济大萧条的到来,有些人发出呼声,认为所有这种进步都是泡影,我们必须恢复到简单的日子,社会体系本身有根本缺陷。

站在历史的长远的角度来看,明显指向出乎意料的巨大泡沫和危机,这完全是无中生有的。它们看起来是随机的,是反复无常的命运和人类的愚昧无知的副产品。有关 2008 年的金融危机,历史学家和经济学家撰写大量文章,试图通过分析金融危机的根源,如人的本性、贪婪、腐败、缺少监管、监管不力等等,对其进行剖析。

然而,我对这场金融危机有不同的看法,我采用科学的视角。从长远来看,科学是繁荣的动力。比如,《牛津经济史百科全书》(*The Oxford Encyclopedia of Economic History*)中援引了这样的研究:"1780 年之后,英国和美国收入增长的百分之九十归因于技术革新,而不是纯粹的资本积累。"

如果没有科学,我们将会被扔回一千年之前的昏暗时代。但是,科学不是均衡的,而是波浪式的。一个重大突破(如蒸汽机、灯泡、晶体管等)常常引发一连串的二次发明,继而产生大量的创新和进步。由于这些浪潮可以产生巨大的财富,因此它们应该反映在经济中。

第一波大浪潮是最终促成机车问世的蒸汽动力。蒸汽动力引发了"工业革命",使社会发生了翻天覆地的变化。蒸汽动力创造了巨大财富。但在资本主义制度下,财富是永不停滞的。财富会有去的地方。资本家无休止地寻找着下一次突变,并将把财富投资到更具投机性的计划中,不过其结果有时是灾难性的。

19 世纪初期,蒸汽动力和工业革命创造的过量财富的多数被投入到伦敦股票交易所的机车股票中。实际上,当众多机车公司出现在伦敦股票交易所时,泡沫就开始形成了。《纽约时报》的商业作家弗吉尼亚·帕斯楚(Virginia Postrel)写道:"一个世纪前,铁路公司的股票占纽约股票交易所上市公司股票的一半。"由于机车仍处于起步阶段,这种泡沫是无法持续的,最终会破灭,导致了 1850 年经济崩溃,这是资本主义历史上重大经济萧条之一。之后,几乎每隔十年就发生一次小规模的经济下滑,这些都是工业革命创造的过量财富所致。

颇有讽刺意味的是:铁路的鼎盛时期是在 19 世纪 80 和 90 年代。因此,导致 1850 年经济崩溃的原因是投机热和科技创造的财富,在世界范围内铺设铁轨的真正工作需要几十年才能发展成熟。

托马斯·弗里德曼(Thomas Friedman)写道:"在 19 世纪,美国铁路事业经历了蓬勃发展、泡沫和破灭……但是,即使当泡沫破灭时,在美国留下的铁路基础设施也使得州际旅行非常容易和廉价。"

不是资本家吸取了这次教训,而是这种循环在不久之后又开始重复了。爱迪生和福特引领的,以电气革命和汽车革命为主的第二次技术浪潮开始传播。工厂和家庭的电气化以及 T 型小汽车的迅速发展,又一次创造了巨大财富。像过去一样,过量的财富必须投资到某个领域。在这种情况下,过量财富以实用品泡沫和汽车股票的形式进入到美国股票交易所。由于 1850 年经济崩溃发生在 80 年前灰暗的过去,人们忘记了其中的教训。从 1900 年到 1925 年,汽车创业公司的数量达到了 3 000 家,市场难以承受。再一次,这回的泡沫还是无法持续。因为这样和那样的原因,泡沫终于在 1929 年破裂,出现了"经济大萧条"。

具有讽刺意味的是,美国和欧洲的铁路铺设和电气化是在经济大萧条之后的 20 世纪 50 和 60 年代才开始的。

最近,我们迎来了第三次科技浪潮,即高科技,如计算机、激光、太空卫星、互联网和电子技术。高科技创造的惊人财富也必须被投资到某个领域。在这种情况下，这些财富被投资到房地产中，形成了巨大的经济泡沫。随着房地产价值暴涨到极限，人们开始以房产作抵押从银行贷款，用它们做存钱罐，进一步加速了泡沫的膨胀。肆无忌惮的银行家像泼水一样发放住房抵押贷款，也助长了泡沫的膨胀。人们再一次忘记了1850年和1929年，发生在160年前和80年前的金融危机的惨痛教训。最终，这个新泡沫无法持续，我们遭受了2008年的金融危机和大衰退。

托马斯·弗里德曼（Thomas Friedman）写道："21世纪初，我们看到了金融服务业的繁荣、泡沫及其破灭。但是，我担心，泡沫将遗留下一大堆决不应该建造的空荡荡的佛罗里达公寓大楼、富人也无法再买得起的破旧的私人飞机，以及无人理解的无效衍生合同。"

尽管在最近的金融危机之后出现了愚蠢之举，具有讽刺意味的是，全世界联网的网络化将在2008年金融危机之后开始。信息革命的鼎盛时期尚未到来。

又一个问题出现：第四次浪潮是什么？大家都不确定。也许是人工智能、纳米技术、电信和生物技术的结合体。与以前的周期一样，再过80年，这些技术又将创造源源不断的难以想象的巨大财富。大约到2090年，但愿人们不要再次忘记80年前的教训。

中期（2030—2070）

赢家与输家：工作

随着技术的发展，经济将发生突变，继而引起社会混乱。每一次革命中都有赢家与输家。到了本世纪中叶，这种现象将更加明显。村子里将不再有铁匠铺和马车作坊。而且，我们将不再怀念这些工作的流逝。但是，问题是：到了本世纪中叶，我们将做什么工作呢？技术发展会改变我们的工作方式吗？

我们问一个简单的问题就能基本上确定其答案:机器人具有哪些局限性? 如我们所看到的,人工智能面临着至少两个根本的障碍:模式识别和常识。因此,将来能够继续留下的工作主要是机器人不能完成的工作,即需要上述两种能力的工作。

在蓝领工人中,输家将是纯粹从事重复性任务的人(如生产线上的汽车工人),因为机器人最擅长这项工作。计算机给我们的幻觉是它们拥有智慧,但是,那仅仅因为计算机比我们人类能更快地计算数百万次。我们忘记了,计算机只是先进的加法器而已,它们最擅长的工作就是重复性的工作。因此,汽车装配线工人将首当其冲经受计算机革命之苦。这意味着,那些可以被简化成一套脚本和重复性动作的工厂的工作最终将会消失。

令人惊讶的是,许多中级蓝领工作将在计算机革命中幸存下来,并将发展壮大。赢家将是具备模式识别能力的从事非重复性工作的人。在未来,垃圾清理工、警官、建筑工人、园丁和水管工等都将有工作可做。为了收集各个家庭和公寓楼里的垃圾,清洁工必须能够识别垃圾袋,把垃圾袋放入卡车,运送到垃圾场。但是,每块垃圾需要用不同的处理方法。对建筑工人而言,每种作业都需要不同的工具、蓝图和施工说明。没有两个完全一样的建筑工地或作业任务。警官必须具体案情具体分析,而且还必须了解罪犯的作案动机和手段,计算机是做不到这一点的。同样地,每个花园和水管分布都是不同的,要求园丁和水管工具备不同的技能和工具。

在白领工人中,输家将是那些从事盘点存货和"数豆子"等中间人工作的掮客,即低级别的代理人、经纪人、出纳员、会计等将随着他们工作的消失而大量失业。他们所从事的工作被称为"资本主义的摩擦力"(the friction of capitalism)。我们现在可以在网上买到最好价格的机票,无须经过旅行代理人。

比如,美林证券公司曾公开表示,他们永远不会实行网上股票交易。该公司始终采用老式方法从事股票交易。美林公司首席经纪人约翰·斯蒂芬斯(Merrill Lynch)说:"以互联网交易为主的自己动手投资的模式应被视为对美国金融生活的严重威胁。"因此,当1999年在市场力量的重压下不得不采用网上股票交易时,该公司丢尽了脸面。至顶网(ZDNet)新闻的查尔斯·加斯帕里诺(Charles Gasparino)写道:"这在历史上是罕见的,一个行业的佼佼者迫于压力不得不改变初衷,最终在一夜间采用一种新型的商业模式。"

这也意味着企业金字塔将被变薄。因为处于金字塔顶部的人可以与其销售队伍和销售代表进行直接联系,所以不再需要中间人执行顶部的指令。实际上,当个人电脑进入办公室时,这样的工作就减少了。

那么,中间人将如何生存?他们必须赋予其工作附加值,提供机器人还不能提供的一种商品:常识。

比如,在将来,你将能够通过手表或隐形眼镜在网上购买一套房子。不过,没有人会用这种方式买房子,因为这将是你一生中最重要的金融交易之一。在购置像房子这样的大件时,你会和一个人谈一谈,让他告诉你附近的好学校有哪些,犯罪率较低的地方是哪儿,下水道系统如何运行等等。对于这些大件,你会和一位熟练的代理人谈一谈,他会提供所购商品的附加值。

同样的道理,低级别的股票经纪人因网上交易而大量失业,但是,那些能够提供合理的、明智的投资建议的股票经纪人将始终是需要的。如果经纪人不能提供具有附加值的服务,如顶级市场分析员和经济学家的才智以及经验丰富的经纪人的内幕消息等,那么,他们的工作将终结。当网上股票交易毫无慈悲地降低了股票交易的成本时,股票经纪人要想生存,则必须推销自己无形的品质,如丰富的经验、扎实的知识和准确的分析。

因此,在白领工人中,赢家将是那些能够提供有用的常识的人。这意味着他们必须具有"让我们成为人"(make us human)的创造性品质——艺术品、表演、讲笑话、写软件、领导力、分析、科学、创造等。

从事艺术工作的人将有工作可做,因为互联网对创造性艺术具有贪得无厌的欲望。计算机擅长复制艺术品并帮助艺术家润色他们的作品,但是,计算机在创造新艺术形式方面无能为力。那些能够激发、煽动、唤醒情感而且能够让我们感动的艺术品是计算机所不能做到的。因为所有这些特性需要具备常识。

小说家、编剧和剧作家将有工作可做,因为他们传达的是真实的生活,人与人之间的冲突,人的胜利和失败;而计算机无法模拟人的本性,因为这需要理解人的动机和意图。计算机不能确定人类为何哭泣或大笑,因为计算机本身不能哭或笑,也不能理解何为有趣或悲伤。

从事人际关系的人将有工作可做,如律师。

尽管机器人律师能够回答法律方面的基本问题,但是,法律本身随着社会标准和民众道德的变化而不断变化着。如果计算机有缺陷,那么对法律的解释最终会归结于价值判断。如果法律有事先准备好的明确解释,那么,法庭、法官和陪审团等就不需要了。机器人不能取代陪审团,因为陪审团常常代表着某特定群体的随着时间不断变化的道德观念。当最高法院的法官波特·斯图瓦特(Potter Stewart)界定色情文学时,这一点是最明显的。他没有做到这一点,却断定地说:"当我看到时,我就能判断。"

此外,机器人取代法律裁决也许是不合法的,因为我们的法律遵守一项基本原则,即陪审团应该由我们的同类组成。机器人不是我们的同类,所以,机器人代替法律裁决是不合法的。

从表面上看,法律似乎很严谨,定义明确,具有准确而严密的措词以及神秘而堂皇的标题和定义。但是,这只是表面现象,因为对这些定义的解释在不断变化着。比如,《美国宪法》似乎是一个定义明确的文件,但是,最高法院经常把有争议的问题拦腰劈开,并始终对《宪法》中的每一个词语进行重新解释。我们只要翻开历史看看,就能很容易地看到人类价值观不断变化的本质。比如,美国最高法院于1875年规定,奴隶永远不能成为美国的公民。从某种意义上说,需要一场内战和无数人的死亡才能推翻这一决定。

在将来,领导才能也将会是一种有价值的商品。在某种程度上,领导才能包括对现有信息、观点和意见等准确判断,然后选择最适用的一个,符合特定目标的要求。由于领导者要为具有其自身优势和弱点的人类工人予以鼓励和指导,因此,领导才能变得特别复杂。所有这些因素要求领导者具有准确理解人类本性、市场力量等才能,这是任何计算机不能做到的。

📖 未来的娱乐业

这也意味着包括娱乐业在内的所有行业正在经历巨大变化。比如,自古以来,音乐产业的基础是在不同城镇间穿梭的个体音乐人,展现个人形象。演艺圈人士不停地到处奔走,今天在这个村子表演,明天又转向另一个村子。他们生活艰辛,报酬又少。托马斯·爱迪生发明留声机后,这种古老的演艺形式发生了突变,也永远地改变了我们听音乐的方式。突然之间,歌手发行唱片,卖了数百万张,获得的收入在以前是难以想象的。仅仅一代摇滚歌手就成了社会的暴发户。上一代可能还是卑贱的服务生的摇滚歌星,突然间成了年轻人崇拜的偶像。

但是,很遗憾,音乐界忽视了科学家的预言,即总有一天音乐将会通过互联网很容易地传播,就像电子邮件一样。音乐界没有为如何通过网上销售的方式赚钱做好充分准备,而是试图起诉那些以 CD 价格出售音乐的暴富公司。这就像是在做根本做不到的事情。这种忽视也造成音乐界目前的混乱局面。

(不过,往好的一点是不出名的歌手现在可以一夜走红,无须受到大型音乐公司的审查。在过去,音乐界巨头几乎可以决定谁将成为下一个摇滚明星。因此,在将来,人们将通过包括市场力量和技术在内的自由竞赛形式更民主地选择顶级音乐人,而不是由音乐商业高管们来决定。)

报纸也面临同样的困境。从传统上来说,报纸从广告版面,特别是分类广告版面,获取源源不断的收入。报纸的收入来源不是主要依靠报纸本身的销量,而是依靠广告版面。但是现在,我们可以免费下载当天的新闻,也可以在各种网上招聘栏目中发布全国性招聘广告。因此,全国各类报纸的规模正在压缩,发行量也在减少。

但是,这个过程仅持续到目前为止。互联网上噪音太多,有自封的预言家每天向读者进行高谈阔论,有自大狂者在设法宣扬荒诞的观点,最终人们将珍视一种新商品:智慧。任意性事实与智慧没有任何关联,将来,人们会对疯狂的博客作者的夸夸其谈感到厌倦,一定会去寻找提供智慧这种罕见商品的受人尊敬的网站。

正如经济学家哈米什·麦克雷(Hamish McRae)曾经说的:"实际上,大量的这种'信息'都是垃圾,与垃圾邮件有着相同的智力。"但是,他声称,"正确的判断力将继续受到人们的重视:作为这一群体,成功的金融分析师是世界上薪水最高的研究人员。"

未来物理 电影《黑客帝国》

好莱坞的演员们将会怎么样呢?如果不能成为有票房收入的名人和社会谈论的焦点,那么这些演员会加入失业大军的队伍吗?最近,计算机模拟人体的动画制作领域有了显著的进展,动画片形象几乎接近真人。现在的动画人物具有 3D 容貌和阴影。因此,演员在不久的某个时候将会被淘汰吗?

也许不会。计算机模拟人脸存在着根本的问题。人类进化时具备了一种神奇的能力,即人脸互不相同,因为我们人类以此生存。瞬息间,我们必须认清某人是敌人还是朋友。我们必须在短短的几秒钟内迅速确定一个人的年龄、性别、力量和情感。不能做到这一点的人将不能生存,也不能把他们的基因传给下一代。因此,人的大脑把强大的处理能力用于识别人的脸。事实上,在人类进化史上大多数时间里,在我们学会说话之前,我们用手势和肢体语言进行交流,我们的脑力主要用于看着微妙的脸部特征。但是,计算机很难识别周围的简单物体,也就更难塑造一张真正的活生生的人脸。小孩在银幕上看到一张脸时也能立刻知道那是一个真人还是计算机模拟的人。(这又回到了"洞穴人原理"问题上。假如让我们在一部由我们最喜爱的演员参演的实景拍摄的轰动一时的动作电影与一部由电脑动画制作的动画动作片之间做出选择的话,我们仍将选择前者。)

相比之下,我们的身体更容易被计算机模拟。当好莱坞在影片中创造那些逼真的怪兽和虚幻的人物时,他们采用了剪辑手段。演员穿的紧身衣的关节处装有传感器。在演员移动或跳跃时,传感器给计算机发出信号,然后计算机制作出栩栩如生的人物,执行精确的表演,就如同电影《阿凡达》中的效果一样。

我曾经在由设计核武器的利弗莫尔国家实验室召开的一次会议上发言,晚宴时我正好坐在电影《黑客帝国》(*The Matrix*)一位工作人的旁边。他承认,他们必须花费大量的计算机时间制作影片中令人眼花缭乱的特技效果。他说,其中一个难度最大的场景要求他们完全重建一座虚构的城市,上空还有一架直升机在盘旋。他说,他们花费了大量的计算机时间才制作成整个虚构的城市。但是,他承认,他不能模拟一张人的真脸。这是因为,当灯光照射在人脸时,灯光根据脸部的纹理向四处散射。计算机必须跟踪每个光粒子。因此,必须用复杂的数学函数描述人脸上的每点皮肤,这是计算机程序员最头疼的事情。

我感到,听起来这似乎像是我的专业,高能物理学。在我们的原子击破器中,我们制造强大的质子束,并把它投射到目标上,产生一阵四处散射的碎片。然后,我们用数学函数(称为波形因数)描述每个粒子。

我半开玩笑地问,人脸与高能粒子物理学之间是否存在某种关系?他回答,是的。计算机动画制作者采用高能物理学中使用的数学形式描述手段来制作我们在银幕上看到的人物脸部!我绝对没有想到,我们理论物理学家使用的晦涩难解的公式有一天可以解决模拟人脸的难题。因此,我们可以识别人脸的事实类似于我们物理学家分析亚原子粒子的方式!

远期(2070—2100)

未物 对资本主义的影响
来理

我们在这本书中已经讨论的这些新技术如此强大,到本世纪结束时,它们必然要影响资本主义本身。供求关系的法则相同,但科学和技术的兴起已经在许多方面修改了亚当·斯密(Adam Smith)的资本主义,包括从商品分配给财富性质本身的方式上。影响资本主义的一些更直接的方式表述如下:

• 完善的资本主义

亚当·斯密的资本主义是基于供给和需求关系的法则:当商品的供给与需求相匹配时,制定价格。如果一件物品处于稀缺和需求状态,那么其价格上涨。但消费者和生产者都只是片面地、不完全了解供给和需求关系,因此价格随着地域的差异而相差很大。因此,亚当·斯密的资本主义是不完善的。但是,这在未来将逐步改善。

当生产者和消费者对市场具有无限的知识时,"完善的资本主义"(Perfect capitalism)产生,因此,价格是完全能够确定的。例如,在未来,消费者将通过他们的隐形眼镜浏览互联网,并对所有比较的商品的价格和性能拥有无穷的知识。目前人们已经可以浏览互联网寻找到最优惠的航空票价。这最终将适用于在世界上销售的所有产品。无论是通过眼镜、墙幕或者手机,消费者将知道有关产品的一切。例如,经过一家杂货店,你将浏览到显示的各种产品,并通过互联网,用你的隐形眼镜,立即评估该产品的价格是否便宜。如此一来,优势转移到消费者,因为他们会立即知道有关产品的一切,它的发展过程,它的性能记录,相对其他产品它的价格,以及它的优缺点。

生产者同样也有锦囊妙计,如使用数据挖掘技术去理解消费者的需求和欲望,并在互联网上浏览商品价格,这将消除在制定价格方面的很多猜测。但在大多数情况下,还是那些即刻对任何产品进行比较了解,并要求最便宜价格的消费者具有优势。生产者必须对消费者不断变化的需求做出反应。

- **大规模生产到大规模定制**

在现行制度下,商品是通过大批量生产制造的。亨利·福特曾经说过一句名言:消费者可以拥有任何颜色的 T 型汽车,只要它是黑色的。大批量生产,大幅度降低价格,取代效率低下、古老的行会和手工艺品的体制。计算机革命将会改变这一切。

今天,如果一位顾客看到一件完美风格和色彩的礼服,但尺寸不对,那么就没有销售量。但在将来,我们精确的三维测量尺寸将被储存到我们的信用卡上或钱包里。如果一件衣服或其他服装的尺寸不对,你通过电子邮件将尺寸发送到工厂,并立即生产一件大小合适的。在未来,一切事物都将相称。

大规模定制在今天是不切实际的,因为只为一名消费者创建一个新产品,费用太昂贵。但是当每个人,包括工厂,都迷上互联网,定制对象的生产就可以与大规模生产的物品享有同等价格。

- **群集技术成为一种实用工具**

当诸如电力和自来水技术广泛分布时,它们最终会成为实用工具。随着资本主义压低价格和竞争日益激烈,这些技术如同实用工具一般将被出售,也就是说,我们不关心它们来自哪里,我们只支付我们需要的东西。这同样适用于计算。在很大程度上依赖互联网进行大多数计算功能的"云计算"(Cloud computing),将逐步得到普及。云计算把计算简化成一种实用工具,我们仅支付我们需要的东西,我们不需要的东西则不予考虑。

这与今天的情况截然不同,我们大多数人打字、处理文字或者在台式机、笔记本电脑上绘图，然后当我们想搜索信息时，连接到互联网。在未来的日子里，我们甚至可以逐步地完全淘汰计算机，直接在互联网上访问所有的信息，然后按所花的时间支付费用。因此，计算也会像水和电一样的计费。我们将生活在一个我们的家电、家具、衣服等都已智能化的世界里，当我们需要特定的服务，我们将与它们交谈。互联网屏幕隐藏在各个角落里，每当我们有需要时，键盘就显现。功能已经取代形式，因此，具有讽刺意味的是，计算机革命将最终使计算机消失在云端。

● 瞄准你的客户

从历史角度看，公司在报纸、广播、电视等上投放广告，通常对这些广告产生的影响没有丝毫的概念。他们只有通过销量的上涨来计算广告活动的成效。但在将来，公司几乎将立即知道有多少人下载或者查看自己的产品。例如，如果你在一个互联网广播网站上接受采访，准确地判断已经有多少人收听，这是可能做到的。这将使公司依照量身定制的规格锁定听众。

〔然而，这引发了另一个问题：有关隐私的敏感问题，这将是未来很大的争议之一。过去，还有人担心，计算机有可能使"老大哥"（指独裁者）成为可能。在乔治·奥威尔（George Orwell）的小说《1984 年》中，极权主义政权掌管地球，释放出一个炼狱般的未来，其中的间谍比比皆是，一切自由受到压制，生活就是一系列永无休止的屈辱。有一点要讲，互联网有可能演变成这样一个无孔不入的间谍机器。然而，1989 年苏联集团解体之后，美国国家科学基金会事实上将互联网开放了，它从一个主要的军事设备转换成一个网络大学，甚至是商业实体，最终导致 20 世纪 90 年代的互联网爆炸。如今，"老大哥"是不可能了。真正的问题是"小兄弟"，即多管闲事的好事者、小罪犯、通俗小报甚至公司，使用数据挖掘技术找出我们的个人喜好。正如我们将在第 8 章中讨论，这是一个不会消失而会随着时间的推移而升级的问题。更可能的是，这将是一个永恒的猫捉老鼠的游戏，软件开发人员创建程序保护我们的隐私，但其他人员开发程序将其中断。〕

未物来理 从商品资本主义到知识资本主义

到目前为止,我们仅仅询问科技是如何改变资本主义的运作方式。但是高科技的进步造成的所有混乱,对资本主义的性质本身产生什么样的影响?这场革命造成的所有混乱可以归纳为一个概念:商品资本主义(commodity capitalism)向知识资本主义(intellectual capitalism)的过渡。

亚当·斯密(Adam Smith)时代的财富用商品衡量。商品价格起伏不定,但平均来说,过去的150多年里,商品价格一直在稳步下降。今天,你吃的早饭在100年之前英国国王是根本不可能享用的。来自世界各地的具有异国情调的美味佳肴现在经常在超市出售。商品价格的下降是由各种各样的因素造成,例如更佳的大规模生产、集装箱运输、航运、通讯和竞争。

〔举例来说,今天的高中学生很难理解哥伦布为什么冒着生命危险寻找一个较短的贸易路线前往有香料的东方,他们问到,他为什么不干脆去超市,并得到一些牛至(oregano,一种香料)?但在哥伦布的时代,香料和草药极其昂贵,它们珍贵是因为它们能够掩盖腐烂食物的味道,因为那时没有冰箱。有时,甚至连帝王用餐时都不得不吃腐烂的食物,那时没有冷藏车、集装箱或船舶进行远涉重洋的香料运输。〕这就是为什么这些商品如此宝贵,哥伦布以其一生为赌注想要得到它们,尽管今天它们非常便宜。

正在取代商品资本主义的是知识资本主义。知识资本恰恰包括机器人和人工智能还不能提供的模式识别和常识。

正如麻省理工学院经济学家莱斯特·瑟罗(Lester Thurow)所说:"今天,知识和技能作为比较优势的唯一来源,现在独树一帜……硅谷和128号公路之所以存在,正是因为那儿是人才汇集的地方。他们除了选择去那儿别无他寻。"

这样历史性的转变为什么正在动摇资本主义的根基?这很简单,我们不能批量生产人的大脑。虽然硬件可以大规模生产并以吨计出售,人类的大脑则不能,这意味着常识将是未来的货币。与商品不同,为创造知识产权资本,你必须熏陶、培养、教育一个人,这需要几十年的个人努力。

正如瑟罗所言:"其他一切事物从竞争方程当中退出,知识已成为长期可持续竞争优势的唯一来源。"

例如,相比硬件,软件将变得越来越重要。随着芯片价格继续大幅下挫,电脑芯片将被整车出售。但软件的创建必须使用传统的方法,由人类静静地坐在椅子上,用铅笔和纸工作。例如,在你的笔记本电脑中存储的文件可能包含有价值的计划、手稿和数据,这些文件可能价值几十万美元,但笔记本电脑本身的价值只有几百美元。当然,能够很轻易地复制和大规模生产软件,但不能创建新的软件。这需要人类的思想。

据英国经济学家哈米什·麦克雷(Hamish McRae):"1991 年英国成为世界上第一个无形输出(服务)比有形输出(实物)赚取更多的国家。"

虽然在过去几十年中,源自制造业的美国经济份额大幅下降,但涉及知识资本主义的行业(好莱坞电影、音乐产业、视频游戏和电信等等)已经飙升。这种从商品资本主义转向知识资本主义是一个渐进的过程,它始于上个世纪,但它每十年加快发展一次。麻省理工学院经济学家瑟罗写道:"在对一般性的通货膨胀进行矫正后,从 20 世纪 70 年代中期到 20 世纪 90 年代中期,自然资源价格已下降近 60%。"

一些国家明白这一点。想一想日本在战后的教训。日本没有巨大的自然资源,但其经济位居世界前列。今天日本的财富是其人民勤劳和团结的实际证明,而非脚下肆意挥霍的财富。

不幸的是,许多国家并没有领会这一基本事实,不为本国公民的将来做准备,而主要依靠商品。这意味着,拥有丰富的自然资源却不明白这个道理的国家在将来可能陷入贫困。

未来物理 数字鸿沟?

有些人谴责信息革命,他们说"数字富人"和"数字穷人"之间的鸿沟在逐渐扩大,换句话说,那些具有访问计算机能力的人群与那些没有访问计算机能力的人群之间的差距。他们声称,这场革命将拓宽社会断层线,开辟新的财富差距和不平等现象,这足以撕裂社会结构。

但是,这是真实问题的一个缩小画面。随着计算机能力每隔 18 个月翻一番,甚至贫困儿童也正变得越来越有机会接触计算机。同侪压力(peer pressure)和低廉的价格已经激励贫困儿童使用计算机和互联网。在一项实验中,我们提供资金为每个教室购买一台笔记本电脑。尽管出于善意,但大家还是认为该计划是失败的。首先,笔记本电脑通常放置在一个角落里未曾使用,因为老师往往不知道如何使用它。第二,大部分学生已经与他们的朋友取得在线联系,而完全忽视了教室里配置的笔记本电脑。

问题不在于使用途径。真正的问题在于就业。就业市场正在经历一场历史性的变革,那些利用这一优势的国家将在未来蓬勃发展。

对于广大发展中国家而言,一种策略是使用商品建立良好的基础,然后使用该基础作为敲门砖,完成向知识资本主义的过渡。例如,中国已经成功地采取两步走战略:中国正在建设数以千计的工厂,为世界市场生产商品,但他们正在利用利润建立一个以知识资本主义为基础的服务行业。在美国,50%的物理学博士生出生在国外(主要是因为美国自身不能培养出足够合格的学生)。这些外国出生的博士学生,大部分来自中国和印度。有些学生已经返回自己的祖国,创造全新的产业。

未物 来理 初级工作

这种过渡的牺牲品之一将是初级级别的工作。每个世纪都推出新技术,给经济和人民生活方面带来痛苦的混乱。例如,1850年,美国65%的劳动力在农场工作。(今天,只有2.4%的人从事农场工作。)这一点在本世纪仍将如此。

在19世纪,新的移民浪潮涌入美国,因其经济迅速增长,足以容纳他们。例如,在纽约,移民可以在服装行业或轻工制造业找到工作。不考虑受教育程度,任何一个愿意从事一天诚实劳动的工人都能在不断扩大的经济中找到事做。这就好像一个传送带,把来自欧洲贫民区和贫民窟的移民推向美国欣欣向荣的中产阶级中去。

经济学家詹姆斯·格兰特(James Grant)已经说过:"从农田到工厂、办公室和教室的体力与智力的长期迁移都是生产率的增长……技术进步成为现代经济的堡垒。过去200年的历史再一次证明它是千真万确的。"

如今,许多这些初级职位已经一去不复返了。此外,经济的性质已经发生变化。为寻求更廉价劳动力的企业已经把许多初级职位的工作送到海外。工厂里的传统制造业工作很早就消失殆尽。

但这其中却具有很多讽刺意味。多年来,许多人要求一个公平的竞争环境,既不偏袒也不歧视。但倘若按一下按钮后职位能够出口,那么公平竞争的环境现在拓展到中国和印度。因此作为推向中产阶级传送带的初级职位现在可以被输出到其他地方。这一点对海外工人有好处,因为他们可以从公平的竞争环境中受益,但可能会引起美国很多城市的内城区被镂空。

消费者同样从中得到好处。如果存在全球竞争,产品和服务就变得更加便宜,生产和分销变得更加高效。如果只是艰难地维持过时的业务和薪水过高的工作,就会产生自满情绪,造成浪费和效率低下。补贴逐渐衰败的企业仅仅延长了必然结果的发生时间,延迟了企业倒闭的痛苦,实际上它让事情变得更糟。

还存在另外一种令人啼笑皆非的局面。许多高薪的技术型服务部门的工作由于缺乏合格的候选人而悬空。通常情况下,教育体系没有培养足够的技术工人,因此,企业必须应对一个低学历的劳动人口。企业苦苦找寻教育体制往往不培养的技术工人。即使在经济不景气的情况下,同样存在缺乏技术工人的悬空职位。

但有一点很明确。在后工业经济中,许多历史悠久的工厂的蓝领工作永远地消失了。多年来,经济学家们天真地拥有"让美国再次工业化"的想法,直到他们意识到时间无法倒流。几十年前,美国和欧洲经历了从主要工业经济向服务经济的过渡,这种历史性的转变无法逆转。工业化的鼎盛时期已经永远地一去不复返了。

相反,必须做出努力重新调整和重新投资那些能最大限度地发挥知识资本主义的行业。这将是21世纪各国政府一项最困难的任务,没有快速简易的解决方案。一方面,这意味着教育体制的一次重大调整,从而使工人可以再次得到培训,也使高中学生毕业后不进入失业队伍。知识资本主义并不意味着针对软件程序员和科学家的工作,而是涉及广泛的活动,包括创造力、艺术能力、创新、领导和分析等等,即常识。劳动力必须接受教育,以迎接而不是逃避21世纪的挑战,而不是填鸭式的教育。特别是科学课程必须改革,教师要接受再培训,与未来的科技社会相关联。(很遗憾在美国有句古老的话:"有能力的,去干大事;没有能力的,去教书。")

正如麻省理工学院经济学家莱斯特·瑟罗所说:"成败取决于一个国家是否正向未来人工智能产业的成功过渡,而不依赖于任何特定行业规模的大小。"

这意味着将造就一批能够从这些技术革新中创造新兴产业和新兴财富

的创新型企业家。必须释放这些人的能量和活力。必须允许他们给市场注入新的领导才能。

未物 赢家和输家：国家
来理

不幸的是，许多国家没有走这条路，他们依然完全依靠商品资本主义。但是通常情况下，由于商品价格已经在过去 150 年下降，当世界回避他们时，其经济将随着时间的推移最终萎靡。

这个过程不是不可避免。看看德国和日本 1945 年的例子吧，当时他们的整体人口接近饥饿，他们的城市变成一片废墟，以及他们的政府已经崩溃。他们用一代人的时间，能够在世界经济中名列前茅。看看今天的中国吧，拥有 8% 至 10% 迅猛的速度增长，扭转 500 多年的经济衰退。曾经广泛被嘲笑为"东亚病夫"，他们将耗用另一代人的时间，加入发达国家的行列。

令这三个社会与众不同的是，之前，每个民族具有凝聚力，拥有勤劳的公民，制造的产品世界争相购买。这些国家重视教育，重视国家和人民的统一，重视经济的发展。

正如英国经济学家和记者麦克雷（McRae）写道："过去推动经济增长的发动机——土地、资本和自然资源——不再重要。土地也无关紧要，因为农业产量的上升已使人们有可能在工业时代生产出比其需求更多的食品。资金不再是问题，因为可以凭借较高的代价，从国际市场中无限获取用于创收项目的资金……这些从传统意义上说造就富国的量化资产，正在被一系列定性特征所取代，这可以归结为居住在那里的人们的生活质量、组织、动机和自律，要证实这一点，看看人类技能水平在制造业、私营部门服务业，以及公共部门中如何变得越来越重要就知道了。"

然而，并非每个国家都追随这条道路。一些国家拥有无能的领导人，文化和种族割裂到近乎崩溃的边缘，生产的商品都是世界其他地区不需要的。这些国家不投资教育，反而投资于庞大的军队和武器方面来恐吓他们的人民并维护他们的特权。他们不投资基础设施以加快该国工业化进程，反而大搞腐败并保持自己的权力，创造一个腐败政府，而不是精英管理的社会。

令人悲哀的是，这些腐败政府已经挥霍了国际社会包括西方国家提供的很多援助，包括小额援助。未来学家阿尔弗雷德（Alfred）和海蒂·托夫勒(Heidi Toffler)注意到,1950 年和2000 年之间,富国向贫国提供超过 1 万亿美元的援助。但是他们指出:"世界银行告知我们,近 28 亿人民——几乎占地球人口的一半——仍旧挣扎生活在每天相当于 2 美元或者更少的边缘,其中,约 11 亿人民生存在每天不足 1 美元的极端或绝对贫困当中。"

当然,发达国家能够做更多的实际事情减轻发展中国家的困境,而不是口头说说。但是在说过和做过之后,最终,发展的主要责任必须落在发展中国家自身的英明领导者身上。又回到那句老话:"给我一条鱼,我将吃一天。教我如何钓鱼,我将永远有鱼吃。"这意味着,不是简单地给发展中国家提供援助,重点应该放在教育上并帮助他们发展新兴产业,让他们能够自给自足。

物理 未来 利用科学

发展中国家或许能够利用信息革命的优势。原则上,他们可以在许多领域超越发达国家。在发达国家,电信公司必须不厌其烦地说服并付出巨大代价给每个家庭或农场架设电话线。但是一个发展中国家无须在全国布线,因为手机技术能够覆盖农村地区,不用为此修建任何道路或基础设施。

此外,发展中国家的优势在于他们不必改建一个已经老化的基础设施。例如,纽约和伦敦的地铁系统早超过一个世纪之久,急切需要维修。今天,这些摇摇欲坠的系统改造费用比建设原系统本身还要昂贵。发展中国家可以采用所有的最新技术修建一个熠熠生辉的地铁系统,并利用金属、施工工艺以及技术的巨大改进。全新的地铁系统可能会比一个世纪前的系统成本低得多。

例如,当中国新建造一座城市并令其拔地而起时,它能够从西方国家所犯过的错误中吸取教训。因此,北京和上海正在兴建,其费用是建设一个西方大城市的原始成本的一小部分。如今,为了应对城市人口爆炸,北京正在建设世界上最大的、最现代化的地铁系统之一,这受益于西方创建的所有计算机技术。

互联网是发展中国家采取快捷方式通向未来,以及绕过西方所犯错误的另一种方式,尤其是在科学领域。此前,在发展中世界的科学家不得不依赖于原始的邮政系统把论文寄送到科学期刊,期刊出版后,实际送达时间通常需要数月乃至一年的时间。这些期刊价格昂贵并且非常专业化,因此,只有大型的图书馆能够支付得起。与西方科学家的合作几乎是不可能的事情。你必须独立且富裕,或者非常雄心勃勃,才能在西方大学中获得一个职位,跟随著名科学家工作。现在可能的情况是,最不起眼的科学家在互联网上将科学论文发布到世界上几乎任何一个角落,时间不足两秒,而且免费。并且通过互联网,你可能和素未相识的西方科学家合作。

未来是一场争夺战

未来是完全开放的。正如我们前面提到,随着硅谷时代的流逝和火炬传递给下一个创新者,硅谷在未来几十年可能会成为下一个铁锈地带(指从前工业繁盛、今已衰落的发达国家一些地区)。哪些国家将引领未来呢?在冷战时期,超级大国是那些能够在世界范围内施展军事影响的国家。但是苏联的解体已明确表示,未来独占鳌头的国家将是那些构建自己经济体的国家,而这反过来又依赖于发展和促进科学和技术。

那么谁是明天的领袖?那就是真正掌握这一真理的国家。例如,美国一直保持其在科学和技术的优势,尽管事实上,当涉及到诸如自然学科和数学等基本科目时,美国学生的得分往往是垫底的。比方说,1991 年的水平测试成绩显示,美国 13 岁的学生在数学方面排第 15 名,在自然学科方面第 14 名,略高于约旦学生,后者在这两门学科中均排名 18。此后的每年考试都证实了这些令人沮丧的数字。(应该指出,这个排名大致与学生在校的天数相匹配,中国排名第一,平均每年接受 251 天的教育,而美国每年平均只有 178 天。)

尽管存在这些可怕的数字,在你意识到美国大部分科学研究是以"人才外流"的方式来自海外的事实之前,美国继续在科技领域保持领先,这看起来像是一件不可思议的事情。美国存在一个秘密武器,H1B 签证,即所谓的天才签证。如果你能证明你拥有特殊的才能、资源或科学知识,你可以跳进这个行列,并获得一个 H1B 签证。这已不断充实我们科学的行列。例如,硅谷大约有 50% 的人在国外出生,许多来自中国台湾和印度。从全国范围看,50% 的物理学博士都出生在国外。在我的大学,纽约城市大学,几乎 100% 的人是国外出生的。

一些国会议员试图取消 H1B 签证,因为他们声称这夺走了美国人的工作,但他们并不理解签证的真正作用。通常情况下,美国人不能胜任硅谷的最高级别的工作,其结果是,我们经常看到悬空的职位。这个事实显而易见,德国前总理格哈德·施罗德(Gerhard Schroeder)试图针对德国的入境法律通过类似的 H1B 签证,但这项措施被那些声称这会夺走土生土长德国人饭碗的人所击败。批评者又一次未能理解常常是没有德国人能来填补这些高层次的工作,职位依然悬空。这些 H1B 移民并没夺走工作,他们创造全新的产业。

但是,H1B 签证仅是一个权宜之计。美国不可能继续依赖外国科学家,随着中国和印度经济的改善,其中的许多人开始回到他们的祖国。因此,人才引进是不可持续下去的。这意味着,美国最终将彻底改革其陈旧的、僵化的教育体制。目前,准备不充分的高中学生涌入就业市场和大学,造成一个僵局。雇主不断哀叹这个事实,他们必须花费一年的时间培训新员工,培养他们加快发展。并且,大学背负责任,不得不开设新层次的辅导课程,以弥补落后的高中教育体制。

幸好,我们的大学和企业最终做了一件值得称道的事情,修复高中体制所造成的破坏,但这是一种时间和人才的浪费。为了保持美国未来的竞争优势,小学和中学体制必须发生根本性转变。

公平地说,美国仍然具有明显的优势。我曾经在纽约参加美国自然历史博物馆举办的鸡尾酒会,并会见了比利时的一位生物技术企业家。考虑到比利时有其自身蓬勃发展的生物技术产业,我问他为什么离开。他说,在欧洲通常你不会得到第二次机会。因为人们知道你及你家人的情况,如果你犯下一个错误,你就完蛋了。无论你身在何方,你的错误往往形影不离。他说道,但在美国你可以不断地重塑自我。人们不关心谁是你的祖先。他们只关心你现在、今天能为他们做些什么。他表示这里令人耳目一新,这是为什么其他欧洲科学家迁到美国的原因之一。

未来物理 新加坡的教训

在西方,有这样一句话:"嘎吱作响的车轮获得润滑剂。"但在东方,还有另一句话:"枪打出头鸟。"这两种表达式截然相反、彼此对立,但它们却抓住了东西方思想的一些本质特征。

亚洲学生的考试成绩时常遥遥领先于西方的同龄学生。然而,大多数的学习属于书本知识和死记硬背,这只能将你带到一定的水平。要想达到科学和技术的更高层次,你需要创造力、想象力和创新,这在东方体制中并没有得到培养。

所以,在工厂廉价生产最先在西方国家制造的商品的复制品方面,中国可能最终赶上西方,但在设计新产品和新策略的创新过程中,它将落后于西方国家几十年。

我曾经在沙特阿拉伯的一次会议上发表讲话,另一位重要发言人是李光耀,1959 年到 1990 年他就任新加坡总理。在某种意义上,他就是发展中国家中的一颗摇滚巨星,因为他协助建立的现代化国家新加坡,在科学领域跻身顶尖国家之列。事实上,如果你计算人均国内生产总值(GDP),新加坡是世界上第五大最富有的国家。与会听众竭尽全力倾听这位传奇式人物的每一句话。

他回忆起战后初期的日子,当时新加坡作为一潭死水港口,主要以盗版、走私、醉酒水手和其他令人憎恶的活动而臭名昭著。然而,他的一群同僚梦想有一天,这个小小的海港能与西方相抗衡。虽然新加坡没有重要的自然资源,其最大的资源是自己的人民,他们勤劳并拥有半熟练的技术。他的团队踏上了令人瞩目的行程,计划在一代人之内引领这个沉睡的落后民族并将其转变成一个科学强国。或许这是历史上最引人注目的社会工程事例之一。

他和他的政党开始对整个民族进行系统而彻底的革新运动,强调科技和教育,并专注于高新科技产业。在短短的几十年内,新加坡培养了一大批高学历的技术人员,这使该国有可能成为全球的电子、化学和生物医疗设备的主要出口国之一。2006 年,它生产了全球 10% 的计算机铸造晶片产量。

他承认,随着该国的现代化进程,已经出现了一些问题。为加强社会治安,他们实施严厉的法律,禁止一切不法行为,从大街上随地吐痰(处以鞭打)到毒品交易(处以死刑)。但他同时也注意到一件重要事情。他发现,一流科学家急切渴望参观新加坡,但只有少数人留下。后来,他发现了一个原因:新加坡不具有留住他们的文化设施和旅游景点。这让他有了下一个想法:有意培养一个现代化国家的所有边缘文化效益(如芭蕾舞团、交响乐团等等),让顶尖科学家将在新加坡扎根。几乎一夜之间,各种文化组织和活动,如雨后春笋般在全国各地涌现,作为吸引科学精英植根于此的诱饵。

接下来,他也意识到,新加坡的孩子盲目重复老师的话语,而不是挑战传统智慧,并开发创新思维。他意识到,如果它培养的科学家仅能照搬硬抄他人,东方将永远落后于西方。于是,他启动一项教育改革:具有创新思维的学生将被选拔出来,并根据自己的学习进度,追求梦想。当他意识到诸如比尔·盖茨或史蒂夫·乔布斯的人可能会被新加坡令人窒息的教育体制所镇压,他要求学校教师有组织地挖掘出那些拥有科学想象力并重振经济的未来天才。

新加坡的教训并不适合每一个国家。它属于一个小型的城市国家,其中的极少数高瞻远瞩者能够对国家建设实施掌控管理,也不是每个人都愿意因为在大街上随地吐痰而被鞭打。然而,它向你表明,如果你想有计划有步骤地跨越到信息革命的前列,你能做出哪些努力。

未来物理 未来的挑战

我曾经在普林斯顿高等研究院度过了一段时光,并与弗里曼·戴森共进午餐。他开始缅怀有关他从事科学的漫长的职业生涯,然后提到一个令人不安的事实。战前,当他在英国还是一名年轻大学生时,他发现英国最聪明、最有才华的人都背弃像物理学和化学这样的自然学科,投向金融和银行业等利润丰厚的职业。当上一代正在通过电气工厂和化工厂创造财富,并发明新的机电设备时,下一代却正沉迷于摆弄和管理别人的金钱。他感叹道,这是大英帝国衰落的迹象。倘若英格兰有一个摇摇欲坠的科学基础,它就无法维持其作为世界大国的地位。

之后,他说了一件吸引我注意的事情。

他表示,这是他生命中第二次看到这件事。普林斯顿最聪明的头脑不再去解决物理学和数学当中的疑难问题,而是被银行投资等职业所吸引。同样,他认为,当一个社会的领导人不再支持促使他所在社会强大的发明和技术时,这种现象可能是衰落的信号。

这就是我们未来面临的挑战。

现在的人生活在一片或许被视为人类历史上最非同寻常的三或四个世纪当中。

——朱利安·西蒙（Julian Simon）

哪里没有愿景，人们就将灭亡。

——谚语（Proverbs）29：18

8. 人类的未来　行星文明

神话中，众神生活在天国神圣的光彩之下，远远超越凡人的微不足道的事务。当为荣誉和永恒荣耀而战的挪威神将在含有倒下勇士精神的瓦尔哈拉（Valhalla）的神圣殿堂摆下盛宴时，希腊诸神却在奥林匹亚山神圣的天域嬉闹。但是，倘若我们的命运是到本世纪末获得神赐予的力量，2100 年我们的文明看起来将是如何？涵盖我们文明的所有这些技术创新在哪里？

这里描述的所有技术革命正在指向一点：行星文明的建立。这也许是人类历史上最伟大的变革。事实上，生活在今天的人们是最有地位的，他们曾经在行星表面行走，因为他们将决定是否我们能达到这一目标或陷入混乱。自从大约 10 万年前我们首次在非洲出现以来，也许有 5 000 世代的人类已经在地球表面行走，其中，那些生活在本世纪的人们将最终决定我们的命运。

除非发生自然灾害或一些灾难性的愚蠢行为，我们将进入人类共同的历史阶段，这一点是不可避免的。通过分析能源的发展过程,我最能清楚地看到这一点。

未物 文明的排名
来理

　　专业历史学家编写历史时,他们通过对人类历史经验和愚蠢行为,透彻地观察它,换言之,通过观察国王和王后的功绩、社会运动的兴起以及思想的扩散。相比之下,物理学家看待历史的方式则截然不同。

　　物理学家对一切事物进行排名,甚至包括按照消耗的能源对人类文明排名。当这应用于人类历史中,我们看到,追溯到数千年前,我们的力量限于 1 马力的五分之一,属于赤手空拳的力量,因此,我们在小范围、流浪部落的游牧生活里居住,在恶劣的、敌对的环境中觅食。追溯到亿万年,我们与狼难以分辨。那时没有书面的记录,只是在偏僻的篝火边世世代代流传下来的故事。生命短暂而野蛮,平均寿命只有 18 到 20 岁。你背上的全部家当构成你的财富总额。你的大部分生活伴随着饥饿痛苦的折磨。在你生命终结之后,在你曾生活的环境中没有留下任何踪迹。

　　但在一万年以前,一件不可思议的大事的发生标志着文明运动的开端:冰河时代的结束。我们仍然不明白成千上万年冰河期结束的原因。但这为农业的兴起奠定了基础。马和牛很快就被驯化,让我们的力量增加到 1 马力。现在一个人有能力收获几亩的农田,产生足够的节余能量供养一个迅速扩大的人口。动物的驯养使人类不再主要依靠狩猎动物为食,并开始在森林里和平原上兴建起第一个牢固的村庄和城市。

　　农业革命创造的剩余财富催生出维持并扩大这种财富的巧妙的新方式。数学与写作应运而生来计算这笔财富,需要日历来记录种植和收获的日期,需要文书和会计来记录这种盈余和税收。这些剩余财富最终导致大规模军队、王国、帝国、奴役和古代文明的崛起。

　　下一场革命大约发生在 300 年以前,伴随着工业革命的到来。突然间,个人财富的积累不仅是其双手和马力的结果,而是通过大规模生产创造神话般财富的机器的产物。

　　蒸汽机可以驱动强大的机器和机车,这样,财富不仅从农田,还能从工厂、磨房以及矿山创造。逃离周期性饥荒和厌倦田间繁重工作的农民涌向城市,创造了产业工人阶级。铁匠和马车夫最终由汽车工人取代。随着内燃机的发明,现在一个人可以指挥数以百计的马力。寿命开始延长,到1900年,美国创下人均49岁的纪录。

最后,我们进入第三次浪潮,财富的创造来自信息革命。现在衡量国家财富的是在世界各地的光纤电缆和卫星中循环使用的电子,最终跳跃到华尔街和其他金融资本的电脑屏幕上。科学、商业和娱乐以光的速度进行传播,随时随地赋予我们无限的信息。

未来物理 I 类、II 类和 III 类文明

能源指数上升将如何继续持续到未来的世纪和千年?当物理学家试图分析文明时,我们对它们的排名是基于对它们消耗的能源。这种排名首先由俄罗斯天体物理学家尼古拉·卡尔达肖夫(Nikolai Kardashev)提出,他感兴趣的是在夜空中探测由太空先进文明发出的信号。

他对像"外星文明"一般模糊不清且不明确的事物感到不满意。所以,他引进定量标度来引导天文学家的工作。他认识到外星文明可能会根据自己的文化、社会、政府等而有所不同,但有一点他们都必须服从:物理定律。地球上,有一件事物是我们可以观察和测量的,并且它可以将这些文明分为不同的类别:他们的能源消耗量。

于是,他提出了三个理论类型:I 类文明属行星文明,消耗落在其星球上的阳光,或者说约 10^{17} 瓦。II 类文明属恒星文明,消耗太阳释放的所有能量,或者说 10^{27} 瓦。III 类文明属银河系文明,耗费 10 亿颗恒星的能量,或者说约 10^{37} 瓦。

这种分类的好处是,我们可以量化每一种文明的能量,而不是进行模糊和胡乱的概括。既然我们知道这些天体的能量输出,当我们仰望星空,我们可以对它们每一个进行具体数值的限定。

每种类型相差 100 亿倍:III 类文明比 II 类文明多消耗 100 亿倍的能量(因为在一个银河系里大约有 100 亿颗或更多的恒星),反过来,II 类文明又比 I 类文明多消耗 100 亿倍的能量。

根据这种分类,我们目前的文明是 0 类。我们甚至没有根据这种标准进行评估,因为我们通过枯萎的植物获取能源,即从石油和煤炭。(推广这种分类的卡尔·萨根试图对我们在这个宇宙规模上的排名得到一个更精确

的估计。他的计算表明,我们实际上属于0.7 H型文明。)

根据这种标准,我们也可以对科幻小说中看到的各种文明进行分类。

一个典型的 I 类文明将属于"巴克·罗杰斯"(Buck Rogers)或"飞侠哥顿"(Flash Gordon)的文明,因为整个地球的能源资源已经被开发。他们可以控制所有行星的能量来源,因此他们也许能随意控制或修改天气,控制飓风的威力,或者在海洋上修建城市。虽然他们通过火箭徜徉天空,他们的能量输出仍然主要限于一颗行星。

II 类文明可能包括《星际迷航》里的星际联邦(没有曲速引擎驱动器),他们能够殖民化大约100颗最近的恒星。他们的技术勉强能够操纵一颗恒星的整个能量输出。

III 类文明可能是出现在《星球大战》传奇故事中的帝国,或者是《星际迷航》系列里的博格(Borg),这两者已经征服大部分的银河系,包围数以亿计的恒星系统。他们可以随意漫游银河系的空间车道。

〔虽然卡尔达肖夫指数(Kardashev scale)是根据行星、恒星和银河系进行分类,我们应该指出有可能存在着 IV 类文明,其能量来自银河系外的能源。超出我们银河系的唯一已知能量来源是暗能量,这构成已知宇宙73%的物质和能源,而恒星和星系世界只占宇宙的4%。IV 类文明的一个可能候补者或许是《星际迷航》系列里似神的Q,它的能量来自银河系之外。〕

我们可以利用这种分类方式计算出我们在什么时候可能实现各种类型的文明。假定,就其集体国内生产总值而论,世界文明每年将以1%的速度增长。当我们平均分配过去几个世纪时,这是一个合理的假设。根据这个假设,从一个文明过渡到下一个文明大约需要2 500年。2%的增长率将需要1 200年的过渡期。

但是,我们同样可以计算出我们的星球实现 I 类分类将需要多长时间。尽管存在经济衰退和扩张、繁荣和萧条,我们可以从数字上估算,考虑到我们经济增长的平均速度,将需要大约100年的时间达到 I 类状态。

未来物理 从0类过渡到 I 类

每当打开报纸,我们看到从0类过渡到 I 类的证据。许多的头条新闻可以追溯到 I 类文明诞生时的阵痛,这仿佛就浮现在我们的眼前。

- 互联网是Ⅰ类行星电话系统的开端。历史上第一次,一块大陆上的人可以不费吹灰之力与另一块大陆上的同仁交流无限的信息。事实上,许多人已经感受到他们与世界另一端的同仁,要比他们与隔壁邻居有更多的共同点。随着国家布埋下更多的光纤电缆并发射更多的通信卫星,这个过程只会加速,而且势不可挡。即使美国总统试图禁止互联网,他将只会遭到嘲笑。目前,世界上大约有10亿台个人电脑,大约近四分之一的人类至少已经上网一次。

- 少数语言,英语为首,其次是汉语,正迅速成为未来Ⅰ类语言。例如,在万维网上,29%的访问者用英语登录,排名其后的是,汉语22%,西班牙语8%,日语6%,法语5%。事实上,英语已经是科学、金融、商业和娱乐的行星语言。英语是这个星球上头号的第二语言。无论身在何处,我发现英语已一跃成为通用语。例如,在亚洲,当越南、日本和中国正在举行会议,他们使用英语进行交流。根据原阿拉斯加土著语言中心大学的迈克尔·E.克劳斯(Michael E. Krauss),目前地球上约有6 000种语言,在未来几十年,其中90%的语言预计将要灭绝。电讯革命正在加速这个过程,即使生活在地球最偏远地区的人们也有机会接触英语。随着其社会进一步融入世界经济,这也将加快经济发展,从而提高人民生活水平和经济活动。

  有些人将会哀叹,一些祖先的语言将不复存在。但另一方面,计算机革命将会保证这些语言不会丢失。说本族语的人将把他们的语言和文化增添到互联网上,那样的话,这些语言将永远流传下去。

- 我们正在目睹行星经济的诞生。欧盟和其他贸易集团的兴起,代表Ⅰ类经济的出现。从历史上看,千百年来欧洲各国人民与他们的邻国发生了流血冲突。甚至在罗马帝国灭亡之后,这些部落继续相互屠杀,最终成为欧洲敌对国家。然而今天,这些竞争对手突然联结起来形成欧洲联盟,代表着地球上最大的财富集中营。这些国家突然抛开他们对手的原因,是为了与签署北美自由贸易协定(NAFTA)的经济巨头竞争。未来,我们将看到更多经济集团的形成,这是由于众多国家意识到,除非加入有利可图的贸易集团，否则他们无法保持竞争力。

当分析2008年的大衰退时，我们察觉到这个生动的证据。在短短几天内，来自华尔街的冲击波就波及伦敦、东京、中国香港和新加坡的金融大厅。今天，不理解影响世界经济的趋势，就不可能了解一个民族的经济。

- 我们正注视着地球上中产阶级的崛起。数以万计的中国人、印度人和其他地方的人正加入这个行列，这也许是本世纪后半个世纪出现的最大社会动荡。就影响地球的文化、教育和经济趋势而论，这一团体具有实际经验。地球上中产阶级所要的不是战争、宗教或严格的道德准则，而是政治和社会的稳定以及消费品。如果他们的目标是拥有一栋郊区的房子并配有两辆车的话，那么，他们的祖先曾坚守的思想和部落激情对他们来说就毫无意义。他们的祖先曾经为他们的儿子去打仗而庆祝，而现在他们关注的一个主要问题是把他们的子女送进一所优秀的大学。对于那些羡慕地注视他人提升的人而言，他们会想，什么时候该轮到自己呀。麦肯锡公司的一位前资深合伙人大前研一（Kenichi Ohmae）写道："人们将不可避免地开始环顾四周，并询问为什么他们不能拥有其他人所拥有的。同样重要的是，他们将开始询问，为什么他们不能在过去拥有它。"

- 判断超级大国的新标准是经济，而不是武器。欧盟和北美自由贸易区的兴起凸显了一个重要论点：随着冷战的结束，一个世界强国主要通过经济实力保持其霸主地位，这一点显而易见。打核战争简直太危险，所以正是经济实力将在很大程度上决定国家的命运。促成苏联解体的一个因素是，与美国进行军事竞争的经济压力。（正如罗纳德·里根总统的顾问曾评论说，美国的战略是要让俄罗斯陷入萧条，就是说，增加美国的军费开支，这样，经济发展不到美国一半的俄罗斯，为了赶上美国的步伐，不得不让本国人民食不果腹。）将来，一个超级大国只有通过经济实力才能维持它的地位，这点很明确。而这又源于科学和技术。

- 在青年文化（摇滚和青春时尚）、电影（好莱坞大片）、高级时装（奢侈品），以及食品（大众市场的快餐连锁店）的基础上，世界范围的文化正在崛起。无论你在何处旅行,你可以找到有关音乐、艺术和时尚方面相同文化潮流的迹象。例如,当好莱坞估计一部有潜力的电影是否能成功时,就要把全球吸引力作为因素仔细考虑。囊括跨文化的主题(如动作片或爱情片)并用国际公认的知名人士包装,是好莱坞影片卖座的诀窍,这正是新兴全球文化的征兆。

我们在二战后注意到这种现象的出现,当时人类历史上有史以来第一次整整一代的年轻人拥有足够的可支配收入来改变现行文化。以前,孩子们一旦进入青春期,就被送入田间与他们的父母辛勤劳作。(这是为期3个月暑假的起源。在中世纪,孩子们一旦成年,就被要求在暑假期间到田里从事繁重的工作。)但是,伴随渐渐增长的繁荣,战后婴儿潮一代离开农田走上街道。今天,当经济发展赋予青年人充足的可支配收入,我们看到一个又一个的国家出现同样的模式。最终,当世界上大多数人群进入中产阶层,他们中的年轻一代将获得越来越多的收入,助长了这种全球青年文化的持续。

摇滚乐、好莱坞电影,等等,实际上是知识资本主义如何取代商品资本主义的最好例证。在今后几十年发明的机器人将无法创造出能够刺激国际观众的音乐和电影。

这同样正发生在时尚界,少数品牌正向全世界扩大触角。当更多的人进入中产阶级并向往一些富人的魅力时,曾经仅保留给贵族和富豪的高级时装,现在正迅速在世界各地扩散。高级时装不再是特权阶层的专利。

但全球文化的出现,并不意味着当地文化或习俗将被淘汰。相反,人们将掌握两种文化。一方面,他们将继续使他们当地的文化传统保持生机(而且互联网保证,这些区域习俗将永远存在)。丰富的世界文化多样性将继续蓬勃发展,并走向未来。事实上,某些晦涩难懂的本土文化特点可以通过互联网传播到世界各地,赢得全世界的拥护者。另一方面,人们将精通影响全球文化的变化趋势。当人们与另一种文化同仁沟通交流时,他们通过全球文化这样做。这已经发生在地球上许多精英的身上:他们讲当地语言,并遵守当地的风俗习惯,但与来自其他国家的人打交道时,他们使用英语,并遵循国际惯例。这是新兴 I 类文明的典范。当地文化将继续蓬勃发展,与较大的全球文化并肩共存。

- 新闻正遍及全球范围。有了卫星电视、手机、互联网等,一个国家不可能完全控制和过滤新闻。毛片(raw footage)从世界的各个角落兴起,这让检查员鞭长莫及。当战争或革命爆发,鲜明的图像立即在世界各地播出,就好像他们在实时发生。在过去,19 世纪的大国强加自己的价值观并操纵新闻,这是比较容易的。今天,这仍然是可能的,但由于先进的技术,范围大幅减少。此外,随着世界各地的教育水平不断提高,世界新闻拥有更多的听众。如今,当政治家考虑自己行为的后果时,他们必须考虑世界舆论。

- 体育,对于过去铸造一个部落和获得民族认同,是必不可少的,现在它正在打造一个全球身份。足球和奥运会正在兴起,支配全球的体育运动。例如,2008 年奥运会,被广泛理解成中国人的亮相盛会,经过好几百年的隔离之后,他们想要在世界上担任其应有的文化地位。这也是一个"洞穴人原理"的实例,因为体育属于高接触(High Touch)的个人文化,并逐渐进入高科技(High Tech)领域。

- 正在全球范围展开了环境威胁的辩论。各个国家都意识到,他们所造成的污染超越国界,因此可能引发一场国际危机。当南极上空出现一个硕大的臭氧层洞时,我们第一次注意到这件事。由于臭氧层具有防止来自太阳的有害紫外线和 X 射线到达地面的功能,各国联合起来限制冰箱和工业系统使用的氟氯化氢(氟利昂)的生产和消费。1987 年签署的《蒙特利尔议定书》,成功地降低了消耗臭氧层化学物品的使用。在国际范围取得成功的基础上,大多数国家通过了 1997 年的《京都议定书》,以应对全球变暖的威胁,它对地球环境是一个更大的威胁。

- 旅游业是地球上增长最快的行业之一。人类历史的大部分时期,人们通常在自己出生地的几英里范围内度过整个人生。寡廉鲜耻的领导人很容易操纵他们的人民,他们与其他国家的人民几乎没有接触。但今天,人们可以支配适度的预算周游世界各地。今天,根据预算住在青年旅社、在世界各地进行徒步旅行的青年人也许将成为明天的领导人。有些人责备游客对当地的文化、历史、政治了解得很肤浅。但我们必须把它和过去进行比较,那时远方的文化之间的联系几乎不存在,除非是在战争时期,而且往往是悲剧性的结果。

- 同样,洲际旅行的价格下降正在加速不同民族之间的联络,这让战争更难发动,并且传播民主的理念。国与国之间煽动仇恨的一个主要因素是人与人之间的误解。一般情况下,对一个你通晓的国家发动战争,这相当困难。

- 战争本身的性质正在发生变化,以反映这一新的现实。历史已经证明,两个民主国家几乎从未向对方发动战争。过去几乎所有的战争都发动在非民主国家之间,或民主国家与非民主国家之间。一般情况下,战争狂热煽动者可以很容易地使敌人妖魔化。但在一个民主国家里,它拥有充满活力的媒体、反对党,以及会在战争中失去一切安逸的中产阶级,战争狂热更加难以培植。当存在一个持怀疑态度的媒体和要求知道为什么自己的孩子要去战争的母亲时,很难掀起战争狂热。

　　未来仍然会有战争。正如普鲁士军事理论家卡尔·冯·克劳塞维茨(Carl von Clausewitz)曾经说过:"战争是政治的其他手段。"虽然我们仍然有战争,其性质将随着民主在世界各地的传播而改变。

　　〔为什么当世界变得更加富裕和人民将失去更多时,战争越来越难发动,这还存在另一个原因。政治理论家爱德华·勒特韦克(Edward Luttwak)已经为此作了说明,因为今天的家庭规模越来越小。过去,一般的家庭有十来个孩子,长子继承农场,而弟妹加入教会、军队或到其他地方寻求自己的命运。如今,当一个普通家庭平均有 1.5 名儿童,没有剩余儿童来轻易地填补军事和神职人员的职位,因此,战争将很难发动,特别是民主国家之间和第三世界的游击队。〕

- 国家将变衰弱,但在 2100 年仍然会存在。仍然需要他们制定法律并解决当地问题。然而,当经济增长的引擎先成为区域性之后便是全球性,他们的权力和影响力将大幅下降。例如,伴随着 18 世纪末期和 19 世纪早期资本主义的崛起,国家需要强制执行一种通用的货币、语言、税法和有关贸易和专利的规定。封建时代的法律和传统,阻碍了自由贸易、商业和金融的推进,由国家政府迅速扫清。通常情况下,这个过程可能需要一个世纪左右,但当铁血宰相奥托·冯·俾斯麦(Otto von Bismarck)在 1871 年建立了现代德国的国家,我们看到了这种过程的加速。以同样的方式,这种向 I 类文明的迈进正改变资本主义的本质,经济实力正逐步从国家政府转移到地方政权和贸易集团。

这并非意味着会出现一个世界政府。全球文明的存在有许多方式。各国政府将失去相对权力,这一点显而易见,但何种权力将填补空白,将取决于诸多历史、文化和国家的发展趋势,这难以预测。

- 疾病将在全球范围得到控制。在古老的过去,致命的疾病事实上并非那么危险,因为当时的人口非常少。例如,无法治愈的埃博拉病毒(Ebola virus,导致出血性发热症状),数千年只感染几个村庄的一种古老疾病。但是,文明迅速扩张到早先无人居住的区域以及城市的兴建,意味着与埃博拉病毒类似的事物必须得到非常严密的监测。

当城市人口达到几十万到一百万时,疾病可能迅速蔓延,并引发真正的流行病。事实上,黑死病(Black Plague)造成近半数欧洲人口死亡的这一事实,是一种具有讽刺意味的由进步引起的结果,因为当时的人口已经达到了流行病肆虐的临界点,并且运输航线已经把世界各地的古老城市连接起来了。

最近爆发的甲型 H1N1 流感也说明了同样的问题。也许最先源自墨西哥城,通过飞机旅行,这种疾病在全球各地迅速蔓延。更重要的是,世界各国只用了短短几个月的时间就确定了病毒的基因序列,然后为它设计一种疫苗,提供给数以千万计的人民。

⟨未来物理⟩ 恐怖主义和独裁

不过,也有团体本能地抗拒向 I 类全球文明过渡的趋势,因为他们知道,这种文明是进步的、自由的、科学的、繁荣的和有知识的。这些力量可能没有意识到这个事实,并无法明确表达它,但他们实际上是同走向 I 类文明的趋势相对立。它们是:

- 伊斯兰恐怖分子,他们宁愿回到 1 000 年前的 11 世纪,而不愿生活在 21 世纪。他们不能以这种方式宣泄他们的不满,但从他们自己的言论来看,他们更喜欢生活在科学、个人关系和政治都受到严格宗教法令限制的神权政体之中。(他们忘记了一点,在历史上只有包容新思想的宽大胸怀才可以与伟大的伊斯兰文明所拥有科学技术实力相媲美。这些恐怖分子无法理解伊斯兰文明过去之所以伟大的真正原因。)
- 依赖其民众对外界财富和发展保持无知的独裁统治。其中一个突出的例子是 2009 年发生在伊朗的示威游行,政府试图镇压示威者的想法,这些示威者使用微博和视频网络把他们的信息传递到全世界进行斗争。

过去,人们说笔比刀剑锋利。未来,比刀剑锋利的将是芯片。

朝鲜,一个挺贫穷的国家,其人民未富裕的原因之一是因为他们失去了与世界的所有联系,他们认为全世界的人民也和他们一样。在某种程度上,他们并没有意识到他们必须改变自己的命运,他们忍受着令人同情的艰辛。

⟨未来物理⟩ II 类文明

等到一个社会在未来的数千年里达到 II 类状态,它就成为不朽的。科学上没有任何已知事物可以摧毁 II 类文明。由于早就掌握了天气的变化,冰河时代能够得以避免或改变。流星和彗星也可以发生偏转。即使他们的太阳发生超时空危机,人们将能够逃离到另一个恒星系统,或者阻止他们的星球发生爆炸。(例如,如果他们的太阳变成红巨星,他们凭借弹弓效应摆动围绕其旋转的小行星,以便推动他们的行星离太阳更远。)

Ⅱ类文明能够利用恒星整个能量输出的一种方法,是在它周围创造一个巨大的球体,吸收那颗恒星的所有阳光。这就是所谓的戴森球体(Dyson sphere)。

Ⅱ类文明很可能会与自身和睦相处。既然太空旅行是如此的困难,Ⅰ类文明将一直持续几百年,需要充裕的时间以消除社会内部的分歧。等到Ⅰ类文明达到Ⅱ类状态,他们不仅将拓展到整个太阳系,而且包括附近的恒星,也许到几百光年远,但不会更远。他们仍然会受到光速的限制。

未来物理 Ⅲ类文明

等到一个文明达到Ⅲ类状态时,它将探索大部分的银河系。访问成百上千亿颗行星最便捷的方式是向整个星系发送自我复制的机器人探测器。冯·诺依曼(von Neumann)探测器是一个有能力无限复制自身的机器人。它在月球上登陆(因为它不生锈、不腐蚀),从月球的灰尘中建造一所工厂,创造数千个自身的副本。每个副本火速发向其他遥远的恒星系统,生成更多成千上万的副本。从这样的一个探测器开始,我们很快就创造一个拥有上万亿进行这些自我复制探测器的大型探测器,其扩大的速度接近光速,仅仅在10万年映射出整个银河系。由于宇宙有137亿年的历史,这些文明有充足的时间可能崛起(并且衰落)。(如此迅速的指数增长同样是病毒在我们身体传播的机制。)

然而,还有另一种可能性。等到已达到Ⅲ类文明状态时,人类已拥有足够的能源资源探测"普朗克能量",或 10^{19} 千兆的电子伏特,能量在时空本身变得不稳定。(普朗克能量比我们最大的原子加速器,即日内瓦郊外的大型强子对撞机,释放的能量大万亿倍。正是这种能量让爱因斯坦的重力理论最终瓦解。根据这种能量,理论上讲,时空的结构最终将要分裂,创造出可能会通向其他宇宙或其他时空点的微小出孔。)利用这种巨大的能源将需要一个庞大的机器,其规模难以想象,但如果成功的话,他们或许拥有可行的捷径来通过空间和时间的结构,或者通过压缩空间,或者通过虫洞传递。假设他们能够克服一些棘手的理论和实际的障碍（如利用充足的正能量和负能量以及消除不稳定），可以想象他们也许能拓展到整个星系。

这促使许多人猜测为什么他们不来看我们。他们在哪里？评论家们问道。

一个可能的答复是，或许他们已经来过，但因我们太原始、太落后而没有注意到。自我复制的冯·诺依曼探测器将是探索星系最切实可行的办法，它们的体积不必太庞大。因为纳米技术的革命性进步，它们或许只有几英寸长。它们可能外表朴实无华，但由于我们正在寻找错误的事情，盼望着一个巨大的星际飞船携带来自外太空的外星人，所以没有认出它们。更可能的是，探测器将是全自动的，部分有机构造，部分电子构造，根本不会携带任何外星人。

当我们最终遇见来自太空的外星人时，我们会感到惊讶，因为他们可能早已利用机器人技术、纳米技术以及生物技术改变了生物构造。

另一种可能性是，他们已经自我毁灭。正如我们所提到的从 0 类到 I 类的过渡最危险，因为我们仍然有所有的野蛮行径、原教旨主义、种族主义等等过去的表现。或许有一天，当我们拜访恒星，我们可以找到 0 类文明未能成功过渡到 I 类的证据（例如，他们的大气可能过于炎热或放射性太强，而不能维持生命）。

未来物理 地外文明探索

目前，世界上的人们当然不会意识到正在向 I 类全球文明迈进。这一历史性的转变正在发生，却没有集体的自我意识。如果你进行一项民意调查，一些人可能会模糊地认识到全球化的进程，但除此之外，并没有觉察到我们正走向一个特定的目的地。

如果我们找到外太空智能生命的证据，这一切可能会突然改变。之后，我们将立即意识到我们的技术水平与外星文明的关系。尤其是科学家对这种外星文明已经掌握了哪些类型的技术而产生了浓厚的兴趣。

虽然不能确定，很可能在本世纪内，鉴于我们技术的突飞猛进，我们将发现太空中的一种先进文明。

这可能有两个趋势。首先是专门用来寻找体积小、多岩石的太阳系外行星的科罗卫星和开普勒卫星。开普勒卫星预计在太空中能识别多达600颗体积小,类似地球的行星。一旦这些行星已经确定,下一步就是要集中搜寻这些行星中的智能信号。

2001年,微软的亿万富翁保罗·艾伦开始捐赠资金启动搁置的搜寻地外文明(SETI)计划,目前资金已经超过3 000万美元。这将大大增加位于旧金山北部克里克(Hat Creek)安装的射电天文望远镜的数量。艾伦望远镜阵列,当其充分运作时,将有350个射电天文望远镜,使其成为世界上最先进的射电望远镜设施。然而在过去,天文学家在搜索智能生命时已经微量扫描了1 000多颗恒星,新的艾伦阵列的扫描数目将增加1 000倍,达到1万颗恒星。

虽然科学家一直徒劳地在寻找先进文明的信号有将近50多年的时间,直到最近,这两个项目才为搜寻地外文明计划给予了急需的推动力。许多天文学家认为,之前致力于这个项目付出的精力太少,投入的资源太少。随着这种新资源和新数据的大量涌入,搜寻地外文明计划正成为一个重要的科学项目。

可想而知,我们可能会在本世纪内,从太空中的智能文明检测到信号。〔海湾地区搜寻地外文明研究所所长赛斯·肖斯塔克(Seth Shostak)告诉我说,未来20年内,他希望能与这样一种文明取得联系,这种观点可能太过乐观,但可以肯定地说,在本世纪内,如果我们检测不到来自太空的另一种文明的信号那才奇怪呢。〕

如果从一种先进文明中发现信号,它可能是人类历史上一个最重要的里程碑。好莱坞电影喜欢用此来形容这一事件可能引发的混乱,如先知般地告诉我们:末日将临、疯狂的宗教礼拜进入超时状态,等等。

然而,现实状况更加平静。根本没有必要立即恐慌,因为这种文明甚至可能不知道我们正在窃听他们的谈话内容。如果他们知道,考虑到两者之间的遥远距离,他们和我们之间的直接对话将会很困难。首先,它可能需要数月到几年的时间对信息完全解码,然后给这个文明技术进行排名,看它是否符合卡尔达肖夫分类。其次,与他们的直接沟通很可能不会发生,因为距离这种文明将有数百光年远,取得任何直接联系太过遥远。因此,我们将只能观察这种文明,而不是进行任何对话。我们将努力建立庞大的无线电发射器,可以给外星人送回信息。但事实上,与这种文明取得任何双向沟通,或许需要几百年的时间。

新的分类

卡尔达肖夫分类（Kardashev classification）在20世纪60年代提出，当时的物理学家们担心能源生产。不过，随着计算机能力的令人瞩目的提高，注意力转向信息革命，文明处理的比特数量和能源生产一样有重大意义。

例如，可以想象，行星上外星文明的计算机是不可能存在的，因为他们的大气导电。在这种情况下，任何电气设备很快就会短路，生成火花，因此只有电器的最原始形式才可能。

大型发电机或电脑将迅速烧坏。我们可以想象这样一种文明或许最终掌握化石燃料和核能源，但他们的社会将无法处理大量的信息。对他们而言，创造一个互联网或行星通讯系统将会有困难，所以他们的经济和科学发展将受到阻碍。虽然他们将能够在卡尔达肖夫指数上呈现上升趋势，但如果没有电脑，这将是非常缓慢且痛苦的。

因此，卡尔·萨根根据信息处理引进了另一个等级尺度。他设计了一个系统，包含英文字母，从A到Z，与信息相对应。A型文明是一个只处理100万条信息的文明，这相当于一个只有口语而没有书面语的文明。如果我们编译所有古希腊存活的信息，古希腊拥有蓬勃发展的书面语和文学，这大约有10亿比特的信息，使其成为一个C型文明。随着指数的上升，然后我们可以估算我们文明进程的信息量。有根据地猜测我们将置于H型文明。因此，我们文明的能量和信息处理产生一个0.7 H型文明。

近年来，另一个问题浮出水面：污染及浪费。能量和信息不足以给一种文明排名。事实上，一个文明消耗的能量越大，释放的信息越多，它产生的污染和废物可能越多。这不是一个学术问题，因为来自Ⅰ类文明或Ⅱ类文明的废物可能足以摧毁它。

例如，一个Ⅱ类文明消耗由恒星产生的所有能量。让我们这样说，它的发动机具有百分之五十的效率，即它所产生的一半垃圾都是以热的形式出现。这可能具有灾难性，因为它表示地球的温度将会上升直到其融化！想象一下数以万计的燃煤发电厂在这样一个星球上喷出巨大的热量和气体，把地球加热到极限，最终生命无法存在。

事实上，弗里曼·戴森（Freeman Dyson）曾经通过搜索，那些主要释放红外射线而非 X 射线或可见光的物体,试图在外太空找到 II 类文明。这是因为,即使 II 类文明在它周围建立一个球体,想要隐藏自身不被窥视,它将会不可避免地产生足够的废热,以致它会爆发出红外辐射。因此他建议天文学家搜索主要产生红外光的恒星系统。(然而,一无所获。)

但这引起了关注,任何允许其能源增长失控的文明可能会自寻了断。因此,当文明指数上升时,我们看到能量和信息不足以确保它的幸存。我们需要一个新的等级尺度,把效率、废热和污染考虑进去。真正有用的新尺度是基于另外一个概念,即"熵"。

⚀ 按熵对各种文明进行排名

按照理想的做法,我们想要的是一种在能量和信息方面增长的文明,但要采取明智的做法,这样其星球不至于达到不堪忍受的闷热或造成遍地废物。

迪斯尼电影《机器人总动员》(*Wall-E*)绘声绘色地描绘了这一场景,在那遥远的未来,我们使地球遭受严重的污染和退化,我们仅仅在身后留下烂摊子,在外太空漂流的豪华游轮上过着自我放纵的生活。

这里,热力学定律很重要。热力学第一定律,简单地说,你不可能不劳而获,即天下没有免费的午餐。换句话说,宇宙中物质和能源的总量是恒定的。但正如我们在第 3 章中所看到的,热力学第二定律是最有趣的,而且,事实上,最终可能决定一种先进文明的命运。简单地说,热力学第二定律说熵的总量(无序或混乱)总是增加的。这意味着万物皆会消失,物体必须腐烂、衰退、生锈、老化或者瓦解。〔我们从来没有看到总熵减少,例如,我们从来没有看到煎鸡蛋从煎锅里跳出来并回到蛋壳里去,我们从未见过一杯咖啡的糖晶体突然不溶解并跳进你的勺子,这些事件极其罕见,以至于"不融合"(unmix)这个词在英语或任何其他语言里都不存在。〕

因此,如果未来的文明盲目地产生能量,当他们上升到 II 类文明或 III 类文明时,他们将创造如此多的废热,以至于他们的地球家园将无法居住。熵,通过废热、混乱以及污染的形式,将从根本上摧毁他们的文明。同样,如果他们通过砍伐整片森林和产生堆积如山的废纸的方式制造信息,文明将被埋葬在其自身的信息垃圾里。

因此,我们不得不引入给文明排名的另一种尺度。我们将推出两款新的文明类型。首先是"熵节约"(entropy conserving)文明,它使用可支配的一切手段来处理多余的废物和热量。由于其能源需求继续成倍增长,它认识到其能源消耗可能会改变行星的环境状况,从而无法生活。先进文明所产生的整体混乱失序或者熵将继续飙升,这是无法避免的。但如果他们使用纳米技术和可再生能源来消除浪费和低效,局部的熵可以在他们的星球上减少。

第二种文明是"熵浪费"(entropy wasteful)文明,继续扩大其能源消耗而不受限制。最后,如果地球家园变得无法居住,这种文明可能会试图通过向其他行星的扩张来逃离自身的过度行为所造成的困境。但在外太空建立殖民地的成本将限制它的扩张能力。如果这种熵的增长速度超过它扩张到其他行星的能力,那么它将面临灾难。

未物来理 从大自然的主人到大自然的保护者

正如我们前面所提到的,在古时候,我们是自然之舞的消极观察员,惊奇地凝视着我们周围的奥秘。今天,我们就像是自然的舞蹈指挥,能到处调整自然的力量。到2100年,我们将成为自然的主人,可以根据我们的想法移动物体,控制生命和死亡,并探索星际。

但如果我们成为大自然的主人,我们也将必须成为大自然的保护者。如果我们让熵不受限制地增加,根据热力学定律,我们将不可避免地灭亡。按照定义,Ⅱ类文明和一颗恒星消耗的能量一样多,因此,如果允许熵有增无减,地球表面温度将灼热难忍。但也有办法来控制熵的增长。

例如,当我们参观博物馆,看到19世纪巨大的蒸汽发动机,以及它们巨大的锅炉和黑煤车皮时,我们看到它们是多么的低效、浪费能源,以及产生巨额的热量和污染。如果我们把它们与一种无声的、造型优美的电动火车进行比较,我们看到今天如何更有效地利用能源。如果人们的家用电器经过可再生能源和微型化成为高效率的能源,那么就可以大幅度减少对硕大燃煤发电厂的需要,它向空气中喷出大量的废物热和污染。随着机器缩小到原子尺度,纳米技术使我们有机会进一步减少废热。

另外,如果在本世纪发现了室温超导体,就意味着彻底改变我们的能源需求。废热(以摩擦的形式呈现)将大大降低,并提高我们机器的效率。正如我们提到的,我们能源消耗的大部分,尤其是交通运输,均为达到克服摩擦的状态。这就是为什么我们把汽油装进油罐的原因,如果没有摩擦的话,即使把它从加州运到纽约也不需要任何能源。可以想象,一种先进文明将能够执行更多的任务,而使用的能源比今天的更少。这意味着,我们或许可以对先进文明所产生的熵进行数值限制。

最危险的过渡

从当前的0类文明向未来Ⅰ类文明的过渡或许是历史上最伟大的过渡。这将决定我们是否会继续蓬勃发展和繁荣昌盛,或由于我们自身的愚蠢而毁灭。这种转变极其危险,因为我们仍然还具有从沼泽里痛苦崛起时所有野蛮蒙昧的特点。剥开文明的外衣,我们仍然看到原教旨主义、宗派主义、种族主义、不容异说等等力量在起作用。人类的本性在过去10万年间发生没有太大的变化,只是现在我们拥有了核武器、化学武器和生物武器来平定旧有的仇恨。

然而,一旦我们进入向Ⅰ类文明的过渡,我们将有几个世纪的时间来解决我们之间的分歧。正如我们在前面章节中看到的,太空移民区在未来将继续极其昂贵,因此,世界人口的主流部分将不太可能前去拓殖火星或小行星地带。在全新的火箭设计降低成本或者建成太空电梯之前,太空旅行将继续成为各国政府和有钱人的专属。对于地球上的大多数人口而言,这意味着当我们实现Ⅰ类状态,他们将留在这个星球上。这同样意味着,当成为Ⅰ类文明时,我们将有上百年来的时间解决我们的分歧。

寻找智慧

我们生活在一个激动人心的时代。科学技术为我们打开了世界,这在以前我们只能梦想。当展望充满科学的未来,其所有的挑战和危险并存,我看到了真正的希望。在未来几十年,我们将发现大自然的更多方面,比人类历史上对大自然了解的总和还要多许多倍。

然而,情况并不总是这样。

想一想美国伟大的科学家、政治家本杰明·富兰克林(Benjamin Franklin)所说的话,他不仅对下个世纪作出预测,对未来千年也作了预测。1780 年,他不无遗憾地指出:人们往往如狼般凶残行事对待其他人,这主要是因为生存在这个残酷世界里的沉重负担。

他写道:

> 无法想象,在未来的一千年,人类对于物质的控制力量可以达到的高度。为了方便运输,我们也许可以学会减少大质量物体的重力,使物体变得绝对的轻巧。农业可能会使劳动强度降低和使产品翻倍;所有的疾病可能通过可靠的手段得到预防或治愈,即使是老年人的疾病也不例外,我们的生命尽情地延长,甚至超越了上古的标准。

他写这些话的年代,正值农民们从土地中收获微薄的农作物,牛拉车给市场带来了腐烂的农产品,生活中充满了瘟疫和饥饿,并且只有少数幸运儿年龄超越 40 岁。(1750 年的伦敦,三分之二的儿童未满 5 岁便死亡)。富兰克林生活在看似绝望的年代,或许有一天,我们也许能解决这些古老的问题。或者正如托马斯·霍布斯(Thomas Hobbes)在 1651 年写道,生命是"孤独的、贫困的、肮脏的、粗野的以及短暂的"。

但今天,富兰克林阐述的千年还没有过多久,他的预言就已经实现了。

这种信念——理性、科学和智力终将有一天把我们从过去的压迫中解放出来——在侯爵孔多塞(Marquis de Condorcet)1795 年的作品《人类精神进步史表纲要》(*Sketch for a Historical Picture of the Progress of the Human Mind*)中产生了共鸣,其中有些人声称这是有史以来对未来事件的最准确的预测。他提出了多种预测,所有这些在当时都是相当异端的,但所有这一切都变成了现实。他预测新世界的殖民地最终挣脱欧洲,然后从欧洲的技术中受益,迅速发展。他预测奴隶制的结束随处可见。他预测农场将大大增加它们每英亩生产食品的数量和质量。他预测科学将急速发展并造福于人类。他预测我们将摆脱日常生活的折磨并拥有更多的闲暇时间。他预测计划生育总有一天会被普遍推广。

在 1795 年,要实现这些预言似乎是没有希望的。

本杰明·富兰克林和孔多塞侯爵都生活在这样一个时代,当时生命短暂和生活残酷,科学还处于萌芽阶段。现在回顾这些预测,我们可以充分体会科学和技术的突飞猛进,创造了足够的富饶和财富,把无数人从过去的野蛮生活中解救出来。回顾富兰克林和孔多塞的世界,我们可以理解人类的所有创造,迄今为止最重要的当属科学创造。科学已经把我们从充满沼泽的泥潭中解救出来,并引领我们迈向恒星世界的门槛。

但科学并不固步自封。正如我们早些提到,到2100年,我们将拥有神话中我们曾经崇拜和敬畏的神赐予的力量。特别是,计算机革命将会赋予我们能力:用思维来操纵物质。生物技术革命将会赋予我们能力:几乎在有需要时就繁衍生命,并延长寿命。纳米技术革命或许赋予我们能力:改变物体的构造甚至凭空创造物体。所有这一切或许最终导致建立全球Ⅰ类文明。因此,现在活着的这一代是有史以来在地球表面行走过的最重要的一代,因为我们将要确定我们是否将达到一种Ⅰ类文明或坠入深渊。

但是,科学本身在道义上是中立的。科学就好像一把双刃剑。剑的一侧可以减少贫困、疾病和无知。但是剑的另一侧可以伤害人民。这把剑要发挥多么强大的作用取决于舞剑者的智慧。

正如爱因斯坦曾经说过:"科学只能确定是什么,而不能决定应该是什么;超越其领域,价值判断仍是不可缺少的。"科学解决了一些问题,但在一个更高的层次上又引起了一些新的问题。

在第一次世界大战和第二次世界大战期间,我们看到科学那原始的、破坏性的一面。随着毒气、机枪、整个城市的火焰炸弹以及原子弹等被引入战争,世界在惊恐中目睹了科学是如何带来前所未有的空前规模的毁灭和破坏。20世纪前50年的野蛮行径所释放的暴力几乎不可思议。

但科学同样允许人类重建并从战争的废墟中崛起,为亿万人民创造了更大的和平与繁荣。因此,科学的真正力量是,它授予我们才干并赋予我们能力——给我们更多的选择。科学赞美了人类的革新精神、创新精神和持久精神,同样也放大了我们明显的缺陷。

未物来理 未来的关键:智慧

因此,关键是要找到挥舞这把科学之剑的智慧。正如哲学家伊曼努尔·

康德曾经说过:"科学是系统化的知识。智慧乃是有组织的生活。"在我看来,智慧是一种能力,它能够确定这个时代的关键问题,从不同的角度和观点分析问题,并做出选择来执行某一崇高目标和原则。

在我们这个社会,智慧来之不易。正如艾萨克·阿西莫夫曾说:"现在社会最悲惨的方面是科学积累知识的速度比社会积累智慧的速度快。"与信息不同,它无法通过博客和网上讨论的方式进行。由于我们淹没在信息的海洋中,在现代社会中最珍贵的商品便是智慧。没有智慧和洞察力,我们将会漫无目的的、毫无目标地随波逐流,在无限信息的新奇消失殆尽之后,留下空虚渺茫的感觉。

但智慧从何而来? 在某种程度上说,智慧来自与对立面进行理性和明智的民主辩论中。这种辩论往往是凌乱的、不得体的,总是闹哄哄的,但从充满浓雾的硝烟中浮现出真正的洞察力。在我们这个社会,这种辩论以民主的形式出现。正如温斯顿·丘吉尔曾经指出:"除了反复尝试过的办法之外,民主是最糟糕的政府形式。"

因此,民主不是件容易的事。你必须为此而努力。乔治·萧伯纳曾经说过:"民主是一种策略,确保我们受到的统治与我们应该受到的统治相差无几。"

如今,互联网虽然有各种缺点和过激行为,但正在成为民主自由的捍卫者。曾一度闭门讨论的问题正在被上千个网站剖析和研究。

独裁者生活在互联网的恐惧当中,害怕发生他们的人民奋起反抗的事情。所以今天,《1984》的梦魇已经一去不复返,互联网从一种恐怖手段变成一种民主手段。

在嘈杂的辩论中涌现出智慧。但改善激烈且民主辩论的最可靠途径是通过教育,因为只有一个接受过教育的选民,才能对将要决定我们文明命运的技术做出抉择。最终,人们将自行决定采取这些技术达到何种程度,以及它应该朝哪个方向发展,但只有一个开明的、有学问的选民可以明智地做出这些决定。

不幸的是,很多人对我们在未来面临的巨大挑战极度无知。我们怎样才能创造新产业以取代旧产业? 我们将如何让年轻人为将来的就业市场做好准备? 我们应该推动人类基因工程发展到何种程度? 我们怎样才能改造一个腐朽的、功能失调的教育系统,以应付未来的挑战? 我们如何才能面对全球气候变暖和核扩散现象?

一个民主国家的关键,是拥有一个有知识的、见多识广的选民,可以理性冷静地讨论日常问题。这本书的目的是帮助展开将决定本世纪发展的辩论。

未物来理 未来,如同一列货运火车

总之,未来是由我们创造的。没有什么是一成不变的。如同莎士比亚在《恺撒大帝》(*Julius Caesar*)中写道:"亲爱的布鲁特斯,错并不在我们的命运,而在我们自己……"或者,正如亨利·福特曾经说,也许还不能雄辩地证明,"但历史或多或少是胡编乱造的。这是传统。我们不想拥有传统。我们要活在当下,唯一的值得人民肯定的历史,才是我们今天的历史。"

所以未来就好像一列巨大的货运列车,沿着铁轨高速行驶,朝向我们驶来。这列火车的背后是成千上万名科学家的汗水和辛劳,他们正在实验室里创造未来。你可以听到火车的鸣笛。它说:生物技术、人工智能技术、纳米技术和电信。然而,一些人的反应是:"我年纪大了,学不会这种东西,我只想躺下,让火车碾过。"相反,那些年轻、精力充沛、雄心勃勃的人反应说:"让我登上那列火车!这列火车代表着我的未来。这就是我的命运。让我坐到司机位置上。"

让我们期望,本世纪的人明智而充满怜悯地使用这把科学之剑。

但是,也许为了更好地了解我们如何生活在一种行星文明之中,幻想2100年的一天生活,看到这些技术将如何影响我们的日常生活,以及我们的事业和我们的希望与梦想,这可能具有启发意义。

从亚里士多德到托马斯·阿奎那，完美意味着从经验中，从道德生活的实际关联中学到的智慧。我们的完美不在于基因的改进，而在于性格的提升。

—— 史蒂文·波斯特（Steven Post）

9. 2100 年的一天生活

未来物理 2100 年 1 月 1 日，清晨 6 点 15 分

经过新年前夜的纵情狂欢之后，你正酣然大睡。

突然，你卧室的幕墙（wall screen）亮了起来，一个亲切且熟悉的面孔出现在屏幕上。这是莫莉，她是你新近购买的一个软件程序。莫莉笑眯眯地宣布道："约翰，起床了。工作需要你，你必须亲自出马。这事很重要。"

"不，等一下，莫莉！你是在开玩笑吗，"你发牢骚说，"今天是元旦节，我还宿醉未醒。到底是什么事如此重要？"

你慢慢悠悠地将自己拖下床，不情愿地走进浴室。当你洗脸时，镜子上、厕所里和水槽中的数百个隐藏的 DNA 和蛋白质传感器悄无声息地开始了工作，分析你呼出的气体和体液里的分子，从分子层面检查任何疾病所具有的最轻微的征兆。

你离开浴室，在头上四周缠绕上一些电线，这让你可以通过

317

心灵感应控制你的家务:你用大脑提高公寓的温度,播放一些舒缓的音乐,告诉机器人厨师在厨房里准备早饭并冲泡一些咖啡,命令你的磁性轿车离开车库,准备好接你上班。当你走进厨房时,你看到机器人厨师的机械臂正按照你喜欢的方式准备鸡蛋。

然后,你戴上隐形眼镜,开始连接互联网。你眨一眨眼睛,网页图像便立刻传到了你的视网膜上。你一边喝着热咖啡,一边开始浏览在你的隐形眼镜里闪现出来的重要新闻。

- 火星前哨基地请求提供更多的补给。火星上的冬季即将来临。如果定居者想要完成下一阶段的殖民计划,他们需要更多的地球资源来应对严酷的寒冷天气。该计划是通过提高火星表面温度来实施火星地球化的第一个阶段。

- 第一批飞船准备发射。数百万个约针头大小的纳米机器人将从月球基地发射,利用木星磁场绕过木星,前往其附近的一颗恒星。然而,只有少数纳米机器人能够最终抵达远在另一个星系中的目的地,这将需要花费数年的时间。

- 又一种早已灭绝的动物即将入住当地动物园。这一次是一种罕见的剑齿虎,是用冰冻苔原上发现的剑齿虎 DNA 克隆而来的。由于地球的温度不断升高,人们发现了越来越多的灭绝动物留下的 DNA,并通过克隆技术复原后填补到世界各地的动物园里。

- 太空货运已经成功地实施多年,现在太空电梯也正把有限数量的游客送往外层空间。自从太空电梯开放以来,太空旅行的费用近年来已经暴跌至最初的五十分之一。

- 采用核聚变技术的第一代核发电厂已经运行快 50 年了,现在这些核电厂应该逐步退役,用新建的核聚变发电厂替代它们。

- 科学家正在密切监视亚马逊河域地区突然出现的一种新的致命病毒。到目前为止,这种病毒似乎只局限在一个不大的范围内,但是我们现有的所有治疗方法都对其无效。多个科学家研究小组正全力以赴研究其基因序列,以了解它的弱点并找出有效的治疗方法。

突然,一条新闻吸引了你的注意力:

- 曼哈顿周围的堤防意外发现一个巨大的裂缝,如果不能及时修复,整个城市可能像世界上其他很多城市一样被海水淹没。

"嗯,哦,"你对自己说,"这就是办公室打电话来把我吵醒的原因。"

你顾不上吃早餐,穿上衣服飞奔出门。你的轿车已经自行开出车库,正在门外等着你。你通过心灵感应命令轿车尽快将你送到办公室。磁性轿车即刻连通了互联网、全球定位系统,以及数以万计隐藏在道路上的实时交通监控芯片。

磁性轿车无声地起飞了,飘浮在由超导路面形成的磁垫上。莫莉的面孔又突然出现在了轿车的挡风玻璃上。"约翰,办公室刚才通知说,让你直接到会议室同其他人一起开会。另外,还有一条你姐姐的视频信息。"

利用轿车自动驾驶的时间,你打开了姐姐留下的视频邮件。她的形象出现在你的手表上,说道:"约翰,还记得本周末我们要为凯文办一个生日派对吗?他今年 6 岁了,你答应过给他买一只最新款的机器狗。顺便说一下,你现在有约会对象吗?我这会儿正在网上打桥牌,碰到了一个你可能喜欢的人。"

"哦。"你对自己说。

你喜欢坐在磁性轿车里游弋,没有颠簸也不会碰上坑坑洼洼,因为磁性桥车是在道路的上空行驶。而这种车最大的优点是几乎不需要加油,因为几乎不存在让轿车减速的摩擦力。(你不无开心地想到了本世纪早期居然发生过一场能源危机,简直难以置信。您摇摇头,意识到大部分的能源原来都被浪费在克服摩擦力上面了。)

你还记得超导高速公路第一次开通时的情形。当时的媒体感叹说:我们熟悉的电力时代即将结束,崭新的磁力时代即将到来。其实,你并不怀念电力时代。你向窗外望去,看到井然有序的轿车、卡车和火车在空中呼啸而过,你意识到磁力才是正确的选择,并且在其发展过程中还能节省金钱。

现在,你的磁性轿车正经过城市的垃圾场。你看到大部分的垃圾是计算机和机器人零件。现在芯片的成本几乎为零,甚至比水还便宜,淘汰下来的芯片正堆积在世界各地的城市垃圾场里,有人已经在讨论用废弃芯片作为土地填充物的可能性。

未物 办公室

你终于到达办公楼,这是一家大型建筑公司的总部。当你进入大楼的时候,你几乎没发现有一台激光机正默默地检查你眼中的虹膜并辨别你的面孔。塑料安全卡早就不需要了,你的身体就是你的身份证。

会议室近乎无人,只有少数几个同事坐在桌子旁。但是,在你的隐形眼镜里很多其他参会者的三维图像便开始迅速出现在桌子周围。那些不能亲自来办公室开会的人通过全息术都已经到会。

你环视整个房间,确认所有的人都已经坐在会议桌旁,眼镜上面同时显现出了他们的个人简历和背景材料。你注意到他们之中有不少大人物,并把他们默默记在心里。

突然,你老板的形象出现在他的座椅上。"先生们,"他宣布,"你们可能已经听说,曼哈顿周围的堤坝突然开始渗漏,情况很严重。但是,因为我们发现及时,所以没有倒塌的危险。然而,不幸的是我们派往修复堤防的那些机器人又停止了工作。"

瞬间,灯光暗淡下来,你们完全包围在水下堤坝的三维图像中。你们完全被淹没在水中,堤坝上一个巨大裂缝的图像呈现在你们面前。

随着图像的旋转,你们可以精确地看到正发生渗漏的位置。你清楚地看到了堤坝上的这个巨大而奇怪的裂缝,它引起了你的注意。"光靠机器人解决不了问题,"老板继续说道,"它们的程序中没有编入这一种类型的渗漏,我们必须派有经验的人到那里去进一步查明情况并灵活处置。不用我提醒你们也知道,如果我们失败,纽约可能遭受与其他大城市相同的命运,这些城市有些现在还泡在水中。"

所有参会人员都感到不寒而栗。他们都知道因为海平面上升而不得不放弃的那些大城市的名字。虽然可再生能源和核聚变发电几十年前就已经取代化石燃料成为地球能源的主要来源,但是到目前为止,人们仍然在遭受上世纪前 50 年释放到大气中的二氧化碳的影响。

经过反复讨论,会议决定派出一支人控机器人维修队。这正是发挥你的专业特长的领域,因为正是你帮助设计了这种机器人。训练有素的人类工人被安置在一种特殊的吊舱里,他们头上装有一圈电极,大脑信号通过这些电极与机器人形成心灵感应。他们坐在吊舱里就可以看到并感受到机器人看到和感受到的一切,就像他们在现场亲眼所见到的一样,只不过他们只是待在远离现场的一个神奇装置里而已。

你确实应该为自己的工作感到骄傲。这些心术控制的机器人已经多次证明了其独特的价值,月球基地的大部分工作都是由地球上舒适而安全地躺在这种吊舱内的人类工人完成的。但是由于无线电信号发送到月球大约需要一秒钟,这就意味着这些人类工人必须经过特殊的培训才能适应这一时间延迟现象。

(你大概会想:我们可以用同样的方式把机器人放到火星基地上去。但是,由于把一个信号发送到火星需要 20 分钟,信号返回又需要 20 分钟,因此与火星上的机器人沟通太困难,这种方法行不通。唉,无论我们的技术有多么进步,有一件事情你是不能改变的:光速。)

但是,会议中仍然有一个问题让你感到迷惑。

终于,你鼓起勇气打断了老板的讲话。"先生,我实在不愿意这样说,但是看看堤防渗漏的情况,这个裂缝看起来很可能是我们自己的一台机器人造成的。"

房间里立刻充满了人们交头接耳的吵闹声,你能听到他们异口同声地反对你的观点:"我们自己的机器人? 不可能。荒谬。这种事情以前从未发生过。"人们抗议道。

然后,你的老板让大家安静下来,表情严肃地说:"我最担心的正是有人会发现这个问题,所以我要说,这件事至关重要,必须严格保密。在我们召开正式新闻发布会之前,这个信息决不能泄露到这个房间之外。没错,渗漏确实是因为我们的一台机器人突然失控造成的。"

会场上一片混乱,人们纷纷摇着头:这怎么可能呢?

"我们的机器人具有相当完美的工作纪录,"老板坚持说,"绝对是完美无瑕,从来没有任何一个机器人造成过任何危害。自动故障安全装置已经反复地证明它的有效性。虽然我们创下的纪录仍然有效,但是你们也知道,我们最新一代的先进机器人使用的是量子计算机,这是目前最强大的计算机,甚至已经接近人类的智能。是的,人类的智能。但是量子理论始终存在出现错误的可能性,虽然其概率十分小,但是确确实实存在。眼下就是一个例子,它终于出问题了。"

你心情沮丧地瘫坐在椅子上,这个消息让你不知所措。

未物来理 回到家中

这真是非常漫长的一天,会后你立刻组织机器人维修队修复裂缝,然后同其他人一起把所有使用量子计算机的实验机器人停了下来,至少要等到这个问题最终解决之后才能再次使用它们。你终于又回到了家中,只感到筋疲力尽。当你刚刚舒舒服服地坐到沙发上的时候,莫莉又出现在幕墙上:"约翰,布朗博士给你发来了一条重要的短信。"

布朗博士? 一个医生机器人又有什么话要说?

"把他移动到屏幕上。"你对莫莉说。你的医生立刻出现在了幕墙上。"布朗博士"看起来非常逼真,有时候你会忘记他只是一个软件程序。

"很抱歉打扰你,约翰,但是有件事我必须提请你的注意。还记得去年那场几乎要了你命的滑雪事故吗?"

你怎么可能忘记呢? 那次你在阿尔卑斯山残留的积雪上滑雪,结果一头撞上了一棵大树,每当你想起当时的情景就免不了心惊肉跳。由于阿尔卑斯山上的大部分积雪已经融化,你不得不选择了一个海拔更高的陌生度假地。由于不熟悉那里的地形,你意外滚下山坡,以每小时 40 英里(64 公里)的时速撞进了一片树林。哎哟!

布朗博士继续说道:"我的记录显示,你当时被撞昏,遭受了脑震荡和严重的内伤,还是你身上的衣服帮你捡回了一条命。"

虽然你当时已经失去知觉,但是你的衣服立刻自动向最近的救护车发出了呼叫并且上传了你的病史,同时还提供了你的精确坐标位置。你被送到医院以后,机器人为你进行了显微手术——止血、缝合微血管破裂,治疗其他损伤。

"你的胃、肝、肠都被损坏,无法修复。"布朗博士提醒你,"幸运的是,我们及时为你生产了一套全新的器官。"

突然间,你觉得自己有点像机器人,身体很多部分都是由器官工厂生产的人工器官所构成。

"你知道,约翰,我的记录还显示,你本来可以把粉碎的手臂更换成全机械臂。最新型机械手臂的力量将比你现在的手臂增加 5 倍,但是你谢绝了。"

"是的，"你回答，"我想我仍然是个思想传统的家伙。无论如何，我还是认为肉体胜过钢铁制品。"

"约翰，我们必须对你的新器官做定期检查。现在请拿起你的磁共振成像扫描仪，并慢慢地在你的胃部上方移动。"

你走进卫生间，拿起一个手机大小的小装置，开始慢慢地在你的内脏器官上方移动。在幕墙上你立即看到了这些器官的三维发光图像。

"约翰，我们将对这些图像进行分析，看看你身体愈合的情况。顺便说一下，今天上午你浴室的 DNA 传感器检测出癌细胞在你的胰腺中生长。"

"癌症?"你突然直起腰来，心里感到大惑不解。"我还以为若干年前癌症就已经被根治了，现在甚至都听不到人们谈论它了，我怎么可能得癌症?"

"其实，科学家从来没有真正治愈过癌症，我们不妨说我们与癌症正处于停火和僵持阶段。癌症种类太多，同感冒的情况是一样的。其实，我们也从来没有真正治愈过感冒。我们现在只能控制癌症，不让它继续发展而已。我已经订购了一些杀灭癌细胞的纳米粒子，你体内的癌细胞也只有几百个。这是例行程序，但是如果我们不及时进行干预，你很可能在 7 年后死于癌症。"他面无表情地说道。

"哦，那我就放心了。"你对自己说。

"是的，今天我们可以在肿瘤形成几年前发现癌症。"布朗博士说。

"肿瘤? 那是什么?"

"噢，那是过去对晚期癌症的一种说法，它几乎已经从现代语言中消失了，因为我们现在已经见不到晚期癌症了。"布朗博士补充说。

在经过一整天的高度紧张的工作之后，你突然想起，你竟然忘记了你姐姐威胁说要为你安排一次约会。于是，你再次叫来了莫莉。

"莫莉，下个周末我不准备工作了，你能帮我安排一个约会吗? 你知道我喜欢什么样的人。"

"是的，你的喜好都存储在我的记忆里。请稍等，我浏览一下互联网。"一分钟后，莫莉把可能的几个候选人的个人资料现实扩展到了幕墙上，她们也正各自坐在自己的幕墙前，询问着同样的问题。

浏览过候选人的资料后，你最后选择了一个你喜欢的人。这个人叫凯伦，你觉得她多少看起来有些与众不同。"莫莉，给凯伦发一条礼貌的短信，问问她本周末是否有空。有家新餐厅刚开业，我想去试一试。"

莫莉随后用视频邮件给凯伦发去了你的个人资料。

那天晚上，为了放松一下紧张的心情，你把一些同事请来家里喝啤酒并一起观看了一场橄榄球赛。你本来可以让朋友们通过全息图像的方式来到你的客厅里观看比赛，但是同朋友们亲身待在一起观看比赛、为主队欢呼呐喊、共同分享兴奋之情总是更让人感到愉悦。你微笑着想，这大概同几千年前洞穴人必须彼此建立牢固的联系是同一个道理吧。

突然，整个客厅明亮起来，你们好像就在橄榄球比赛场上，正站在50码线上。当四分卫向前传球时，你就站在他的身旁。球赛就在你的周围开始了。

中场休息时，你和朋友们开始评论球员。你们喝着啤酒、吃着爆米花，激烈地辩论着谁的训练最多，谁的练习最刻苦，谁拥有最好的教练，以及谁拥有最好的遗传治疗师。不过，你们都一致认为，你们主队的遗传专家是联赛中最棒的，因此队员们也拥有金钱能买到的最好的基因。

朋友们离开后，你仍然因为心情激动而难以入睡。所以，你决定上床睡觉前快速玩几把扑克牌。

"莫莉，"你问道。"时间不早了，但我想玩一把扑克，我觉得我现在手气不错。不管在英国、中国、印度或者俄罗斯，肯定能找到几个现在也想玩牌的人吧。"

"没问题。"莫莉说。一些可选玩家的面孔出现在屏幕上。当每个牌手的三维图像出现在你的客厅里时，你津津有味地捉摸谁是最善于虚张声势的人。你在心里说，这真有趣，你居然对远在数千英里之外遥远国家的人们比你的隔壁邻居更熟悉。如今国家边界已经没有什么意义了。

最后，正当你终于准备睡觉时，莫莉再次打断你，出现在浴室的镜子上。

"约翰，凯伦接受了你的邀请，周末约会的所有事情都已经安排妥当。我会在那家新餐厅为你们预订位子，你想看看她对自己的长相是如何描述的吗？要不要我到互联网上验证一下她描述的准确性？众所周知……呃……有些人经常撒谎。"

"不用，"你回答说，"我们还是为周末保留一份惊喜。"玩过扑克之后，你再一次感到自己的运气不错。

⌈未来物理⌋ 周末

今天是周末,该去逛逛街,给凯文买一件礼物。"莫莉,把购物商场放到屏幕上。"

商场立刻出现在幕墙上。你挥动手臂和手指,幕墙上的图像带你穿行在商场之中。这次虚拟之旅最后把你带到了一家玩具店的图像前。是的,他们正好有你想要的玩具机器人宠物。然后,你通过心灵感应命令轿车把你送往商场。〔你也可以在网上订购,或者让他们把设计蓝图通过电子邮件发给你,然后让你的装配实物机(fabricator materialize,暂译名)使用可编程物质在家里把它制造出来。但是,偶尔走出公寓亲自去商场购物,这总是好的。〕

你坐在磁性轿车里向外望去,看见人们正在散步。这是如此美好的一天。你还看到了各种各样的机器人:遛狗的机器人、机器人文员、机器人厨师、机器人接待员和机器人宠物。看来,凡是世界上危险的、重复性的或只要求最简单的人机交流的任务,现在都已经由机器人来完成。事实上,如今机器人产业已经变得非常庞大。在你身边随处可见各种广告,招聘维修、服务、升级或制造机器人的技师。凡是从事机器人行业的人都拥有一片光明的未来,机器人产业比上世纪的汽车产业规模更大。你意识到,其实绝大多数的机器人是人们平时看不到的,它们默默无闻地修复城市基础设施和为我们提供基本服务。

当你来到玩具店后,一名机器人店员在门口迎接你。"需要帮忙吗?"他问道。

"是的,我想买一个机器人狗。"

你仔细看过最新款的机器人狗后,不禁惊叹这些机器人宠物居然能够做那么多的事情。它们可以玩耍、小跑、取东西,一只真正的狗能干的任何事情它们都干。除了不会在你的地毯上撒尿,它们简直无所不能。你想,也许这就是为什么父母都愿意给孩子们买机器人宠物的原因。

随后,你对机器人店员说:"我要给 6 岁的侄子买一个机器人宠物。他非常聪明,属于动手类型的孩子。但他有时也害羞和不爱说话,什么样的狗可以帮助他变得更活跃一些呢?"

机器人回答说："我很抱歉，先生，这个问题超出了我的编程范围。也许，我可以给你介绍一下好玩的空间玩具？"

你刚才忘了一点：无论机器人如何多才多艺，要让它们理解人类的行为还有相当漫长的路要走。

然后你去了男人百货商店。要想给约会对方留下一个好印象，你就必须换掉这一身破旧的衣服。你试了试一些品牌西装，虽然它们看上去都很时髦，但是尺码不对，你感到很失望。于是，你拿出信用卡，其中准确记录着你的三维身体数据。你的数据很快被输入了计算机，附近的一家工厂立刻开始为你剪裁一套崭新的西装，不仅很快就会直接送到你的家门口，而且每次都完全合身。

最后，你去了超市。在那里，你把隐藏在每个塑料标签之中的芯片扫描一遍，然后在你的隐形眼镜上比较它们的价格，看看这个城市里哪家商店的产品最便宜、最优质。你根本不用盲目猜测谁的价格最低。

物理 约会

整整一周，你都在期盼这次约会。准备和凯伦会面让你好像又变成了一个小男生，这让你感到惊讶。你如果想在晚饭后邀请她去你的公寓，你就不得不对家里破旧的家具进行一次认真的翻修。幸运的是，厨房柜台和客厅里的大多数家具都是用可编程物质制造的。

"莫莉，"你说，"你能给我看看制造商提供的新式厨房柜台和家具的目录吗？我想把这些家具重新编程翻新，它们看起来太破旧了。"

很快，最新的家具设计图开始在屏幕上闪烁。

"莫莉，请下载这个厨房柜台、那个沙发和这张桌子的设计图，然后把它们输入制造程序。"

当你继续为约会做准备的时候，莫莉下载并输入了设计图。转眼之间，厨房柜台的台面、客厅沙发和桌子开始溶解，变成一堆类似油灰的东西，然后又逐渐重新成形。不到一个小时，你的公寓已经焕然一新。（最近，你一直在网上浏览房地产信息，并且注意到由可编程物质建造的房屋已变得颇为时髦。实际上，你找的那家工程公司就正在实施一个雄心勃勃的计划，准备完全使用可编程物质在沙漠上建设起一座新的城市。到时候只需按下一个按钮,噗!一个城市便瞬间出现在你的面前。)

但是,你认为你的公寓看起来仍然有些单调。你挥挥手,墙纸的图案和颜色立即发生了变化。你对自己说,拥有智能墙纸确实比重新粉刷墙壁好得多。

你在去约会的路上顺便买好了鲜花,终于见到了你约会的对象。她让你感到喜出望外——你们简直是一拍即合。你感到了春心的萌动。

晚餐时,你发现凯伦是一位艺术家。她开玩笑说,通常情况下她可能身无分文、饥肠辘辘,为了微薄的收入拿着自己的画作沿街叫卖。其实相反,她是一个非常成功的网页设计师。事实上,她拥有自己的公司。现在看来,似乎每个人都需要最新的网络设计,人们对创意艺术的需求十分巨大。

她用手指在空中画了一些圆圈,她创作的一些动画作品立刻出现在空无一物的空中。"这是我最新的部分作品。"她自豪地说。

你评论道:"你知道,作为一名工程师,我整天都与机器人打交道。有些机器人虽然很先进,但是它们的行为有时也会很愚蠢。你的领域呢? 机器人也入侵到创意产业了吗?"

"这绝不可能。"她回答道。凯伦说,她只和具有创造力的人一起工作,这个领域里最有价值的商品是想象力,就算是最先进的机器人也缺乏想象力。

"我可能有点守旧,但是在我的领域里,我们仅也只是用机器人做复印或一些事务性的工作。"她自豪地说,"我期待有一天,机器人可以做出一些真正原创的事情,比如讲一个笑话,写一本小说,或者创作一部交响曲。"

你暗暗想:现在还不是时候,但是将来或许会成为现实。

听她说话时,你又想到了另一个问题:她有多大? 由于几年前我们就成功地通过医学手段延缓了人类衰老的进程,你面前的人可处于任何年龄段。她的个人网站并没有说明她的年龄,但是她看上去不会超过 25 岁。

送她回家后,你开始无所事事地胡思乱想。和她这样的人生活在一起会是什么样子? 你要同她一起度过你的余生吗? 但是,有一件事情一直困扰着你,它已经困扰你一整天了。

你面对幕墙说:"莫莉,请帮我拨通布朗博士的电话。"机器人医生每天24 小时随时提供上门服务,而且从来毫无怨言,因为他们的程序中根本就没有这个内容,一想到此,你心中油然升起一股感激之情。

布朗博士的形象立刻出现在了幕墙上。"有什么事困扰着你,孩子?"

他用父亲的口吻问道。

"医生,我必须问你一个问题,这件事最近一直困扰着我。"

"好的,那是什么事呢?"布朗博士问。

"医生,"你问道,"你觉得我能活多久?"

"你的意思是你的寿命有多长? 嗯,我们真的不知道。你的记录显示你现在72岁,但是从生物学角度上讲,你的器官更像是30岁的人,因为你是为延长寿命而对遗传基因进行重新编程的第一代人群中的一员。你选择的是在30岁左右停止老化。到目前为止,你们这一代人死亡的还很少,所以我们还没有可供分析的统计数据,因此无从知道你会活多久。"

"那么你认为我会永远活下去吗?"你问道。

"成为不朽之躯吗?"布朗博士皱起了眉头。"不,我想不会。长生不死与尚未确定的长寿寿命,完全是两个不同的概念。"

"但如果我不再衰老,"你说,"那么我怎么知道什么时候该……"你的话说到一半又停顿了一下。"啊,好吧……你看,我刚刚认识了一个女孩。啊,一个很特别的女孩。假如我想要把我同她的生活做一个规划,我该如何调整自己人生的各个阶段,使我与她的生命相适应呢? 如果我这一代人还没有活到该死的时候,"你继续说道,"那么我又怎么知道什么时候该结婚、生子和计划退休后的生活呢? 你知道的,就是我应该如何确定我生命中的各个里程碑?"

"我不知道这个问题的答案。你看,人类目前在某种程度上就像是试验用的小白鼠。"布朗博士说,"对不起,约翰,你现在正处在一个未知的水域中。"

以后的几个月

接下来的几个月里,你和凯伦都经历了许多美妙的惊喜。你带她到虚拟现实娱乐室里,尝试了一种既荒诞又虚幻的生活,获得了极大的乐趣,就好像又回到了孩提时代一般。你们进入一个空荡荡的房间里,一个虚拟世界的软件通过一束光传送到你们的隐形眼镜里,变幻莫测的景象便立刻出现在你们眼前。在一个程序中,你们被恐龙追逐得四处奔逃,但是无论你们跑到哪里,丛林中都会有另一种恐龙跳出来。在另一个程序中,你们不是同外星人开战就是同企图登船的海盗搏斗。在又一个程序中,你们决定改变自己的物种,变成了两只老鹰,一起在蓝天中翱翔。而在别的程序中,你们正沐浴在浪漫的南海岛屿上的温暖阳光里,或者在月光下随着飘浮在空中的轻柔的乐曲声翩翩起舞。

一段时间之后,你和凯伦又想尝试新的东西。你们决定要过一种真实的生活,而不再生活在虚构的现实当中。所以,当你们俩可以同时休假的时候,你们决定去欧洲进行一次旋风般的旅游。

你对着幕墙说:"莫莉,凯伦和我计划去欧洲休假,来一次真实的旅行。请查询一下飞机航班、酒店和所有具有特色的东西,然后列出我们估计会感兴趣的演出或大型活动。你知道我们的品位。"几分钟后,莫莉准备好了一份详细的行程。

后来,当你们在罗马广场的遗迹中穿行的时候,罗马帝国的景象同时在你们的隐形眼镜上复活了;你们从散布在遗址中残存的罗马柱、石块和瓦砾旁走过,看到了当年鼎盛时期罗马帝国的繁荣和强大。

购物也是一件令人愉悦的事情,就连在意大利当地商店里讨价还价也其乐无穷。同当地人交流时,你会在眼镜下方看到对方的话被同步翻译成了英文,你已经不再需要旅游指南和不便查找的地图,你所需要的一切都在隐形眼镜里。

入夜后,你们仰望着罗马的星空,通过隐形眼镜清晰地看到了镶嵌在星座中的星星。目光划过天空,你们可以看到土星环、飞行的彗星、美丽的气体云以及爆炸的恒星的放大图像。

一天,凯伦终于揭晓了一个秘密——她的真实年龄。她今年61岁。不知为什么,这似乎对你已经不重要了。

"凯伦,我们现在能活这么长的时间,你是不是感到更快乐?"

"是的,当然!"她立刻回答。"你知道,在我祖母那个时代,女人一生就是结婚和组建家庭,或许再不辞辛劳地从事一种职业。但是,比起她们来我现在已经相当于三次转世,我从事过三种职业,而且从来没有后悔过。第一个职业是导游,到过不少国家,可谓周游世界。旅游业是一个非常庞大的产业,给人们提供了许多就业的机会。但是,后来我又想从事一种更有特色的职业,于是就成了一名律师,为我看重的案件和人辩护。再后来,我又决定发挥一下我在艺术方面的才能,所以开办了一家自己的网页设计公司。你知道吗,我可以自豪地告诉你,无论我干哪一行都从来没有使用过机器人。

机器人当不了私人导游,也不可能在法庭上打赢一场官司,更不可能创造出美妙的艺术作品。"

你心里却对自己说:走着瞧吧。

"那么,你现在是不是又在计划从事第四种职业了?"你问。

"嗯,也许吧。要是我哪天又发现了一种更好的工作的话。"她对你微笑道。

"凯伦,"你终于说道,"如果我们不再衰老,那么你怎么知道何时是……嗯,你知道……结婚、生子以及抚养家庭的最佳时机?所谓'生物钟'数十年前就已经不复存在了,所以我一直在想,现在也许是我们安定下来组建一个家庭的时候了。"

"你的意思是说生孩子吗?"凯伦有些惊讶地说,"我还没有认真考虑过这个问题。嗯,也就是说到现在为止还没有考虑过生孩子,这一切都要取决于我是不是能碰到一个合适的男人。"她说着顽皮地冲你微笑起来。

接下来,你和凯伦讨论了结婚的时间、给孩子取什么名字,以及为孩子选择什么样的基因等各种问题。

你走到幕墙前说:"莫莉,你能给我政府已经批准的最新基因名单吗?"你认真浏览了一遍基因名单,看到了目前可以提供的各种基因的特点:不同颜色的头发和眼睛,不同的身高和体态,名单中甚至还提供了一些可以提供不同性格特征的基因。这份名单的内容看来每年都在不断增加。你还看到了一长串可以治愈的遗传疾病的名字。虽然囊性纤维化病在你的家族里已经传播了数百年,但是现在你已经不用担心这个问题了。

浏览这份政府批准的基因名单,不仅让你感到了自己是一个未来的父亲,而且也感到自己就像是一个神,你可以按照你喜好的形象定制并创造出一个孩子。

这时莫莉说:"有一个程序可以分析婴儿的 DNA,然后对他未来的面容、体形和个性进行合理的估计。你想不想下载这个程序,看看你的孩子将会是什么样子?"

"不想,"你说,"有些事情还是保留一点悬念好。"

未来物理 **一年后**

太空电梯现在已经完全对游客开放了,凯伦也已经怀孕了,但她的医生向她保证说,乘坐太空电梯不会有危险。

"你知道,"你向凯伦承认说,"当我还是个小孩的时候,我一直想到外太空去看看。你知道,我那时就想当一个宇航员。但是有一天,我突然想到了一个问题:坐在几百万加仑的挥发性火箭燃料上方,一个小小的火花就可能引起爆炸。从那以后,我对太空旅行的热情就降温了。不过太空电梯不一样,清洁、安全,不会搞得一团糟。这才是去外空最理想的方式。"

你和凯伦走进太空电梯后,你看到操作员按下了一个看起来像是"上行"的按钮。你原以为会换上太空服,结果你突然发现自己开始飞向外太空。当你在空中迅速上升时,还能清楚地感受到电梯在逐步加速,电梯里的高度仪显示:"10 英里,20 英里,30 英里……"

电梯外,你看到的景色每秒钟都在发生变化。片刻之间,你已进入高空,蓬松的云彩从你眼前飞驰而过。紧接着,天空从蓝色变成紫色再变成深黑色,最后你看到了四周色彩斑斓的无数恒星。你开始辨认出各个星座,而这是你首次从一个全新的角度看到它们,它们在遥远的宇宙中熠熠生辉。现在所有的星星同你在地球上看到的情景完全不同,它们都不再"眨眼睛",而是持续发出明亮的光芒,其实数十亿年以来它们一直就是这个样子。

电梯终于慢慢地停了下来,这里离地球表面大约 100 英里(161 公里)。置身太空之中,你终于看到了之前只能在图片中见到的令人眼花缭乱的景象。

向下看去,你发现我们的地球突然之间已经变得面貌一新:你看到了海洋、大陆和映照到外太空的特大城市的灯光。

从太空看,地球显得如此安详,很难相信人们曾经在那里为荒唐的边界问题进行过无数次的流血战争。国家虽然依然存在,但在瞬时通讯覆盖全球每一个角落的时代里,国家的概念已经显得那么离奇古怪和不着边际。

凯伦把她头倚靠在你的肩膀上,你开始意识到你正在目睹一种崭新的行星文明的诞生,你的孩子将成为这种新文明的第一批公民。

随后,你从裤子后面的口袋里拿出一本破旧、磨损的书,把100多年前去世的一位作家写下的话读给她听。这让你想起了人类在获得行星文明之前曾经面临的挑战。

圣雄·甘地这样写道:

暴力的根源

积累财富而不付出劳动,
追求享乐而不关心他人,
拥有知识而没有品德,
经商而不讲道德,
研究科学而不讲人性,
膜拜神灵而不作奉献,
搞政治而不讲原则。

致　谢

　　我想感谢那些孜孜不倦地工作,使这本书能够成功出版的人。我要感谢我的编辑罗杰·绍尔(Roger Scholl),我以前的很多书都是在他的指引下完成的,还有他提出了要完成这样一本富有挑战性兴趣的书的想法,也要感谢爱德华·卡斯滕迈耶(Edward Kastenmeier),耐心地提出无数的建议和修改,大大加强了此书所介绍的内容。我还要感谢司徒·克里切夫斯基(Stuart Krichevsky),这么多年,他一直鼓励我接受新的和更令人兴奋的挑战。

　　当然,我要感谢我采访过的和讨论过有关科学问题的300多位科学家。我常常带着英国广播公司(BBC)电视台、发现频道和科学频道的电视摄制组到他们的实验室中,并把麦克风和电视摄像机放在他们的面前,为此而感到抱歉。这有可能打乱他们的研究,但我希望最终的产品是值得的。

　　我要感谢这些先驱者和开拓者:

埃里克·奇维安(Eric Chivian),诺贝尔奖获得者,哈佛医学院健康与全球环境中心

皮特·多赫蒂(Peter Doherty),诺贝尔奖获得者,圣犹大儿童研究医院

杰拉尔德·埃德尔曼(Gerald Edelman),诺贝尔奖获得者,斯克里普斯研究所

穆雷·盖尔曼(Murray Gell-Mann),诺贝尔奖获得者,圣菲研究所和加州理工学院

沃尔特·吉尔伯特(Walter Gilbert),诺贝尔奖获得者,哈佛大学

戴维·格罗斯(David Gross),诺贝尔奖获得者,科维理理论物理研究所

亨利·肯德尔(Henry Kendall),诺贝尔奖获得者,已故,麻省理工学院(MIT)

利昂·莱德曼(Leon Lederman),诺贝尔奖获得者,伊利诺伊理工大学

南部阳一郎(Yoichiro Nambu),诺贝尔奖获得者,芝加哥大学

亨利·波拉克(Henry Pollack),诺贝尔奖获得者,密歇根大学

约瑟夫·罗特布拉特(Joseph Rotblat),诺贝尔奖获得者,圣巴塞洛缪医院

史蒂芬·温伯格(Steven Weinberg),诺贝尔奖获得者,奥斯汀大学

弗兰克·维尔切克(Frank Wilczek),诺贝尔奖获得者,麻省理工学院

阿米尔·阿克塞尔(Amir Aczel),《铀的战争》(*Uranium Wars*)的作者

巴兹·奥尔德林(Buzz Aldrin),前美国宇航局宇航员,在月球上行走的第二个人

杰夫·安德森(Geoff Andersen),空军研究学院,《望远镜》(*The Telescope*)的作者

杰伊·巴伯利(Jay Barbree),美国全国广播公司(NBC)新闻通讯记者,《登月》(*Moon Shot*)的合著者

约翰·巴罗(John Barrow),物理学家,剑桥大学,《不可能之事》(*Impossibility*)的作者

玛西娅·巴图西亚克(Marcia Bartusiak),《爱因斯坦未完成的交响曲》(*Einstein's Unfinished Symphony*)的作者

吉姆·贝尔(Jim Bell),康奈尔大学天文学教授

杰弗里·贝内特(Jeffrey Bennet)《超越不明飞行物》(*Beyond UFOs*)的

作者

鲍勃·伯曼（Bob Berman），天文学家，《夜空的秘密》（*Secrets of the Night Sky*）的作者

莱斯利·比泽克（Leslie Biesecker），国立卫生研究院遗传病研究分部主任

皮尔斯·比佐尼（Piers Bizony），科普作家，《如何构建你自己的飞船》（*How to Build Your Own Spaceship*）的作者

迈克尔·布莱泽（Michael Blaese），前国立卫生研究院科学家

亚历克斯·伯泽（Alex Boese），愚人（Hoaxes）博物馆创始人

尼克·博斯特伦（Nick Bostrom），牛津大学超人学家

罗伯特·鲍曼（Robert Bowman），中校，空间和安全研究所

劳伦斯·布罗迪（Lawrence Brody），基因组技术科负责人，美国国立卫生研究院

罗德尼·布鲁克斯（Rodney Brooks），麻省理工学院人工智能实验室前主任

莱斯特·布朗（Lester Brown），地球政策研究所创始人

迈克尔·布朗（Michael Brown），加州理工学院天文学教授

詹姆斯·坎顿（James Canton），全球未来研究所创始人，《终极未来》（*The Extreme Future*）的作者

亚瑟·卡普兰（Arthur Caplan），美国宾夕法尼亚大学生物伦理学中心主任

弗里乔夫·卡普拉（Fritjof Capra），《达·芬奇的科学》（*The Science of Leonardo*）的作者

肖恩·卡罗尔（Sean Carroll），宇宙学家，加州理工学院

安德鲁·蔡金（Andrew Chaikin），《在月球上的人》（*A Man on the Moon*）的作者

洛里·齐奥（Leroy Chiao），前美国宇航局宇航员

乔治·丘奇（George Church），哈佛医学院计算遗传学中心主任

托马斯·科克伦（Thomas Cochran），自然资源保护委员会物理学家

克里斯托弗·乔基诺斯（Christopher Cokinos），科普作家，《坠落的天空》（*The Fallen Sky*）的作者

弗朗西斯·柯林斯（Francis Collins），国立卫生研究院主任

维基·科尔文（Vicki Colvin），莱斯大学生物和环境纳米技术主任

尼尔·科明斯（Neil Comins），《太空之旅的危险》（*The Hazards of Space Travel*）的作者

史蒂夫·库克（Steve Cook），空间技术和高级工程研究与开发（Dynetics）主任，前美国宇航局发言人

克里斯蒂娜·卡斯格拉夫（Christine Cosgrove），《不惜代价调整身高》（*Normal at Any Cost*）的作者

史蒂夫·库森（Steve Cousins），总裁兼首席执行官，柳树车库（Willow Garage）

布莱恩·考克斯（Brian Cox），英国曼彻斯特大学物理学家，英国广播公司科学节目主持人

菲利浦·科伊尔（Phillip Coyle），美国国防部前防务助理秘书

丹尼尔·克里维尔（Daniel Crevier），《人工智能：探求人工智能的动荡历史》（*The Tumultuous History of the Search for Artificial Intelligence*）的作者，加拿大 Coreco 公司首席执行官

肯·克罗斯韦尔（Ken Croswell），天文学家，《宏伟宇宙》（*Magnificent Universe*）的作者

史蒂芬·坎默（Steven Cummer），杜克大学，计算机科学

马克·库特科斯基（Mark Cutkosky），斯坦福大学，机械工程

保罗·戴维斯（Paul Davies），物理学家，《超力》（*Superforce*）的作者

奥布里·德·格雷（Aubrey de Gray），加州微衰工程战略（SENS）基金会首席科学官员

迈克尔·德图佐斯（Michael Dertouzos），已故，麻省理工学院计算机科学实验室前主任

贾德·戴蒙德（Jared Diamond），普利策奖得主，加州大学洛杉矶分校地理学教授

马里埃特·迪克里斯蒂娜（Mariette DiChristina），《科学美国人》（*Scientific American*）主编

彼得·迪尔沃思（Peter Dilworth），前麻省理工学院人工智能实验室的科学家

约翰·多诺霍（John Donoghue），《脑机接口》（*BrainGate*）的创造者，布朗大学

安·德鲁彦（Ann Druyan），卡尔·萨根的遗孀，宇宙工作室

弗里曼·戴森（Freeman Dyson），普林斯顿高等研究所名誉物理学教授

乔纳森·埃利斯（Jonathan Ellis），欧洲核子研究中心物理学家

丹尼尔·费尔班克斯（Daniel Fairbanks），《伊甸园的遗踪》（*Relics of Eden*）的作者

蒂莫西·费里斯（Timothy Ferris），加州大学伯克利分校名誉教授，《银河系时代的到来》（*Coming of Age in the Milky Way*）的作者

玛丽亚·菲尼特佐（Maria Finitzo），制片人，皮博迪奖得主，测绘干细胞研究

罗伯特·芬克尔斯坦（Robert Finkelstein），人工智能专家

克里斯托弗·弗莱文（Christopher Flavin），世界观察研究所

路易斯·弗里德曼（Louis Friedman），行星协会的创始人之一

詹姆斯·加尔文（James Garvin），美国国家航空航天局戈达德太空飞行中心，前美国航空航天局首席科学家

埃瓦林·盖茨（Evalyn Gates），《爱因斯坦的望远镜》（*Einstein's Telescope*）的作者

托马斯·格雷厄姆（Thomas Graham），大使，间谍卫星专家

杰克·盖革（Jack Geiger），医生的社会责任杂志创始人之一

大卫·格勒恩特尔（David Gelernter），耶鲁大学计算机科学教授

尼尔·格申菲德（Neil Gershenfeld），麻省理工学院，比特和原子中心主任

保罗·吉尔斯特（Paul Gilster），《半人马座之梦》（*Centauri Dreams*）的作者

丽贝卡·戈尔德堡（Rebecca Goldburg），前环境防卫基金会的资深科学家，海洋科学和皮尤慈善信托基金主任

唐·戈德史密斯（Don Goldsmith），天文学家，《失控的宇宙》（*The Runaway Universe*）的作者

赛斯·戈尔茨坦（Seth Goldstein），卡内基梅隆大学计算机科学教授

大卫·古德斯坦（David Goodstein），物理学教授，前加州理工学院助理教务长

J. 理查德·戈特三世（J. Richard Gott Ⅲ），普林斯顿大学天体物理科学教授，《在爱因斯坦宇宙中的时间旅行》（*Time Travel in Einstein's Universe*）

的作者

斯蒂芬·杰伊·古尔德（Stephen Jay Gould），哈佛大学亮桥（Lightbridge）公司已故生物学家

约翰·格兰特（John Grant），《被破坏的科学》（*Corrupted Science*）的作者

埃里克·格林（Eric Green），国家人类基因组研究所，国立卫生研究院主任

罗纳德·格林（Ronald Green），《设计婴儿》（*Babies by Design*）的作者

布赖恩·格林（Brian Greene），美国哥伦比亚大学数学和物理学教授，《优雅的宇宙》（*The Elegant Universe*）的作者

艾伦·古思（Alan Guth），麻省理工学院物理学教授，《膨胀宇宙》（*The Inflationary Universe*）的作者

威廉·汉森（William Hanson），《医学前沿》（*The Edge of Medicine*）的作者

伦纳德·海弗利克（Leonard Hayflick），美国加州大学旧金山医学院解剖学教授

唐纳德·希勒布兰德（Donald Hillebrand），阿贡国家实验室交通研究中心主任

弗兰克·冯·希普尔（Frank von Hipple），普林斯顿大学物理学家

杰弗里·霍夫曼（Jeffrey Hoffman），前美国宇航局宇航员，麻省理工学院航空航天大学教授

道格拉斯·霍夫斯塔特（Douglas Hofstadter），普利策奖得主，《戈德尔，埃舍尔，巴赫》（*Gödel, Escher, Bach*）的作者

约翰·霍根（John Horgan），史蒂文斯理工学院，《科学的终结》（*The End of Science*）的作者

杰米·海尼曼（Jamie Hyneman），"流言终结者"（*MythBusters*）节目主持人

克里斯·安佩（Chris Impey），亚利桑那大学的天文学教授，《现存宇宙》（*The living Cosmos*）的作者

罗伯特·伊列（Robert Irie），前麻省理工学院人工智能实验室，马萨诸塞州总医院的科学家

P. J. 雅各博维茨（P. J. Jacobowitz），PC 杂志

杰伊·雅罗斯拉夫(Jay Jaroslav),麻省理工学院人工智能实验室的前科学家

唐纳德·约翰森(Donald Johanson),古人类学家,露西(Lucy)的发现者

乔治·约翰逊(George Johnson),《纽约时报》科学记者

汤姆·琼斯(Tom Jones),前美国宇航局宇航员

史蒂夫·凯茨(Steve Kates),天文学家和电台节目主持人

杰克·凯斯勒(Jack Kessler),神经病学教授,美国西北大学范伯格神经科学研究所所长

罗伯特·基尔希纳(Robert Kirshner),哈佛大学天文学家

克里斯·科尼格(Kris Koenig),导演和天文学家

劳伦斯·克劳斯(Lawrence Krauss),美国亚利桑那州立大学,《星际迷航物理学》(*The Physics of Star Trek*)的作者

罗伯特·劳伦斯·库恩(Robert Lawrence Kuhn),电影摄制者和哲学家,美国公共广播电视公司(PBS)电视连续剧《接近真理》(*Closer to Truth*)摄制者

雷·库兹威尔(Ray Kurzweil),发明家,《灵魂机器的时代》(*The Age of Spiritual Machines*)的作者

罗伯特·兰札(Robert Lanza),生物技术,高级细胞技术公司

罗杰·劳纽斯(Roger Launius),《空间机器人》(*Robots in Space*)的合著者之一

斯坦·李(Stan Lee),《奇迹滑稽演员和蜘蛛侠》的创造者

迈克尔·莱蒙尼克(Michael Lemonick),前高级科学编辑,《时代》杂志,气候中心

亚瑟·勒纳(Arthur Lerner),地质学家,火山学者,哥伦比亚大学

西蒙·莱沃伊(Simon LeVay),《科学出错时》(*When Science Goes Wrong*)的作者

约翰·刘易斯(John Lewis),美国亚利桑那大学天文学家

阿兰·莱特曼(Alan Lightman),麻省理工学院,《爱因斯坦的梦》(*Einstein's Dreams*)的作者

乔治·莱恩汉(George Linehan),《太空船一号》(*SpaceShipOne*)的作者

赛斯·劳埃德(Seth Lloyd),麻省理工学院,《设计宇宙》(*Programming the Universe*)的作者

约瑟夫·林肯（Joseph Lykken），费米国立加速器实验室物理学家

罗伯特·曼（Robert Mann），《法医侦探》（*Forensic Detective*）的作者

迈克尔·保罗·梅森（Michael Paul Mason），《主要案例》（*Head Cases*）的作者

W.帕特里克·麦克雷（W. Patrick McCray），《持续观望天空》（*Keep Watching the Skies*）的作者

格伦·麦吉（Glenn McGee），《完美的婴儿》（*The Perfect Baby*）的作者

詹姆斯·麦克勒金（James McLurkin），前麻省理工学院人工智能实验室和莱斯大学科学家

保罗·麦克米兰（Paul McMillan），亚利桑那大学瞭望天空（Spacewatch）实验室主任

帕蒂·梅斯（Pattie Maes），麻省理工学院媒体实验室

富尔维奥·米利亚（Fulvio Melia），美国亚利桑那大学物理学和天文学教授

威廉·梅勒（William Meller），《利用人体内能获得健康和恢复的进展》（*Evolution Rx*）的作者

保罗·梅尔策（Paul Meltzer），国立卫生研究院

马文·明斯基（Marvin Minsky），麻省理工学院，《精神社会》（*The Society of Mind*）的作者

汉斯·莫拉维克（Hans Moravec），卡内基梅隆大学的研究教授，《机器人》（*Robot*）的作者

菲利普·莫里森（Phillip Morrison），麻省理工学院已故物理学家

理查德·穆勒（Richard Muller），加州大学伯克利分校天体物理学家

大卫·纳哈姆（David Nahamoo），以前与 IBM 一起研究人类语言技术

克里斯蒂娜·尼尔（Christina Neal），美国地质调查局阿拉斯加火山观测站，火山学者

迈克尔·诺瓦切克（Michael Novacek），美国自然历史博物馆哺乳动物化石馆馆长

迈克尔·奥本海默（Michael Oppenheimer），普林斯顿大学环保学家

迪安·欧尼斯（Dean Ornish），美国加州旧金山大学医学临床教授

彼得·帕莱塞（Peter Palese），西奈山医学院微生物学教授

查尔斯·佩尔兰（Charles Pellerin），前美国国家航空航天局官员

西德尼·佩尔科维茨（Sidney Perkowitz），埃默里大学物理学教授，《好莱坞的科学》（*Hollywood Science*）的作者

约翰·派克（John Pike），全球安全网站（GlobalSecurity. org）主管

耶拿·平科特（Jena Pincott），《绅士们真的偏爱金发女人吗?》（*Do Gentlemen Really Prefer Blondes?*）的作者

托马索·波焦（Tomaso Poggio），麻省理工学院人工智能实验室

科里·鲍威尔（Correy Powell），《发现杂志》（*Discover Magazine*）主编

约翰·鲍威尔（John Powell），美国 JP 航空航天公司创始人

理查德·普雷斯顿（Richard Preston），《热点区域》（*The Hot Zone*）和《冷冻装置中的恶魔》（*The Demon in the Freezer*）的作者

拉曼·普里尼亚（Raman Prinja），英国伦敦大学学院天体物理学教授

大卫·夸曼（David Quammen），科普作家，《不情愿的达尔文先生》（*The Reluctant Mr. Darwin*）的作者

凯瑟琳·拉姆斯兰（Katherine Ramsland），法医科学家

丽莎·兰德尔（Lisa Randall），哈佛大学理论物理学教授，《弯曲的通路》（*Warped Passages*）的作者

马丁·里斯（Martin Rees）爵士，英国剑桥大学宇宙学和天体物理学教授，《创世之前》（*Before the Beginning*）的作者

简·里斯勒（Jane Rissler），有关的科学家联盟

史蒂文·罗森伯格（Steven Rosenberg），国家癌症研究所，国立卫生研究院

杰里米·里夫金（Jeremy Rifkin），经济趋势基金会创始人

大卫·里基耶（David Riquier），企业外联主任，麻省理工学院媒体实验室

保罗·萨福（Paul Saffo），未来学家，原在未来研究所，斯坦福大学顾问教授

卡尔·萨根（Carl Sagan），已故，康奈尔大学，《宇宙》（*Cosmos*）的作者

尼克·萨冈（Nick Sagan），《这就是你说的未来吗?》（*You Call This the Future?*）的作者

迈克尔·萨拉蒙（Michael Salamon），美国宇航局的超越爱因斯坦计划

亚当·萨维奇（Adam Savage），"流言终结者"（*MythBusters*）节目主持人

彼得·舒瓦茨（Peter Schwartz），未来学家，全球商业网络的创始人之一，《长远观察》（*The Long View*）的作者

迈克尔·舍默（Michael Shermer），怀疑论者协会和怀疑论者杂志的创始人

唐娜·雪莉（Donna Shirley），美国国家航空航天局火星探测计划前任经理

赛斯·肖斯塔克（Seth Shostak），搜寻地外文明（SETI）研究所

尼尔·舒宾（Neil Shubin），芝加哥大学有机体生物学和解剖学教授，《你内在的鱼》（*Your Inner Fish*）的作者

保罗·舒奇（Paul Shuch），搜寻地外文明（SETI）联盟名誉执行董事

彼得·辛格（Peter Singer），布鲁金斯研究所，《为战争做好准备》（*Wired for War*）的作者

西蒙·辛格（Simon Singh），《大爆炸》（*Big Bang*）的作者

加里·斯莫尔（Gary Small），《网络大脑》（*iBrain*）的合著者之一

保罗·斯普迪斯（Paul Spudis），美国宇航局空间科学办公室太阳能系统事业部行星地质学计划

史蒂文·斯奎尔斯（Steven Squyres），康奈尔大学天文学教授

保罗·斯坦哈特（Paul Steinhardt），普林斯顿大学物理学教授，《无尽宇宙》（*Endless Universe*）的合著者

格雷戈里·斯塔克（Gregory Stock），加州大学洛杉矶分校，《重新设计人类》（*Redesigning Humans*）的作者

理查德·斯通（Richard Stone），《对地球最后的强烈冲击》（*The Last Great Impact on Earth*）的作者，《发现杂志》

布赖恩·沙利文（Brian Sullivan），以前在海登天文馆工作

莱昂纳德·萨斯坎德（Leonard Susskind），斯坦福大学物理学教授

丹尼尔·塔梅特（Daniel Tammet），与外界隔离的学者，《出生在天蓝蓝的日子》（*Born on a Blue Day*）的作者

杰弗里·泰勒（Geoffrey Taylor），墨尔本大学物理学家

泰德·泰勒（Ted Taylor），已故，美国核弹头的设计师

马克斯·特格马克（Max Tegmark），麻省理工学院物理学家

阿尔文·托夫勒（Alvin Toffler），《第三次浪潮》（*The Third Wave*）的作者

帕特里克·塔克(Patrick Tucker),世界未来学会

斯坦斯菲尔德· M.特纳(Stansfield M. Turner),海军上将,中央情报局局长

克里斯·特尼(Chris Turney),英国埃克塞特大学,《冰、泥和血》(*Ice, Mud and Blood*)的作者

尼尔·德格拉瑟·泰森(Neil deGrasse Tyson),海登天文馆馆长

塞什·韦拉莫尔(Sesh Velamoor),为未来奠定基础

罗伯特·华莱士(Robert Wallace),中情局技术服务办公室前主任,《间谍技术》(*Spycraft*)的合著者

凯文·沃里克(Kevin Warwick),英国雷丁大学,人性化的半机器人

弗雷德·沃森(Fred Watson),天文学家,《占星师》(*Stargazer*)的作者

马克·维瑟(Mark Weiser),已故,施乐公司帕洛·阿尔托研究中心

艾伦·魏斯曼(Alan Weisman)《没有我们的世界》(*The World Without Us*)的作者

丹尼尔·沃西默(Daniel Werthimer),在家搜寻地外文明(SETI),加州大学伯克利分校

迈克·韦斯勒(Mike Wessler),前麻省理工学院人工智能实验室科学家

亚瑟·威金斯(Arthur Wiggins),《物理学的喜悦》(*The Joy of Physics*)的作者

安东尼·温肖·鲍里斯(Anthony Wynshaw-Boris),国立卫生研究院

卡尔·齐默尔(Carl Zimmer),科普作家,《进化》(*Evolution*)的作者

罗伯特·齐默尔曼(Robert Zimmerman),《离开地球》(*Leaving Earth*)的作者

罗伯特·祖布林(Robert Zubrin),火星协会创始人

果壳书斋　科学可以这样看丛书(42本)

门外汉都能读懂的世界科学名著。在学者的陪同下,作一次奇妙的科学之旅。他们的见解可将我们的想象力推向极限!

1	平行宇宙（新版）	〔美〕加来道雄	43.80元
2	超空间	〔美〕加来道雄	59.80元
3	物理学的未来	〔美〕加来道雄	53.80元
4	心灵的未来	〔美〕加来道雄	48.80元
5	超弦论	〔美〕加来道雄	39.80元
6	宇宙方程	〔美〕加来道雄	49.80元
7	量子计算	〔英〕布莱恩·克莱格	49.80元
8	量子时代	〔英〕布莱恩·克莱格	45.80元
9	十大物理学家	〔英〕布莱恩·克莱格	39.80元
10	构造时间机器	〔英〕布莱恩·克莱格	39.80元
11	科学大浩劫	〔英〕布莱恩·克莱格	45.00元
12	超感官	〔英〕布莱恩·克莱格	45.00元
13	麦克斯韦妖	〔英〕布莱恩·克莱格	49.80元
14	宇宙相对论	〔英〕布莱恩·克莱格	56.00元
15	量子宇宙	〔英〕布莱恩·考克斯等	32.80元
16	生物中心主义	〔美〕罗伯特·兰札等	32.80元
17	终极理论（第二版）	〔加〕马克·麦卡琴	57.80元
18	遗传的革命	〔英〕内莎·凯里	39.80元
19	垃圾DNA	〔英〕内莎·凯里	39.80元
20	修改基因	〔英〕内莎·凯里	45.80元
21	量子理论	〔英〕曼吉特·库马尔	55.80元
22	达尔文的黑匣子	〔美〕迈克尔·J.贝希	42.80元
23	行走零度（修订版）	〔美〕切特·雷莫	32.80元
24	领悟我们的宇宙（彩版）	〔美〕斯泰茜·帕伦等	168.00元
25	达尔文的疑问	〔美〕斯蒂芬·迈耶	59.80元
26	物种之神	〔南非〕迈克尔·特林格	59.80元
27	失落的非洲寺庙（彩版）	〔南非〕迈克尔·特林格	88.00元
28	抑癌基因	〔英〕休·阿姆斯特朗	39.80元
29	暴力解剖	〔英〕阿德里安·雷恩	68.80元
30	奇异宇宙与时间现实	〔美〕李·斯莫林等	59.80元
31	机器消灭秘密	〔美〕安迪·格林伯格	49.80元
32	量子创造力	〔美〕阿米特·哥斯瓦米	39.80元
33	宇宙探索	〔美〕尼尔·德格拉斯·泰森	45.00元
34	不确定的边缘	〔英〕迈克尔·布鲁克斯	42.80元
35	自由基	〔英〕迈克尔·布鲁克斯	42.80元
36	未来科技的13个密码	〔英〕迈克尔·布鲁克斯	45.80元
37	阿尔茨海默症有救了	〔美〕玛丽·T.纽波特	65.80元
38	血液礼赞	〔英〕罗丝·乔治	预估49.80元
39	语言、认知和人体本性	〔美〕史蒂芬·平克	预估88.80元
40	骰子世界	〔英〕布莱恩·克莱格	预估49.80元
41	人类极简史	〔英〕布莱恩·克莱格	预估49.80元
42	生命新构件	贾乙	预估42.80元

欢迎加入平行宇宙读者群·果壳书斋QQ:484863244

网购:重庆出版集团京东自营官方旗舰店

重庆出版社抖音官方旗舰店

各地书店、网上书店有售。

重庆出版集团京东
自营官方旗舰店

重庆出版社抖音
官方旗舰店

〔抖音扫描〕

加来道雄博士始终以科学家严谨的态度阐释科学原理,研究某些技术可能成熟的速度,这些技术能发展到什么程度以及具有哪些根本的局限性和危险性。《物理学的未来》一书综合了大量资料,形成了对2100年之前数十年引人入胜的看法;该书是一种扣人心弦的、奇妙的、可实现的工具,可以让我们了解下个世纪翻天覆地的科学革命。

　　加来道雄:纽约城市大学理论物理学教授;超弦理论创始人之一;广受好评的畅销书作者,如《平行宇宙》和《物理学的未来》,这是其主持的 BBC 电视台、发现频道、科学频道等电视节目的基础;还是通过140多个无线电台广播的"探索"和"神奇的科学"两个广播节目的主持人。